第一次海洋与气候变化科学评估报告（三）：
适应气候变化

《第一次海洋与气候变化科学评估报告》编制委员会　编著

海洋出版社

2020年·北京

图书在版编目(CIP)数据

第一次海洋与气候变化科学评估报告. 三, 适应气候
变化 / 《第一次海洋与气候变化科学评估报告》编制委
员会编著. — 北京 : 海洋出版社, 2019.12
　　ISBN 978-7-5210-0572-1

　　Ⅰ. ①第… Ⅱ. ①第… Ⅲ. ①海洋学—评估—研究报
告—世界②气候变化—评估—研究报告—世界 Ⅳ.
①P7②P467

中国版本图书馆CIP数据核字(2020)第161872号

审图号：GS(2020) 7174号

责任编辑：张　荣
责任印制：赵麟苏

海洋出版社　出版发行
http://www.oceanpress.com.cn
北京市海淀区大慧寺路 8 号　　邮编：100081
北京朝阳印刷厂有限责任公司印刷　　新华书店北京发行所经销
2019年12月第1版　　2020年12月第1次印刷
开本：889mm×1194mm　　1/16　印张：16
字数：370千字　　定价：168.00元
发行部：62132549　　邮购部：68038093
海洋版图书印、装错误可随时退换

《第一次海洋与气候变化科学评估报告》
编制委员会

科学委员会名单

名誉主任：徐冠华　巢纪平　秦大河

主　　任：吴立新

副 主 任：张人禾　陈大可　焦念志

委　　员（按姓氏笔画排序）：

丁一汇　丁平兴　万　荣　于福江　王　凡　王东晓

王会军　乔方利　关道明　刘秦玉　朱　江　许吟隆

李崇银　杜　岩　汪品先　苏纪兰　邵守良　邹　骥

陈立奇　陈明德　郑金海　侯纯扬　洪　阳　相文玺

胡永云　胡学东　胡敦欣　赵进平　唐启升　夏登文

莫庆炎　袁业立　高　抒　黄建平　蔡文矩　蔡榕硕

潘德炉　穆　穆　戴民汉

组织委员会名单

秘 书 长：王　华

执行秘书长：陈　陟　江文胜　宋翔洲　林霄沛

委　　　员（按姓氏笔画排序）：

邓　兵　甘波澜　刘克修　孙龙涛　成里京　张　贤

连　涛　陈幸荣　金宏春　徐兴永　陶爱峰　管晓丹

出版说明

习近平生态文明思想是习近平新时代中国特色社会主义思想的重要组成部分，是我国应对气候变化事业的战略遵循和行动指南。在全球气候变化的大背景下，积极应对气候变化，既是习近平生态文明思想中应有之义，又是中国广泛参与全球治理、构建人类命运共同体的责任担当，更是我们实现可持续发展的内在要求。海洋是地球气候系统和全球生态系统的重要组成部分和调节器，认识海洋与气候变化过程对认识全球环境有重要科学价值和经济社会价值。

当前不断加剧的气候变化和人类活动已导致全球海洋的物理、化学环境和生物生态发生了显著的变化，对海洋生态系统及服务功能产生了严重影响，尤其是海岸带区域因特殊的地理环境及与人类活动的高度关联性，气候变化产生的后果更为显著，海岸生态环境的脆弱性也愈发明显，因此，在生态文明建设的背景下，在海洋领域积极开展生态文明建设，采取有效的适应措施有效减轻气候变化带来的不利影响，对于实现我国海洋经济的可持续发展具有十分重要的作用。

在自然资源部的资助、组织和指导下，《第一次海洋与气候变化科学评估报告》编制委员会（以下简称《报告》编委会）协调和组织了全国近 200 名专家学者完成了《报告》的编写工作，从科学层面阐述了海洋与气候变化的事实、影响和适应等内容，共分三册（详见序言）出版。期待该《报告》为自然资源的管理工作和决策服务提供科学支撑，服务于新时代的国土空间规划和自然资源"两统一"工作，服务于"坚持陆海统筹，加快建设海洋强国"的新时代号召。

《报告》编委会

2020 年 11 月 16 日

| 序　言 |

　　20 世纪以来，以全球变暖为主要特征的气候变化对人类的生存和发展造成了严重威胁，在全球范围内引起规模空前的影响。全球降水重新分配、冰川和冻土消融、极端气候事件发生频率增加等一系列全球性重大气候与环境问题，对人类赖以生存的自然条件和经济社会的可持续发展带来巨大冲击，成为世界各国面临的共同挑战。联合国表示，气候变化是我们时代的决定性问题，而现在我们正处于一个采取行动的决定性时刻。

　　地球气候系统包含着多个圈层的相互作用，气候变化问题已经超过了单一学科的认知范畴，科学认知和应对气候变化必须要高度关注海洋。海洋占地球表面的 71%，因其巨大的热容量和碳储存量成为地球气候系统的调节器。特别是近半个世纪以来，海洋吸收了整个气候系统超过 90% 的热量盈余以及超过 30% 的人类活动 CO_2 排放，这从根本上减缓了全球变暖的速率。但这些被吸收的热量和 CO_2 也极大改变了海洋物理和生物地球化学环境，如造成海温持续升高、酸化加剧、海平面上升、海洋缺氧、海洋生物资源减少和海底天然气水合物资源变化等。联合国政府间气候变化专门委员会在第五次气候变化评估报告中对海洋环境变化特别是全球海平面的变化进行了详细阐述，成为各国制定相关政策的重要参考依据。

　　习近平总书记在党的十九大报告中明确要求"坚持陆海统筹，加快建设海洋强国"。站在新时代中国特色社会主义生态文明建设的新高度，中国政府高度重视全球气候变化问题，积极应对气候变化，保护海洋生态环境，构建蓝色伙伴关系，广泛参与全球治理，认真履行国际承诺。为了充分认识海洋与气候变化对中国可能造成的重大影响，积极采取行之有效的策略应对全球气候变化的挑战，促进中国生态文明建设和社会经济可持续发展，自然资源部牵头组织相关专家策划编写中国《第一次海洋与气候变化国家评估报告》，以期为国家应对气候变化提供科学依据和支撑。

　　《第一次海洋与气候变化国家评估报告》聚焦海洋与气候变化的事实、影响及应对，共分三个部分：第一部分——海洋与气候变化的历史和未来趋势；第二部分——气候变化的影响和第三部分——适应气候变化。系统总结了中国在海洋与气候变化方面的科研成果，全面评估了全球气候变化背景下我国关键海区海洋环境与气候变化的观测事实及其相伴随的影响，预测了海洋与气候变化趋势，从海洋角度来探讨减缓和适应气候变化的技术对策、措施和政策。

第一部分共分十二章，主要就海洋在气候系统变化中的作用、海洋气候的年际和年代际变率、古海洋气候变化、海洋气候变化的观测事实、海洋气候变化的归因、极区的气候变化、深海环境变化的探测事实、太平洋—印度洋—中国近海的气候变化、海洋生物地球化学的变化、海平面变化事实进行阐述，并从海洋气候要素与主要海洋变率模态、全球与中国沿海海平面、海洋生物地球化学、极地环境这四个重要方面重点评估了未来海洋气候变化趋势及不确定性。

第二部分共分十二章，重点评估了气候变化对我国邻近海洋环境和气候的影响。围绕气候变化对中国海的海洋关键过程、季风和台风、海洋生态系统及生物多样性、海洋生态灾害、中国水文水资源、干旱半干旱区、海岸带、沿海重大工程、海洋渔业、沿海城市和岛屿等方面的影响进行评估，并就气候变化与"一带一路"沿线国家水资源进行阐述和作出展望。

第三部分共分九章，通过梳理应对气候变化面临的问题和挑战，围绕减缓和适应两个方面从海洋角度探讨应对气候变化的措施，提出积极应对气候变化的政策和技术对策建议。第2～4章分别从海洋碳汇、可再生能源和天然气水合物、生态文明建设层面来阐述减缓对策。第5～7章从重大城市、沿海重大工程设施、海洋产业的角度，由点到线再到面集中讨论适应气候变化的对策。第8章突出气候变化科技支撑的重要性，这是应对气候变化最基础的内容，无论气候怎样变化，科技支撑的作用只能加强，不能减弱。第9章提出海洋应对气候变化的综合战略。未来应围绕海洋领域应对气候变化这一核心主题，加强海洋领域应对气候变化研究，提升气候变化影响下海洋灾害的应对能力和水平。应以海洋气候变化监测预测、沿海基础设施建设以及海洋生态环境保护等为主要抓手，做好海洋开发和海洋领域应对气候变化的顶层设计，加强对海洋资源开发利用的宏观把控，将海洋强国战略、"美丽中国"生态文明建设战略与海洋领域应对气候变化进行有机结合。

此项工作是在自然资源部的资助和指导下，在全国各海洋与气候变化研究单位的支持下，汇聚了涉海各领域的智力资源而完成。本报告是在科学委员会全面指导下，编写委员会、组织委员会和评审委员会等编制委员会全体成员辛勤付出和共同努力的结果。在此，向他们表示崇高的敬意和衷心的感谢！同时，对给予本报告大力支持的各级领导、专家和有关组织管理单位和参加单位，表达诚挚的感谢！

由于本报告跨度大、涉及学科领域多，受研究条件和水平限制，难免存在薄弱环节与疏漏之处。敬请专家和读者给予批评指正和谅解。

2020 年 8 月

| 目　录 |

第1章
海洋领域应对气候变化的
机遇和挑战*

海洋领域应对气候变化对于全国应对气候变化和可持续发展具有重要意义。本章首先总结海洋气候变化科学事实与影响，进而系统分析中国海洋领域应对气候变化面临的机遇与挑战，并对海洋领域未来应对气候变化的重点工作进行了展望。在党的十九大报告提出"坚持陆海统筹，加快建设海洋强国"的战略部署下，海洋领域应对气候变化面临的任务更为艰巨。海洋领域观测预报系统、典型海洋生态系统监测与预警能力、海洋生态保护与修复工程、沿海重大工程基础设施布局、沿海城市海洋灾害风险防控能力、科技支撑与国际合作机制及相关法律法规和政策体系等方面还存在一定差距。未来海洋领域应对气候变化的重点工作主要包括海洋观测预报预警体系建设、海洋生态系统保护与恢复、沿海基础设施建设布局、防灾减灾机制体制、科技自主创新能力、推进"一带一路"倡议和参与全球海洋治理等。

* 首席作者：樊静丽[1] 张贤[2] 于福江[3] 许吟隆[4]
　　贡献作者：魏世杰[1] 许毛[1] 董扬洋[1] 曾胜[1] 申硕[1] 张豪[1]
　　[1. 中国矿业大学（北京）　北京　100083；2. 中国21世纪议程管理中心　北京　100038；3. 国家海洋环境预报中心　北京　100081；4. 中国农业科学院　北京　100081]

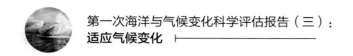

1.1　海洋气候变化的事实与影响

1.1.1　海洋气候变化的事实和未来趋势

1）海温变化

全球平均海温呈增暖趋势，海洋表层温度（SST）升幅最大。海洋热含量积聚在气候系统储能中占主导地位，占 1971—2010 年累积能量的 90% 以上（IPCC，2014）。受全球变暖的影响，全球海洋热含量自 1958 年以来不断增加，2017 年全球上层 2 000 m 海洋热含量比 1981—2010 年的平均状态升高 19.19×10^{22} J，是有海洋观测记录以来历史最高水平（Cheng et al.，2018）。全球 2 000 m 以上深度海洋温度均有不同程度的变暖趋势。根据政府间气候变化专门委员会第五次评估报告（IPCC-AR5）的结果，1971—2010 年，海洋上层 75 m 以上深度海水温度的升幅明显，约每 10 年上升 0.11 [0.09 ~ 0.13]℃；1957—2009 年，海洋在 700 ~ 2 000 m 深度之间存在变暖趋势。不同区域间海温变化幅度也有明显差异。1950—2009 年，印度洋、大西洋和太平洋的平均 SST 分别增加了 0.65℃、0.41℃和 0.31℃（IPCC，2014）。过去百年间，中国近海及邻近海域的海表温度有明显的升高趋势和区域分布特征，且中国近海 SST 上升幅度和速率均超过全球平均值（谭红建，2016）。中国近海冬季海表温度上升明显高于夏季，东海和台湾海峡是 SST 上升最快的区域，最快上升速率达每百年 2.7℃（冯琳和林霄沛，2009；Liu and Zhang，2013）。东海已经成为世界上增温幅度最大的边缘海（Belkin，2009）。在未来全球变暖的情景下，气候模式预估中国近海仍将持续增温，中高纬度海区（渤海、黄海和东海北部）最为明显（黄传江等，2014；谭红建等，2016），必将会对中国近海生态系统造成一系列的、甚至是不可逆转的严重影响。

2）盐度变化

全球海洋盐度发生了显著改变，但各海区变化趋势各有不同。IPCC-AR5 指出，自 20 世纪 50 年代后的近 60 年中，以蒸发为主的高海表盐度区域水呈变咸趋势，而降水为主的低海表盐度区域海水有变淡趋势，高盐度和低盐度区域表层海水盐度差异逐渐增大（Stocker et al.，2014）。历史观测研究还发现，全球绝大部分海洋海表盐度在 1950—2008 年间呈现很强的区域一致变化，且变化的空间型与气候平均海平面盐度分布十分相似（Durack et al.，2012）。中国近海海域盐度变化也存在明显差异，据观测，1960—2003 年，渤海和黄海盐度整体呈升高趋势（马超等，2006）；1976—2013 年东海 30°N 断面冬季表层盐度呈下降趋势（苗庆生等，2016）；1972—2010 年，南海整体表层盐度呈下降趋势，其北部的表层盐度在 2004—2012 年期间缓慢降低，2012 年盐度达到最低（傅圆圆等，2017）。受未来降水趋势影响，东中国海区（渤海、黄海和东海）盐度总体可能会增加，南海盐度可能降低（马超等，2006；傅圆圆等，2017）。

3）海洋酸化

海洋吸收二氧化碳已造成海洋酸化。据 IPCC-AR5 指出，自工业化时代初期以来，海表水的 pH 值已经下降了 0.1，相当于氢离子浓度增加了 26%。地球系统模式预估到 21 世纪末，全球海洋酸化程度在所有代表性浓度路径（RCP）情景下将增加（IPCC，2014）。中国海洋酸化的观测和研究还较少，现有观测表明，中国海洋酸化现象整体呈增强趋势，部分海域酸化速率高于全球平均速率。2011 年，渤海西北部和北部近岸海域在夏季发生酸化现象，6—8 月 pH 值降幅高达 0.29（Zhai et al.，2012）；2011—2012 年秋季，北黄海海域底层海水 pH 值降低至 7.79 ~ 7.90（Zhai et al.，2014）；2002—2011 年，东海沿岸海域表层海水 pH 值在一定程度上呈下降趋势，春季表层海水 pH 值下降明显（刘晓辉等，2017）；海南三亚湾海水的 pH 值在 2000—2010 年间平均下降约 0.02，酸化速度明显高于全球平均速度（杨顶田等，2013）。根据 IPCC 第五次耦合模式比较计划（CMIP5），在 RCP4.5 和 RCP8.5 情景下，21 世纪末中国近海海域 pH 值下降幅度将分别超过 0.15 和 0.3（谭红建等，2018）。如果继续大量排放二氧化碳，海洋酸化在未来几个世纪内都会持续加剧，严重威胁海洋生态系统（IPCC，2014）。

4）冰川融化

全球范围内的冰川几乎都在持续减少。格陵兰冰盖的冰量在 1992—2011 年期间不断地减损；北半球春季积雪范围也在缩小，多年冻土的温度自 20 世纪 80 年代初起在大多数地区呈现上升趋势，一些地区冻土层的厚度和面积也在减少（IPCC，2014）。北极海冰融化是冰川融化的重要部分，海冰范围均呈缩减趋势。1979—2012 年，南北极海冰范围在每个季节、以每个 10 年计均在缩小（IPCC，2014）。2018 年 9 月，北极海冰面积的最小值（$462 \times 10^4 \ km^2$）比 1981—2010 年平均水平（$640 \times 10^4 \ km^2$）低 28%，南极海冰面积在月底达到的最小值（$1\ 782 \times 10^4 \ km^2$），比平均水平（$1\ 872 \times 10^4 \ km^2$）低 5%（WMO，2019）。在 RCP8.5 情景下，除了南极周边的冰川之外（不包括格陵兰冰盖和南极冰盖），预估全球冰川体积减少 35% 到 85%（IPCC，2014）。

5）海平面上升

全球范围内的海平面变化呈上升趋势。IPCC-AR5 指出，1901—2010 年，全球平均海平面上升了 0.19 m，上升速率为（1.7 ± 0.2）$mm \cdot a^{-1}$，且自 19 世纪中期起海平面上升的速度率大于之前两个千年期间的平均速率。1993—2018 年，全球海平面上升速度为（3.15 ± 0.3）$mm \cdot a^{-1}$，且这一速率还在增加（WMO，2019）。不同区域的海平面上升速率存在明显差异，1993 年开始，西太平洋区域海平面上升速率高达全球平均速率的 3 倍，而东太平洋大部分地区的速率接近或低于全球平均速率；21 世纪全球平均海平面将继续上升，速率很可能超过 1971—2010 年观测到的速率，各地区的海平面升幅也不一致（IPCC，2014）。1980 年以来，中国沿海海平面呈明显波动上升的趋势，海平面上升速率为 3.3 $mm \cdot a^{-1}$，高于全球平均海平面上升速率，并具有明显的区域差异（国家海洋局，2017）。1993—2013 年，渤海、黄海和东海海平面上升速率为（3.2 ± 1.2）$mm \cdot a^{-1}$，南海海平面上升速率为（3.9 ± 2.2）$mm \cdot a^{-1}$（盛芳等，2016）。近几十年来，中国沿海极值高水位上升趋势明显，平均每年上升 5.2 mm（国家海洋信息中心，2018）。中国黄海近岸潮汐变化大，高潮位上升，潮差增大（张锦文和杜碧兰，2000）。中国南海波高呈现上升趋势（易风等，2018）。未来中国沿海海平面将长期保持上升趋势，但仍会有区域差异（张锦文等，2001）。

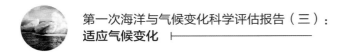

6）主要海洋环流变化

主要的海洋环流系统在年际至年代际时间尺度上都存在变化。随着全球变暖的发生，中部太平洋厄尔尼诺现象发生的频率有所增加，并且会出现混合型厄尔尼诺现象。1950—1976 年 ENSO 印度洋海盆模态（IOB）有快速衰退现象，而 1970 年代末期衰退速率放慢（Huang et al.，2010）。20 世纪印度洋偶极子模态（IOD）的强度和发生频率有增强趋势（Abram et al.，2008）。CMIP5 气候模式预估结果表明，未来热带太平洋将呈现类—厄尔尼诺的海表面温度增温分布，热带印度洋将呈现类—印度洋偶极子的增温分布；大西洋经向翻转环流（AMOC）将可能减弱；中部型和极端厄尔尼诺现象时间以及极端正位向 IOD 事件发生频率将可能增加；热量将向深海传输，对海洋环流产生重要影响（IPCC，2014）。中国近海环流方面的研究发现，1951—2000 年，黄海环流特别是中国沿岸流和黄海暖流整体减弱，主轴位置西移（Tana et al.，2017）；1959—2008 年，南海上层冬季气旋式环流减弱了约 10%，而夏季环流却有所增强（Yang and Wu，2012）。限于目前中国近海海洋环流形成和变化机理的复杂性以及长时间序列观测数据不足等多种原因，对中国近海环流的预估还较为有限。

7）缺氧现象变化

全球海洋溶解氧含量呈下降趋势。目前称为"死亡区"的海域已有 400 多个，超过 24.5×10^4 km² 海域受到影响（Diaz and Rosenberg，2008）。中国河口、近岸海域的溶解氧同样呈下降趋势，低氧区面积有所扩大。2011 年 8 月，渤海西北部海域出现了明显的溶解氧下降现象（Zhai et al.，2012）；黄海的溶解氧在 1980—2008 年保持相对稳定的状态，但 2008 年后溶解氧出现下降趋势（Li et al.，2015）；东海在 1959 年后的 50 年间低氧区面积增长了近 10 倍（Zhu et al.，2011）；南海的溶解氧也在 1981—2000 年间出现了明显下降（Yin et al.，2004）。过去几十年中，长江口外低氧区存在北移、氧最低值波动下降和面积扩大的年代际动态变化趋势（韦钦胜等，2011）。长江口外的季节性低氧现象还会影响到南黄海西南部海域，与长江口外低氧区相比，珠江口（Yin et al.，2004）、海河口（雄代群等，2005）等河口的受影响范围较小，氧最低含量较高。在 IPSL–CM5A–MR 模式预估下，未来我国近海溶解氧含量将持续降低，同时由于海洋增温幅度的区域差异，中高纬度海区将比低纬度海区降幅大（谭红建，2018）。

8）极端事件

气候变化使得全球范围内极端天气与气候事件和极端海洋灾害频发。过去 50 年，中高温热浪、强降雨和台风等极端事件呈现出不断增多增强的趋势（IPCC，2007）。1952—2016 年，全球海洋热浪的发生频次平均增加了 34%，持续时间延长了 17%（Oliver et al.，2018）。未来，这些极端灾害会更加频繁。受气候变化的影响，中国已成为世界上海洋灾害最频发、灾害程度最严重的国家之一，并且极端事件的发生频率和强度仍呈增加趋势。从 20 世纪 90 年代以来，风暴潮灾害表现出范围扩大、频率增高和损失加剧的趋势，致灾程度呈明显上升趋势；咸潮在近几十年的活动也愈加频繁，呈持续时间增加、上溯影响范围变大、强度趋于严重的趋势（宋学家，2019）。由于气候变化带来的海平面上升和风暴潮灾害频率和强度增加等原因，我国海岸侵蚀在加剧，中国海岸侵蚀长度为 3 708 km，其中砂质海岸侵蚀长度为 2 469 km，占全部砂质海岸的 53%，淤泥质海岸侵蚀总长度为 1 239 km，占全部淤泥质海岸的 14%（国家海洋局，2008）。赤潮灾害则表现出持续时间更长、高发期集中、大面积赤潮增加、区域集中、有毒藻种增加的趋势（国家海洋局，2018）。

1.1.2　气候变化对海洋的影响

在气候变化影响下，全球范围内海洋溶解氧含量下降、海洋酸化及海水增温等现象对海洋本身的生态系统和生物多样性产生严重影响，同时风暴潮等灾害的频发也给沿海城市人口和经济安全带来严重威胁。气候变化已经对海洋系统产生了难以忽略的影响，如使得海洋物种的分布范围、季节性活动和物种间的相互作用等方面发生改变。气候变暖和海洋酸化等因素还可能会与其他局地变化（如污染，水体富营养化等）共同作用，对物种和生态系统造成交互、复杂和放大的影响。气候变暖还会导致海洋物种的空间变化，热带和半封闭海域出现较高的本地物种灭绝率，但促使物种入侵高纬度地区。未来热带低纬度地区的渔业捕捞潜力将减少，而中高纬度地区物种将更加丰富，渔业捕捞潜力将提高。气候变化已经造成现阶段全球海洋物种再分配以及敏感地区海洋生物多样性的减少，给渔业生产力和其他生态系统服务的持续、供应带来挑战。由于海平面的持续上升等不利影响，海岸系统和沿海城市仍将遭受风暴潮和海岸侵蚀等的威胁。海平面上升不仅侵蚀海岸，降低了沿海地区抵御风暴潮、海啸等海洋灾害的能力，更加剧了沿海区域海水入侵与盐渍化，甚至使农业受损。海平面上升引起的风暴潮、咸潮等海洋灾害加剧，给沿海重大工程防护、海岸通航以及沿海城市发展带来挑战。全球变暖影响下，在未来几十年，风暴潮等海洋灾害的威胁将持续增加，受影响人群数量和财产损失以及人类对海岸生态系统造成的压力也将进一步增加。

中国海洋系统是全球海洋系统中的重要部分，气候变化给中国海洋系统以及海洋经济也带来了不可忽视的影响。

1）对海洋生态系统和生物多样性的影响

中国近海生态系统的结构与功能及生物多样性在近几十年已经发生了显著变化，包括物种北移和季节演替变率，群落结构和功能异常，热带海域珊瑚白化加剧，浮游植物比例失衡等现象。海洋环境中非生物和生物的物候受到表层海水升温的影响。随着海洋持续变暖，位于热带的海洋生物不断向北迁徙，能填补热带海域生态位空缺的热带生物必将趋于单一和稀缺，而不能或难于长距离迁徙的海洋生物，存在物种数量趋于减少和优势种趋于单一化的现象（蔡榕硕和付迪，2018）。浮游生物的物候学、生长、物种组成及细胞大小等已经受到了海洋变暖的影响，浮游植物暖水种的分布范围开始向两极方向扩张，冷水种的分布范围也在缩小（Burrows et al.，2011）。气候变化还影响海洋生源要素的流通，通过地球物理化学循环进一步影响着海洋系统的生产力水平。中国海叶绿素 a 浓度总体呈东（渤海、黄海和东海）高于南（南海）、沿岸海域高于近海海域的分布格局（郭海峡等，2016）。近几十年来，典型海

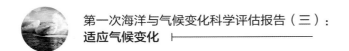
洋生态系统的脆弱性也在加剧，红树林海岸生态系统和珊瑚礁生态系统已经受到了严重的破坏。海平面上升导致中国红树林分布面积大幅度减小，并改变了红树林海岸潮汐特征，红树植物的分布北界已由过去的福建省福鼎县到达浙江省温州乐青湾西门岛（杜建国等，2012）。受海温上升和有害物种暴发（长棘海星）等因素的影响，中国热带海域的珊瑚出现大规模白化和死亡现象，南海大陆及海南岛沿岸珊瑚覆盖率在近 30 年下降 80% 以上（张乔民等，2006）。赤潮是目前出现得最为严重的海洋生态灾害之一。进入 21 世纪以来，渤海近岸海域、浙江近岸海域、厦门及珠江口近岸海域相继暴发大面积赤潮灾害。2017 年，全海域共发生赤潮 68 次，为 2013 年以来发生次数最多的一年，累计面积 3 679 km^2（国家海洋局，2018）。作为一种跨区域的生态灾害，黄海浒苔绿潮自 2007 年首次暴发以来，已连续 10 多年大规模暴发（王宗灵等，2018）。中国近海是水母暴发的重灾区，1990 年代中后期以来，渤海、黄海南部、东海北部出现了水母数量增多的趋势（李聪，2018）。在气候变化与人类活动叠加影响下，中国海洋生态系统及生物多样性将面临更高的气候变化风险。

2）对海岸系统的影响

近年来，全球变暖导致的海平面上升和围填海活动造成我国沿海潮滩和湿地大量减少。1980 年代以来，广东沿海湿地损失超过 50%（高如峰，2012）。此外，长江口大堤以外自然潮滩湿地面积呈减少趋势，且 2000 年之后减少速度加快（周云轩和谢一民，2012）。海平面的持续上升同时对海岸系统带来了二次灾害，如海水入侵、咸潮、海岸侵蚀、地下水入侵及土壤盐渍化等。目前，中国大部分海域正受到海水入侵的影响。2017 年渤海滨海平原地区海水入侵较为严重，特别是辽宁盘锦、河北秦皇岛、唐山和沧州及山东潍坊等滨海地区，海水入侵距离一般距岸 12 ~ 25 km，由此导致这些地区土壤盐渍化较为严重，盐渍化范围一般距岸 9 ~ 25 km，其他监测区一般距岸 4 km 以内（国家海洋局，2018）。相对而言，东海和南海滨海地区海水入侵面积较小、土壤盐渍化程度较低。海岸侵蚀同样对我国沿海地区产生了巨大影响，严重时会导致土地流失、房屋损毁、道路、沿岸工程和旅游设施破坏等。据统计，2017 年，海岸侵蚀造成全国土地损失 14.34 hm^2，房屋损毁 2 间，海堤、护岸损毁 1 874 m，道路损毁 2 937 m，直接经济损失 3.45 亿元（国家海洋局，2018）。咸潮在近几十年的活动也越来越频繁，对沿海地区用水安全等造成严重影响。2017 年，钱塘江口所发生的 4 次咸潮入侵过程严重影响了杭州南星水厂的取水，其中两次造成取水停止时间分别超过了 28 小时和 44 小时（国家海洋局，2018）。

3）对我国沿海城市及其经济活动的影响

海洋经济的发展是沿海地区经济发展的重要动力，气候变化所引起的各种海洋灾害均直接或间接威胁我国沿海地区经济活动，尤其是海洋渔业、滨海旅游业及海洋交通运输业等。台风和赤潮等极端事件发生频率和影响程度的增加导致渔获量降低及虾、贝类的大面积死亡等现象，给沿海养殖业带来严重威胁。2015 年的超强台风"彩虹"，是 1949 年以来登陆广东最强的台风，使得鱼排被毁、虾塘被淹，虾苗场和饲料厂也受到损害，湛江水产养殖业遭到重创。2009 年夏，渤海秦皇岛近岸海域出现的藻华使得养殖的海湾扇贝出现生长停滞甚至死亡现象，藻华影响面积达 3 350 km²，造成经济损失 2 亿多元（于仁成等，2016）。滨海旅游景观与环境系统也受到影响。气候变暖、海平面上升以及极端气候事件（风暴潮、强降水和干旱等）等气候变化问题使滨海旅游业面临沙滩面积缩小、旅游季节缩短、安全性降低等多方面的威胁（翁毅，2011），进而影响到游客行为与市场格局，干扰产业发展与要素运行，给滨海旅游业的供需关系、市场格局等带来较大的不确定性。我国的港口通航受到了极端天气等带来的威胁。与极地海冰融化对海运业的促进作用相比，海平面升高和风暴潮、极端温度等极端事件对港口码头的基础设施、日常运营和工作环境会产生严重的负面影响。海平面上升会破坏海岸区侵蚀堆积的动态平衡，改变海岸附近沙堆的分布，或导致泥沙的堆积逐渐占优，从而引起航道淤塞，使海港水深降低，严重可导致港口废弃等。

在气候变化的背景下，海平面上升、洪水、台风和风暴潮的发生频率和强度增加，海岸侵蚀、海水入侵、土地盐碱化加剧等，均威胁到我国沿海城市的安全和经济发展。2017 年第 13 号台风"天鸽"造成的直接经济损失达 51.54 亿元（国家海洋局，2018）。北戴河海滨浴场由于受到海水侵蚀，滩面变窄；浙江和广东等沿海地区受到高海平面的影响，风暴潮和洪涝灾害加剧，给当地人民的生产生活和经济社会发展造成了严重影响（国家海洋局，2013）。另外，我国五大城市群濒海的天津、上海、广州等城市将成为受风暴潮威胁和低地被淹没的高风险区。对于天津市，如果海平面上升 30 cm 而不加保护，天津地区的自然海岸线将后退 50 km，达天津市区，淹没土地约 10 000 km²；风暴潮和潮汐侵蚀比较显著的区域主要是滨海新区最南端和最北部岸段，但由于 2000 年以来，人工岸堤的修建和加固，大大降低了自然因素对海岸线变迁的影响程度（夏东兴等，1993）。

1.2 海洋应对气候变化的机遇和挑战

1.2.1 我国海洋应对气候变化面临的机遇

日益加剧的气候变化对中国海洋系统产生的影响会更加严重，中国政府对海洋领域应对气候变化的重视程度也逐渐提高，相继出台了《中国应对气候变化国家方案》（2007）、《国家适应气候变化战略》（2013）、《全国海洋经济发展规划（2016—2020 年）》等多项涉及海洋生态环境保护、海洋资源开发、海洋监测预警、海洋可持续发展的规划、计划与政策等方面的文件，为提升海洋领域科技自主创新能力、加强海洋生态文明建设，促进海洋经济和产业发展奠定基础。与此同时，也为中国海洋领域应对气候变化带来了新的机遇，实现海洋领域全面深化改革。

1）实施海洋强国建设战略给应对气候变化带来新动力

改革开放以来，中国经济结构逐渐由内向型经济转变为依靠海洋和海洋通道的外向型经济，海洋经济成了国民经济新的增长点。在此背景下，党的十八大报告中提出了建设海洋强国的战略目标。海洋强国战略强调要加强海洋生态环境的保护与建设，拓展蓝色经济空间，加快海洋科技创新步伐，实现"和谐海洋"倡导的人海合一目标，进而实现绿色和可持续发

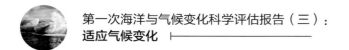

展目标。海洋强国战略的提出明确了中国海洋发展的未来方向，对认识海洋、经略海洋和保护海洋等方面提出了更高的要求。同时，海洋强国战略也为海洋领域应对气候变化提供了大量政策、资源以及科技力量的支撑，有助于充分发挥海洋生态文明建设与应对气候变化的双向协同效用，为应对气候变化带来了新的动力。

2）落实海洋领域深化改革要求给应对气候变化带来新契机

海洋领域深化改革既是中国经济、政治、文化进一步发展的必然要求，也是国家应对当前愈发严峻的气候变化形势的重要举措。海洋领域深化改革对于国家沿海经济发展和海洋生态文明建设提出了更高要求。要协调好政府与市场关系，充分发挥政府作用，突出市场在资源配置中的决定性作用，促使沿海经济转型升级，保障沿海地区的绿色和可持续发展。国家建立系统完整的生态文明制度体系，用制度保护生态环境，探索编制自然资源资产负债表，对领导干部实行自然资源资产离任审计等生态文明改革措施表明未来各级政府在追求经济发展的同时，还应加强环境保护的意识和管理行动。上述改革内容对于保障海洋生态安全和减缓与适应海洋气候变化提供了有效制度保障，为海洋资源开发和应对气候变化提供了新的契机。

3）推进"一带一路"倡议国际合作给应对气候变化带来新平台

海洋可持续发展与应对气候变化是《巴黎协定》的重要内容，也是联合国 2030 可持续发展目标的重要内容，实现这些目标需充分认识国家间合作对可持续发展和缓解气候变化的重大意义。习近平总书记在 2013 年 9 月和 10 月分别提出建设"丝绸之路经济带"和"21 世纪海上丝绸之路"的合作倡议。在 2017 年 6 月 20 日，由国家发展和改革委员会、国家海洋局联合发布了《"一带一路"建设海上合作设想》。"一带一路"倡议是打造命运共同体、体现中国国际担当的重要抓手。在《"一带一路"建设海上合作设想》中，进一步明确提出了要共走绿色共赢之路，加强海洋领域应对气候变化合作，推动开展海洋领域的循环低碳发展应用示范、加强蓝碳国际合作等要求。中国政府支持沿线小岛屿国家应对全球气候变化，愿意在应对海洋灾害、海平面上升、海岸侵蚀和海洋生态系统退化等方面提供技术援助，支持沿线国开展海岛、海岸带状况调查与评估。中国政府倡议发起 21 世纪海上丝绸之路蓝碳计划，与沿线国共同开展海洋和海岸带蓝碳生态系统监测、标准规范与碳汇研究，联合发布 21 世纪海上丝绸之路蓝碳报告，推动建立国际蓝碳论坛与合作机制。在"一带一路"建设过程中，还要深化海洋科学研究与技术合作，与沿线各国共同发起海洋科技合作伙伴计划，加深在海洋调查、观测装备、可再生能源等领域合作。还将共建共享智慧海洋应用平台，共同推动国家间海洋数据和信息产品共享，建立海洋数据中心之间的合作机制和网络，建设 21 世纪海上丝绸之路海洋和海洋气候数据中心，共同研发海洋大数据和云平台技术。"一带一路"倡议有效巩固并加强了中国与沿线国家联系，有利于推进蓝色经济、海洋垃圾（微塑料）、防灾减灾、海洋酸化、海洋脱氧和蓝碳等重大国际议题，不断提升中国参与和引导全球治理的能力，促进区域的共同发展和繁荣，是海洋领域应对气候变化国际合作的又一新平台。

4）海洋领域科技进步为应对气候变化带来新手段

科技进步是应对气候变化的有力支撑，中国在应对气候变化领域相继出台过多项规划，如《"十二五"控制温室气体排放工作方案》《"十三五"应对气候变化科技创新专项规划》《中国应对气候变化科技专项行动》等。此类规划为中国应对气候变化科技发展指明了方向，提供了强有力的政策保障。中国海洋领域应对气候变化科技已取得较大进展，若干重点领域也取得了丰硕成果。在气候变化基础理论、海洋观测预测技术等方面，与国际先进水平的差距正逐渐减小。初步建成了海洋立体观测网，构建了多级海洋预报体系，为满足我国沿海重大城市群防灾减灾、沿海重大工程安全保障、海洋产业可持续发展等功能和发展需求奠定了基础。在海洋碳汇方面，初步建立了浅海贝类和藻类固碳潜力评估技术，蓝色碳汇的监测、评估也取得一定进展，并逐渐在全球范围内发挥引领作用。在海洋生态保护与修复方面，突破了多项人工移植技术，建立了"南红北柳""蓝色海湾"等生态保护区，部分地区海洋生态系统退化得到有效遏制。面对自身发展与应对气候变化的需要，海洋领域科学技术的不断进步与自主创新能力的逐步提升，为海洋应对气候变化带来了新手段。

1.2.2　我国海洋应对气候变化面临的挑战

海洋是地球上最大的生态系统，也是人类生存和可持续发展的重要空间和宝贵财富。海洋领域的开发利用在中国的经济社会发展中具有重要作用。然而随着气候变化和人类活动影响的加剧，海平面上升、海洋酸化、海洋生态系统破坏和海洋灾害加剧等一系列问题对中国的可持续发展与生态文明建设产生了负面影响。尽管中国政府已经通过加强海洋环境监测、完善适应气候变化沿海基础工程设施建设、推进海洋生态系统保护与修复等多方面措施来应对日益加剧的海洋气候变化，但由于气候变化本身的复杂性和科技支撑能力的不足，中国海洋领域应对气候变化仍面临巨大挑战。

1）海洋应对气候变化观测预报系统有待完备

海洋观测预报系统的逐步完善能够提供更加准确、可靠的海洋信息数据，是海洋生态环境保护、海洋资源可持续利用、应对极端天气事件、海洋灾害预警的有力保障，对于应对气候变化具有重要意义。随着国家重视程度的提高，我国海洋观测预测系统取得了快速发展，但相较于美国、加拿大等国家，我国海洋观测网络建设起步较晚、发展时间较短，基础能力还需加强，海洋观测设备的制造与创新水平仍待提高。海洋观测预报系统规划和布局不尽合理，观测要素尚不完备，运维保障能力亟须提高。海洋预报的自主创新能力不足，关键技术应用水平存在较大提升空间。其次，我国海洋观测数据管理较为分散，缺乏长时间观测资料，资源共享程度和有效利用率有待提高，海洋预报内容的重复性问题较为严重。气候预测模型涉及学科领域较为单一，海洋"天气"尺度过程预报研究欠缺，未形成功能齐全的气候变化观测要素产品，预报产品的精细化、时效性和可用性有待提升。此外，海洋领域尚未建立具有针对性的、机制顺畅、功能完备的应对气候变化的业务化工作体系，海洋观测预报相关领域管理制度、标准规范和业务机构尚不完备，相关业务单位职责分工不够清晰，全链条的业

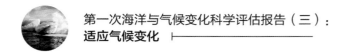
务化队伍有待建立，整体效能未得到充分发挥。

2）典型海洋生态系统监测与预警能力有待提高

海洋生态系统的监测与预警是海洋环境保护的基础工作，也是政府监督管理海洋环境的基本手段，对于中国海洋生态系统的保护与修复工作具有重要意义。然而因海洋生态系统的复杂性和对海洋生态系统监测与预警能力的不足，中国对近海海洋动力环境、海洋生态系统，以及滨海湿地、珊瑚礁和红树林等海岸带环境影响的连续监测和变化规律研究有待进一步加强。与发达国家相比，中国现有观测、监测业务体系尚不能满足应对气候变化的需要，海洋生态环境监测与预警系统的完整性和先进性仍待提高，对反映特定生态系统特征的关键性海洋生态指标鉴识不足。其次，海洋生态监测预警技术的发展尚处于起步阶段，海洋生态环境在线、视频、遥感监测等立体动态高新技术的应用滞后，难以获得高时效、高覆盖的海洋环境监测数据，不能全面观测或预测生态系统的变化，无法满足日益增长的海洋防灾减灾和海洋生态环境保护需求。

3）适应气候变化的海洋生态保护与修复工程有待加强

20世纪70年代以来，由于人类活动和气候变化的加剧，中国海洋生态系统遭受到了不同程度的破坏，出现海湾服务功能下降、湿地萎缩、海岛破坏和生物多样性丧失等问题。尽管近年来中国海洋保护区面积和数量呈不断上升趋势，部分湿地、海湾河口和局部重要生态系统也因"南红北柳""蓝色海湾"等生态环境修复工程的实施得到了有效恢复，但中国现有的生态保护工程实施的区域较小、时间也较短。已实施的修复项目中，大部分简单采取岸线整治和湿地恢复等措施，未有效采取陆源污染治理和海湾综合整治模式，未从系统修复的角度制定海洋生态保护修复计划，尚未形成海洋保护区网络体系，仍然存在海洋保护碎片化、分散化、海洋生物多样性养护能力不足、保护区面积小、布局有待优化等问题。其次，中国海洋生态系统的保护与修复工程多以人工修复为主，未能充分体现生态化建设要求，生态化效果不明显，缺乏对海洋生态系统问题的准确界定，对各种退化程度不同的海洋生态系统，未采取具有针对性的生态修复手段，海洋生态系统修复和保护工程管理效率不高、效果也不尽理想。此外，生态补偿标准、生态整治与修复的科学依据不充分，海洋生态保护与修复工程亟待加强。

4）沿海重大工程基础设施布局有待优化

沿海重大工程涉及交通运输、水利、电力、石油、船舶建造等众多行业，对国家或地区国计民生具有重大意义。但海平面上升、温度升高、海洋酸化、极端气候事件频发等现象导致已建工程所在海域水文条件和气候条件发生变化，影响沿海工程安全运行及使用寿命。气候变化对新建沿海重大工程的设施选址、设计标准、设计参数、布局规划、工程建设、工程评估等提出更高要求。中国海洋领域针对气候变化科学研究相对薄弱，沿海重大工程基础设计布局优化缺乏理论基础。中国尚未针对沿海重大工程形成应对气候变化影响的具有针对性、系统性、科学性的对策体系。现行相关技术标准升级相对滞后，例如，滨海核电厂完全依照美国核电规范（ASME）建设，设计过于保守；港口工程一般采用交通部颁布的相应设计标准，在工程设计中未考虑到气候变化的影响；岛礁工程发布、实施和工程质量评估等相关标准相较于岛礁开发建设速度明显滞后，沿海重大工程基础设施布局优化缺乏参考标准。

5）沿海城市海洋灾害风险防控能力有待提升

改革开放以来，沿海地区已成为人口、经济、社会的重点区域。随着人口、产业不断向沿海城市集中，未来中国沿海城市也将成为高密度、规模庞大的承灾体。一方面，随着气候变化的加剧，海洋灾害发生频率和强度呈现上升趋势，对沿海城市居民用水安全、近海渔业发展、港口航道通行造成重大影响；另一方面，随着人口、产业向沿海城市的高度聚集，沿海城市暴露度也日益增加，具有较高的易损性。致灾因子严重性和高度暴露性对沿海城市海洋灾害风险防控水平和风险管理能力提出更高要求。目前，中国沿海城市灾害防控还存在较大局限性。首先，国家适应气候变化和海洋灾害防御的法律法规有待健全，整个海洋防灾减灾工作的法制保障基础薄弱，海洋灾害重点防御区建设等重要工作缺乏规范、推进困难，严重制约了海洋防灾减灾能力的提升，影响了海洋经济发展战略的顺利实施。其次，海洋灾害工程性措施仍待完善，中国海堤建设参差不齐，生态工程防御海洋灾害的作用有待提升。此外，沿海地区大多地势低平，往往存在城市形态不佳，抗灾能力差，各行政管理部门协调不畅，居民防灾意识淡薄等问题。沿海城市的抵抗能力还难以应对海洋灾害的破坏力，使得沿海城市人民生命财产安全、城市设施建设极易受到海洋灾害的威胁。

6）海洋应对气候变化的科技支撑与国际合作机制有待完善

应对气候变化的国际合作，是中国参与全球治理的重要组成部分。1988年成立的政府间气候变化专门委员会（IPCC）、1992年制定的《联合国气候变化框架公约》（UNFCCC）以及2015年通过的《巴黎协定》是世界各国共同参与全球气候变化治理的集中体现。作为应对气候变化的重要领域，海洋领域的科技发展和国际合作得到了国家的高度重视。经过多年努力，中国在海洋领域的国际科技合作取得了一定成就，与美国、法国、日本、印度尼西亚、泰国等几十个国家签订了不同类型的海洋科技合作协议、议定书或谅解备忘录，开展了规模不等的科技合作。尽管如此，中国当前海洋科技总体水平与世界先进水平相比仍存在较大差距，研发水平较低、专业技术人才缺乏、平台建设滞后、产业化能力较薄弱，国内开展海洋合作的软硬件水平有待提高，缺乏对外吸引力。同时现有的海洋合作项目内容零散，项目完成质量和数量较低，缺乏统筹协调。此外，国际海洋领域应对气候变化合作的资金机制、技术转让、全球与国家目标的一致性等方面还存在很多的问题，目前全球共同应对海洋气候变化的国际合作机制仍不完善。

7）相关法律法规和政策体系有待健全

近年来，中国海洋领域应对气候变化工作不断深入，2007年，中国政府成立了应对气候变化领导小组，国家海洋局作为参加单位积极参与海洋领域的相关工作。2009年，国家海洋局成立了海洋领域应对气候变化领导小组，加强了海洋领域应对气候变化工作的组织管理与

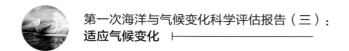
协调，建立了业务化的工作机制，提出了加强海洋气候变化观测和评估能力，减缓和适应气候变化的工作目标，集中海洋领域的优势力量，开展海洋领域应对气候变化工作。国家海洋局也组织编制了《关于海洋领域应对气候变有关工作的意见（2007）》和《海洋领域应对气候变化工作方案（2009—2015）》等政策文件。虽然中国海洋领域应对气候变化工作在不断深入，政策制定也越来越多地考虑适应气候变化工作的需要，但我国还没有全国性专门的海洋领域应对气候变化的法律法规和政策体系以及区域性的管理条例和实施细则。现有政策要素不够完善，适应气候变化政策目标与对应的适应能力和适应资源不相匹配；适应政策考虑得仍不够完整；适应政策监督不足，成效评估能力较弱。由于各方面的原因，现有海洋领域法律法规缺乏体系性和科学性，部分法律法规的立法反应较慢且周期较长，难以适应中国经济转型和建设海洋强国的需求，也限制了海洋领域应对气候变化的行动。

1.3 未来展望

当前，海平面上升、海洋酸化、海洋生态系统破坏以及海洋灾害频发等一系列气候变化问题已成为中国发展蓝色经济、推进海洋生态文明建设和实施海洋强国战略的突出瓶颈。因此，需要围绕海洋领域应对气候变化这一核心主题，加强海洋领域应对气候变化研究，提升气候变化影响下海洋灾害的应对能力和水平。以海洋气候变化监测预测、沿海基础设施建设以及海洋生态环境保护等为主要抓手，做好海洋开发和海洋领域应对气候变化的顶层设计，加强对海洋资源开发利用的宏观把控。未来，应将中国海洋生态文明建设战略思想和海洋强国战略与海洋领域应对气候变化的特点及发展需求进行有机结合，着重从以下方面率先实现突破。

1）加强国家海洋观测预报预警体系建设，提升海洋观测的技术水平与国际影响力

近几十年来，中国在海洋观测预报预警系统建设方面已取得了长足的进步，但和国际先进水平仍存在一定差距。未来还需进一步拓宽服务方式和服务领域，积极参与、融入全球海洋观测网（Argo）、非洲—亚洲—澳大利亚区域季风研究与预测锚系浮标阵列（RAMA）等全球海洋观测计划。以"智慧海洋""全球海洋立体观测网""雪龙探极""蛟龙探海"等重点工程建设为依托，加速形成覆盖沿岸、近海、深远海和大洋的、布局合理的、较高密度的立体化、多功能化和智能化的综合观测系统。同时，统筹推进国家海洋与气候数值模式体系建设，提升数值预报精细化程度，增强观测预报产品业务化能力。加快构建海洋综合决策平台，加大支撑力度、增强公众参与、加强国际交流，在满足本国应对气候变化和建设海洋强国的发展需求的同时，稳步提升中国在海洋观测领域的技术水平与国际影响力。

2）加强海洋生态系统的保护与恢复，积极推进海洋生态文明建设

海洋生态系统的保护与恢复工作是人类适应气候变化、实现可持续发展的最有效途径之一，也是中国生态文明建设的应有之义。未来，应从生态系统整体出发，倡导多学科参与和

多部门合作，鼓励政府和社会、公共和私人利益相关者参与到海洋生态系统恢复与保护的设计、实施、监测以及评估的全面管理中来。建立陆海统筹的生态系统保护与修复机制，有效遏制海洋生态系统退化问题，增强海洋应对气候变化的能力，保障海洋生态环境与经济社会的健康可持续发展。积极推进海洋生态文明建设，进一步加强沿海地区生态保护意识，设立生态红线，坚持走人与自然和谐相处的绿色发展道路；协调好地区经济发展与环境保护的关系，加快推动沿海地区经济结构和发展模式转型，减少污染物排放，减轻海洋生态系统的人为环境压力，共创生态、经济和社会的"三赢"局面。

3）优化沿海基础设施建设布局，提升沿海重大工程适应气候变化能力

日益加剧的全球气候变化导致极端天气气候事件频发，但现行相关技术标准升级滞后且工程的设计建造年代久远，沿海重大工程适应气候变化的能力亟待提高。未来，应加强沿海重大工程在气候变化情况下的腐蚀影响、破坏机理、地面沉降等方面的基础科学研究，并充分结合沿海工程特点，综合考虑气候变化影响、工程重要性、社会经济发展需要等多重因素，从沿海工程设计建造标准、影响评估技术体系、风险预估技术体系以及工程管理与应急处理等多个方面加以改进，优化沿海重大工程基础设施建设布局，切实提高沿海重大工程适应气候变化能力。

4）健全防灾减灾体制机制，提高沿海城市防灾减灾能力

在海洋领域开展应对气候变化行动，对保障沿海城市海洋资源开发利用、防灾减灾、生态文明建设和社会经济可持续发展等具有重要意义。目前，中国沿海海平面上升引起的海岸侵蚀、海水入侵、土壤盐渍化以及海水倒灌等问题，对中国沿海地区应对气候变化提出了现实的挑战。在这一背景下，健全防灾减灾机制体制，提高沿海城市防灾减灾能力是必要且紧迫的。沿海城市应在城市规划、经济社会发展规划以及能源发展战略等重大规划、策略的制定过程中统筹考虑城市暴露度、易损性和气候变化影响下海洋灾害加剧等因素，切实规范用海行为。引进先进管理理念，集成成熟技术并整合优质资源，将海洋防灾减灾工作纳入当地重大发展规划中，从海洋灾害监控防控、海洋灾害预警、海洋灾害应急管理、海洋灾害调查评估和海洋减灾宣传教育等多方面入手，建立健全统筹协调和防灾减灾机制体制，提高沿海城市防灾减灾能力。

5）增强科技自主创新能力，充分发挥技术支撑作用

科技创新在应对气候变化、实现可持续发展方面的作用日益凸显，而中国海洋领域应对气候变化技术与国际先进水平仍存在一定差距，无法满足国家的战略需求和有效应对日益加剧的气候变化。未来，国家应以国家战略需求为中心、以全球视野为导向，加速追赶并引领全球应对气候变化技术的发展。加大海洋领域应对气候变化的科研投入，完善人才培养考核机制，建立大型海洋应对气候变化技术研究中心，增强以企业为主体的科技自主创新能力，促进应对气候变化技术的产业化、业务化。深入开展有关气候变化的海洋基础研究，争取在气候变化及其影响规律、蓝碳技术以及可再生能源技术等一大批科学问题上

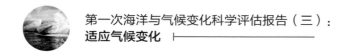
取得率先突破，重点攻关一批重点行业和关键领域核心技术，发展海洋战略性前瞻技术，增加国家应对气候变化的战略技术储备，扎实推动我国海洋科学整体水平的提高。

6）推进"一带一路"倡议，共同促进人海和谐发展

作为中国主导的国际合作新平台，"一带一路"倡议的持续推进对中国海洋领域应对气候变化的作用也将逐渐凸显，经营好、利用好这一平台将大有裨益。建立紧密的蓝色伙伴关系是推动海上合作的有效渠道。加强战略对接与对话磋商，深化合作共识，建立双多边合作机制，共同参与海洋治理，可为深化海上合作提供制度性保障。推动建立21世纪海上丝绸之路沿线国高层对话机制，共同推动行动计划的实施，共同应对海洋重大问题；建立蓝色经济合作机制，设立全球蓝色经济伙伴论坛，推广蓝色经济新理念和新实践，推动产业对接与产能合作；开展海洋规划研究与应用，共同推动制订以促进蓝色增长为目标的跨边界海洋空间规划、实施共同原则与标准规范；加强与多边机制，智库和民间组织的交流合作，打造合作平台与协作网络。面向"一带一路"沿线国家和地区的实际需求，大力推进海洋预报减灾国际合作，为沿线各国提供各类海洋预报减灾领域的公共服务和产品。与21世纪海上丝绸之路沿线国家共同发起海洋生态环境保护行动，共同落实海洋应对气候变化措施。积极推动联合国制定的《2030年可持续发展议程》在海洋领域的落实，与21世纪海上丝绸之路沿线各国开展全方位、多领域的海上合作。以共享蓝色空间、发展蓝色经济为主线，以保护海洋生态环境、应对海洋气候变化、促进海洋经济发展、深化海洋科学研究、共同参与海洋治理等为重点，共走绿色发展之路，共创依海繁荣之路，共建智慧创新之路，共谋合作治理之路，实现人海和谐，共同发展。

7）全面参与全球海洋治理，增强国际海洋事务话语权

未来中国应秉持开放的理念，积极承担国际责任与义务，深入开展海洋领域应对气候变化的国际交流与合作，全面参与到全球海洋治理中，进一步发挥中国在全球海洋治理中的主导作用，为海洋领域应对气候变化提供中国方案、贡献中国智慧。积极参与国际气候变化谈判，构建基于海洋合作和面向未来的蓝色伙伴关系，共建海洋发展利益共同体，推动形成公平合理、合作共赢的全球气候治理体系，树立负责任的大国形象。立足实际，加强全球海洋治理的本土化以及中国参与全球海洋治理的路径研究，积极参与海洋安全制度及法律制度的设计与重构，推动中国海洋制度与国际海洋制度接轨，开展行之有效的应对气候变化项目合作，推动先进技术转移，完善数据共享和人才交流机制，增强国际海洋事务话语权，切实有效维护中国的海洋权益。

1.4　本评估报告章节结构及内容安排

本书是《第一次海洋与气候变化科学评估报告》的第三部分，共分9章，从减缓和适应两个方面探讨海洋应对气候变化的措施，提出海洋积极应对气候变化的政策和技术对策建议。本书章节内容安排如下。

第1章首先凝练了海洋气候变化与影响的主要结论，提出中国海洋应对气候变化方面的机遇和挑战，以及未来应对气候变化展望，旨在为本报告"海洋应对气候变化"对策建议提供科学基础。

第2章海洋碳汇，概述海洋在吸收二氧化碳以及在调节气候变化中的重要作用，发展海洋碳汇的重要意义，然后总结近年来中国在海洋碳汇研究方面已开展的工作并进行成效评估，识别存在问题与差距，提出中国发展海洋碳汇的成套措施和方案。

第3章海洋可再生能源和天然气水合物，首先介绍海洋可再生能源的特点，国内外发展海洋可再生能源的政策背景，近年来中国海洋可再生能源和海上天然气水合物的研究进展，评估海洋可再生能源开发利用的效果、主要问题、减排潜力，对中国海洋可再生能源的发展愿景进行展望。

第4章海洋生态文明建设，阐释海洋生态文明建设的定义与内涵，对海洋生态文明建设开展的重点任务和重大工程进行了归纳总结并进行成效评估，分析海洋生态文明建设目前存在的问题和差距，提出海洋生态文明建设在减缓和适应气候变化方面应开展的重点行动。

第5章沿海重大城市群适应气候变化，分析中国沿海重大城市群面临的主要海洋风险和适应气候变化挑战，评估中国沿海城市为应对气候变化所采取的措施及效果，对三大沿海城市群区域内的应对气候变化行动进行具体分析，查找目前沿海城市群适应气候变化所存在的问题与差距，提出中国沿海重大城市群适应气候变化的工作重点。

第6章沿海重大工程适应气候变化，介绍中国沿海重大工程建设情况，全面评估目前中国沿海重大工程应对气候变化所采取的措施及其成效，梳理沿海重大工程面临气候变化引发的主要问题，提出中国沿海重大工程适应气候变化的行动建议。

第7章海洋产业适应气候变化，分析海洋渔业（包括海洋捕捞业和海水养殖业）、滨海旅游业和海洋交通运输业的现状和适应气候变化面临的挑战，总结海洋产业适应海洋与气候变化的重要措施、成效与不足，提出提高海洋产业适应气候变化的防御和恢复能力的政策建议。

第8章科学技术支撑，从海洋观测和数值模式两个方面评估现有科学技术对全球气候变化的支撑作用，识别目前实现应对全球及区域气候变化功能所存在的问题，提出全面整合和构建"全球海洋立体观测网"和发展具有国际竞争力的"国家数值预测预报体系"的政策建议。

最后第9章海洋领域应对气候变化综合战略，分析海洋领域在应对气候变化中的形势和需求，对中国海洋领域应对气候变化工作现状进行梳理并总结现存挑战，依据指导思想提出海洋领域应对气候变化的目标和主要任务。

第三部分本书各章的结构关系如图1.1所示，第1章梳理适应气候变化面临的问题和挑战，然后在此基础上，第2～4章的海洋碳汇、可再生能源和天然气水合物、生态文明建设，主要集中在减缓对策上，第5～7章按照重大城市、沿海重大工程设施、海洋产业的角度，由点到线再到面的维度上，集中讨论适应气候变化的对策，第8章凸出气候变化科技支撑的重要性，这是应对气候变化最基础的内容，无论气候怎样变化，科技支撑的作用只能加强，不

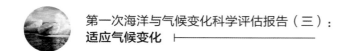
能减弱；最后的第 9 章，提出海洋应对气候变化的综合战略。

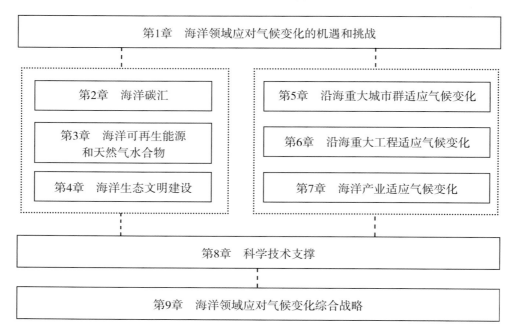

图1.1　本书各章结构关系图

本书关于海洋气候变化的事实及影响的结论主要源自第一次海洋与气候变化科学评估报告第一、第二部分的内容，同时结合气候变化国家评估报告、气候变化科学评估报告的结论；本书应对气候变化的措施及效果评估、未来应对气候变化的建议等，基于已有文献综述、现有政策文件和资料记录，以及本书作者的综合分析等。本书对于已经采取的气候变化应对措施及效果的分析，主要集中在近几十年，而对于未来的政策措施建议，分为近期和中远期，近期的政策建议针对的时间节点为2030，而中远期政策建议的时间节点集中在2050 年。

参考文献

白珊，刘钦政，吴辉碇，等.2001.渤海.北黄海海冰与气候变化的关系.海洋学报，23(5)：33-41.

蔡榕硕，付迪.2018.全球变暖背景下中国东部气候变迁及其对物候的影响.大气科学，42(4)，729-740.

杜建国，Cheung, W. W. L.，陈彬，等.2012.气候变化与海洋生物多样性关系研究进展.生物多样性，20(6)：745-754.

冯琳，林霄沛.2009.1945—2006年东中国海海表温度的长期变化趋势.中国海洋大学学报：自然科学版，39(1)：13-18.

傅圆圆，程旭华，张玉红，等.2017.近二十年南海表层海水的盐度淡化及其机制.热带海洋学报，36(4)：18-24.

高如峰.2012.海平面上升对我国沿海生态环境的影响.科技资讯，(25)：181-183.

郭海峡，蔡榕硕，谭红建.2016.基于DINEOF方法重构台湾海峡叶绿素a遥感缺失数据的初步研究.应用海洋学学报，2016(04)：550-558.

国家海洋局，2009.2008年中国海洋灾害公报.http://gc.mnr.gov.cn/201806/t20180619_1798011.html [2019-5-22].

国家海洋局.2009.2008年中国海平面公报.http://gc.mnr.gov.cn/201806/t20180619_1798289.html [2019-5-22].

国家海洋局.2013.2012年中国海平面公报.http://gc.mnr.gov.cn/201806/t20180619_1798293.html [2019-5-22].

国家海洋局.2017.2016年中国海平面公报.http://gc.mnr.gov.cn/201806/W020180629620825290279.docx[2019-5-22].

国家海洋局.2018.2017年中国海平面公报.http://gc.mnr.gov.cn/201806/W020180629618650762279.docx [2019-5-22].

国家海洋局.2018.2017年中国海洋灾害公报.http://gc.mnr.gov.cn/201806/t20180619_1798021.html[2019-5-22].

国家海洋信息中心.2018.2018年中国气候变化海洋蓝皮书.http://dy.163.com/v2/article/detail/E3VAG00L0514B6BV.html[2019-8-22].

黄传江，乔方利，宋亚娟，等.2014.CMIP5模式对南海SST的模拟和预估.海洋学报，36(1)：38-47.

李聪.2018.我国水母灾害研究现状与展望.渔业研究，40(2)：156-162.

刘晓辉，孙丹青，黄备，等.2017.东海沿岸海域表层海水酸化趋势及影响因素研究.海洋与湖沼，48(2)：398-405.

马超，吴德星，林霄沛.2006.渤、黄海盐度的年际与长期变化特征及成因.中国海洋大学学报：

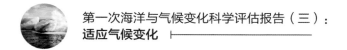

自然科学版，S2：7–12.

苗庆生，杨锦坤，杨扬，等．2016. 东海 30°N 断面冬季温盐分布及年际变化特征分析．中国海洋大学学报：自然科学版，46(6)：1–7.

盛芳，智海，刘海龙，等．2016. 中国近海海平面变化趋势的对比分析．气候与环境研究，21(03)：346–356.

谭红建，蔡榕硕，黄荣辉．2016. 中国近海海表温度对气候变暖及暂缓的显著响应．气候变化研究进展，12(6)：500–507.

谭红建，蔡榕硕，颜秀花．2018. 基于 CMIP5 预估 21 世纪中国近海海洋环境变化．应用海洋学学报，37(2)：152–160.

王宗灵，傅明珠，肖洁，等．2018. 黄海浒苔绿潮研究进展．海洋学报，40(2)：1–13.

韦钦胜，于志刚，夏长水，等．2011. 夏季长江口外低氧区的动态特征分析．海洋学报，33(6)：100–109.

翁毅，朱竑．2011. 气候变化对滨海旅游的影响研究进展及启示．经济地理，31(12) 2132–2137.

夏东兴，刘振夏，王德邻，等．1993. 渤海湾西岸海平面上升威胁的防治对策．自然灾害学报，(1)：48–52.

熊代群，杜晓明，唐文浩，等．2005. 海河天津段与河口海域水体氮素分布特征及其与溶解氧的关系．环境科学研究，18(3)：1–4.

杨顶田，单秀娟，刘素敏，等．2013. 三亚湾近 10 年 pH 的时空变化特征及对珊瑚礁石影响分析．南方水产科学，9(1)：1–7.

易风，冯卫兵，曹海锦．2018. 基于 ERA-Interim 资料近 37 年南海波浪时空特征分析．海洋预报，35(1)：44–51.

于仁成，刘东艳．2016. 我国近海藻华灾害现状，演变趋势与应对策略．中国科学院院刊：31(10)，1167–1174.

张锦文，王喜亭，王惠．2001. 未来中国沿海海平面上升趋势估计．测绘通报，(4)：4–5.

张锦文，杜碧兰．2000. 潮差的显著增大趋势．海洋通报，19(1)：1–9.

张乔民，施祺，陈刚，等．2006. 海南三亚鹿回头珊瑚岸礁监测与健康评估．科学通报，51(增 2)：71–77.

周云轩，谢一民．2012. 上海市湿地资源调查与监测评估体系研究．上海：上海科学技术出版社．

Abram N J, Gagan M K, Cole J E et al., 2008. Recent intensifcation of tropical climate variability in the Indian Ocean. Nature Geoscience, 1, 849–853.

Belkin I M. 2009. Rapid warming of Large Marine Ecosystems. Progress in Oceanography, 81 (1–4), 207–213.

Burrows, M. T., Schoeman, D. S., Buckley, L. B.et al., 2011. The pace of shifting climate in marine and terrestrial ecosystems. Science, 334(6056), 652–655.

Cheng, L., and J. Zhu. 2018. 2017 was the warmest year on record for the global ocean. Advances in Atmospheric Sciences, 35, 261–263.

Diaz R J, Rosenberg U. 2008. Spreading dead zones and consequences for marine ecosystems. Science, 321 (5891), 926–929.

Durack, P. J., Wijffels, S. E. & Matear, R. J. 2012. Ocean salinities reveal strong global water cycle intensifcation during 1950 to 2000. Science, 336(6080), 455–458.

Huang G, Hu K M, Xie S P. 2010. Strengthening of tropical Indian Ocean teleconnection to the northwest Pacifc since the mid-1970s: An atmospheric GCM study. Journal of Climate, 23, 5294–5304.

IPCC. 2007. Climate Change 2007: Impacts, Adaptation and Vulnerability. Cambridge, UK and New York, NY, USA: Cambridge University Press, 992pp.

IPCC. 2014. Climate Change 2014: Impacts, Adaptation, and Vulnerability. Part A: Global and Sectoral Aspects. Cambridge, United Kingdom and New York, NY, USA: Cambridge University Press, 1132pp.

Li H-M, Zhang C-S, Han X-R et al., 2015. Changes in concentrations of oxygen, dissolved nitrogen, phosphate, and silicate in the southern Yellow Sea, 1980–2012: Sources and seaward gradients. Estuarine, Coastal and Shelf Science, 163: 44–55

Liu, Q., Zhang, Q. 2013. Analysis on long-term change of sea surface temperature in the China Seas. Journal of Ocean University of China, 12(2), 295–300.

Ng A.K.Y. and Liu J. J. 2014. Port-Focal Logistics and Global Supply Chains. Basingstoke: Palgrave Macmillan. Oliver, E. C., Donat, M. G., Burrows, M. T. er al., 2018. Longer and more frequent marine heatwaves over the past century. Nature communications, 9(1), 1324.

Stocker, Thomas F, et al., Climate change 2013: the physical science basis: Working Group I Contribution to the Fifth Assessment Report of the Intergovernmental Panel on Climate Change. Cambridge, United Kingdom and New York, NY, USA: Cambridge University Press, 1535pp.

Tana, Fang, Y., Liu, B. et al., 2017. Dramatic weakening of the ear-shaped thermal front in the Yellow Sea during 1950s–1990s. Acta Oceanologica Sinica, 36(5), 51–56.

WMO (World Meteorological Organization). 2019. WMO Statement on the state of the global climate in 2018. https://library.wmo.int/doc_num.php?explnum_id=5789 [2019–5–22].

Xiao F, Wang D, Zeng L, et al., 2019. Contrasting changes in the sea surface temperature and upper ocean heat content in the South China Sea during recent decades. Climate Dynamics, 53(3–4), 1597–1612.

Yang, H., Wu, L. 2012. Trends of upper-layer circulation in the South China Sea during 1959–2008. Journal of Geophysical Research: Oceans, 117(C8).

Yin K, Lin Z, Ke Z. 2004. Temporal and spatial distribution of dissolved oxygen in the Pearl River Estuary and adjacent coastal waters. Continental Shelf Research, 24 (2004), 1935–1948.

Zhai W D, Zheng N, Huo C, et al., 2014. Subsurface pH and 5carbonate saturation state of aragonite on the Chinese side of the North Yellow Sea seasonal variations and controls. Biogeosciences, 11, 1103–1123.

Zhai W, Zhao H, Zheng N, et al., 2012. Coastal acidifcation in summer bottom oxygen-depleted waters in northwestern-northern Bohai Sea from June to August in 2011. Chinese Science Bulletin, 57 (9), 1062–1068.

Zhu Z Y, Zhang J, Wu Y. et al., 2011. Hypoxia off the Changjiang (Yangtze River) Estuary: Oxygen depletion and organic matter decomposition. Marine Chemistry, 125 (2011), 108–116.

第2章
海洋碳汇[*]

海洋是地球上最大的碳汇体，工业革命以来人类活动释放的二氧化碳约一半被海洋吸收。发展海洋碳汇不仅是应对全球气候变化、发展海洋低碳经济的关键所在，也是建设海洋强国的内在发展需要。我国是海洋大国，发展海洋碳汇的自然条件优越，海洋理应在国家减排增汇战略中发挥重要作用。我国有近 $300 \times 10^4 \text{ km}^2$ 的主张管辖海域和 $1.8 \times 10^4 \text{ km}$ 的大陆海岸线，研发海洋碳汇潜力巨大。我国科学家率先在国际上提出了"微型生物碳泵"和"渔业碳汇"等海洋碳汇的重要科学理论，为陆海统筹近海增汇生态工程、渔业增汇工程以及人工上升流增汇工程的实施奠定了科学基础；此外，海岸带植被保护与修复、建设海洋牧场也是增强海岸带碳汇的有效措施；同时海洋铁施肥与海洋碳封存等地球工程技术也是可能的增汇途径，但其生态风险和技术本身尚具有不确定性；为此积极推进海洋碳汇原理与技术的研发，部署海洋增汇工程，恢复与强化我国海洋碳汇的服务功能，建立定量化的海洋碳汇生态补偿制度，完善海洋碳汇法律法规体系，加强国际交流与合作，是我国应对气候变化和保障经济发展的有效措施。

[*]　首席作者：焦念志[1]　胡学东[2]
　　　贡献作者：张永雨[3]　张增虎[3]　张瑶[1]　刘纪化[4]
　　　（1. 厦门大学 厦门 361005；2. 自然资源部中国大洋矿产资源研究开发协会 北京 10001；3. 中国科学院青岛生物能源与过程研究所 青岛 266101；4. 山东大学海洋研究院 青岛 266000）

2.1 概述

传统的海洋碳汇是指利用海洋活动及海洋生物吸收大气中的二氧化碳，并将其固定在海洋中的过程、活动和机制。随着大气中二氧化碳浓度的快速增加（美国夏威夷 Mauna Loa 温室气体监测站监测数据显示 2019 年 5 月大气中二氧化碳的平均浓度达到 415.26 ppm[①]）以及人们对气候变化认知程度的提高，应对气候变化的手段也在逐渐丰富，目前主要包括减排（降低人类活动对气候系统的影响）、适应（改变生活和社会活动方式以减少受气候变化的影响）以及人工干预（通过工程技术手段干预地球气候系统的变化）等。在这一背景下，海洋碳汇的概念也得到了丰富与发展。目前，广义的海洋碳汇不仅指利用海洋活动和海洋生物吸收并固定大气中的二氧化碳，还包括利用工程技术手段促进海洋生态系统碳吸收以及在海洋中实施碳封存等。

海洋生态系统捕获的碳汇被称为"蓝色碳汇"（简称蓝碳）。蓝碳的概念涵盖了海岸带、湿地、沼泽、河口、近海、浅海和深海等海洋生境的碳汇（图 2.1，Jiao et al.，2018c）。联合国环境署等机构联合发布的《蓝碳：健康海洋对碳的固定作用——快速反应评估报告》指出，全球光合作用捕获的碳中，约 45% 是由陆地生态系统吸收，其余 55% 是由海洋生物吸收（Adams et al.，2008；Nellemann et al.，2009）。

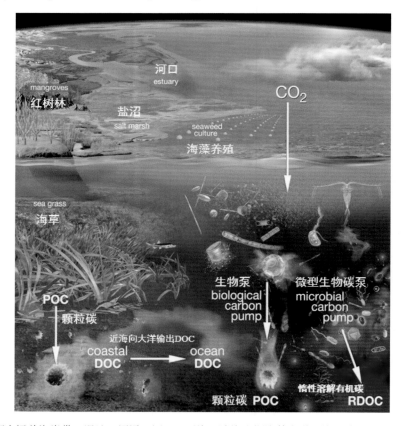

图2.1　蓝碳概念涵盖海岸带、湿地、沼泽、河口、近海、浅海和深海等海洋生境的碳汇（Jiao et al.，2018c）

---

① ppm，干空气中每百万（10^6）个气体分子中所含的该种气体分子数。

2.1.1 红树林

红树林是生长在热带和亚热带地区潮间带的特殊的湿地森林，其植物根系碳循环周期长，土壤有机碳分解速率低，碳储存时间长，使红树林湿地具有很高的碳汇潜力。红树林碳库的组成包括初级生产力（包含凋落物、树木和根系的生物量）以及红树林土壤固定的碳，其中红树林土壤埋藏固定的碳是其主要的碳汇。富含有机质的红树林土壤厚度一般在 0.5 ~ 3 m，固定的有机碳占整个红树林系统的 49% ~ 98%（Donato et al.，2011）。目前，全球红树林面积约 15.20×10^4 km²，占陆地森林的 0.4%（张莉等，2013）。不同地区红树林的碳汇能力不同，最新估计全球红树林每年可净吸收 31.2 ~ 34.4 Tg 碳（1 Tg = 10^{12} g）（Howard et al.，2017）。

2.1.2 海草床

海草床是极富生产力的自养型生态系统。全球海草生长区占海洋总面积不到 0.2%，但其每年封存于海草沉积物中的碳相当于全球海洋碳封存总量的 10% ~ 15%（Laffoley et al.，2009）。海草生态系统高效的碳汇能力得益于海草床自身（包括海草植物及其附生藻类）的高生产力、强大的悬浮物捕捉能力以及有机碳在海草床沉积物中的低分解率和相对稳定性。对 30 种海草的生产力数据汇总表明，全球海草平均初级生产量为 10^{12} g·m⁻²·a⁻¹（干物质），高于生物圈其他大部分类型生态系统（邱广龙等，2014）。据测算，全球海草生态系统的平均固碳速率为 83 g·m⁻²·a⁻¹（以碳计），约为热带雨林［4 g·m⁻²·a⁻¹（以碳计）］的 21 倍。海草植物每年有 15% ~ 28% 的生产量（主要是根状茎与根）被长期埋存于海底（Gacia et al.，2002）。这部分被埋存于海底中的海草生产量对海草床中表层沉积物有机碳库的贡献约为 50%，构成了蓝色碳汇的重要部分。研究表明，全球海草床沉积物有机碳的储量在 9.8 ~ 19.8 Pg 碳（1 Pg=10^{15} g）（Fourqurean et al.，2012）。

2.1.3 盐沼植被群落

以芦苇、碱蓬、柽柳等为代表的盐沼植被群落也是我国滨海湿地中分布面积较大的滨海蓝碳生态系统类型之一，通常分布于河流、陆地和海洋生态系统之间的界面，主要特点为耐盐耐淹的先锋植物分布在高程较低处，而偏中生性植物分布在高程较高处，同时受到江河径流与海洋潮汐的影响，具咸淡水交替等特点。盐沼生态系统的碳封存效率远高于森林或其他陆地生态系统，但具有明显的空间差异。在全球范围内，盐沼生态系统的平均碳埋藏速率为（218 ± 24）g·m⁻²·a⁻¹（以碳计）（Mcleod et al.，2011）。盐沼湿地通常具有高的净初级生产力，尤其在河口区，因为河流携带大量的泥沙和营养元素，净初级生产力可达 1 745 g·m⁻²·a⁻¹（以碳计）（Sousa et al.，2010）。

2.1.4 微型生物碳汇

海洋微型生物（浮游植物、细菌、古菌、原生动物等）占海洋总生物量的 90% 以上

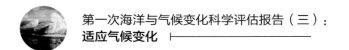
（Karl，2007）。它们是海洋生物量和生产力的主要贡献者，是物质形态转化和能量流转的主要承担着，是碳等生源要素循环和实现海洋碳汇的主要驱动者（焦念志，2012）。目前，已知的由微型生物驱动的海洋固碳/储碳机制主要包括"生物泵"与"微型生物碳泵"（Jiao and Zheng，2011；Zhang et al.，2017a）。

生物泵指的是从浮游植物固碳到有机物质消费、传递等一系列生物学过程中颗粒有机碳（Particulate Organic Carbon，POC）由海洋表层向深层乃至海底的转移，从而实现封存的储碳机制。

众所周知，只要生物把二氧化碳转化为有机碳就实现了生物固碳。然而，固碳不等于储碳（焦念志，2012）。生物固定下来的有机碳有些可以很快被降解矿化再次形成二氧化碳返回到大气中去，对调节大气二氧化碳、缓解气候变化没有实质性作用。真正有作用的是把碳长期与大气隔离，也就是生物储碳。就气候变化而言，短时间固碳是没有意义的（Polimene et al.，2018）。"全球海洋通量联合研究计划（JGOFS）"界定海洋储碳年限的基本共识是100年。就生物泵效率而言，POC在被降解之前能够沉降多深是这部分碳能否被储存的关键。虽然海洋中初级生产者—浮游植物固碳量十分巨大（例如仅我国渤海湾，每年由超微型浮游植物（如聚球藻等）固定的碳量即可高达 150×10^4 t）（Liang et al.，2017），然而，所形成的POC在沉降过程中不断被降解，到达海底被埋藏的POC只有初级生产力固碳量的0.1% ~ 1%（Zhang et al.，2018）。

海洋有机碳库中POC仅占不到5%，90%以上是以溶解有机碳（Dissolved organic carbon，DOC）形式存在，其中很大一部分又是以惰性溶解有机碳（Recalcitrant Dissolved Organic Carbon，RDOC）的形式存在，它们溶解在海洋水体中，并很难被降解和利用，能够在海洋中储存长达数千年之久（Mcnichol et al.，2007；Hansell et al.，2015；Zhang et al.，2017b），构成了真正意义的海洋碳汇。海洋中RDOC的储量约为 $6\,500 \times 10^8$ t碳，可与大气二氧化碳的碳量相媲美，是一个巨大的碳汇（Ogawa et al.，2003）。RDOC碳库的轻微波动即可对全球气候变化产生显著影响。这个碳库早在半个世纪之前就被科学家认识到，但却不知道是怎么形成的，被称之为"不解之谜"。"微型生物碳泵"（MCP）理论揭示了微型生物是其主要来源（Jiao et al.，2010a），美国科学（Science）杂志将MCP称之为"巨大碳库的幕后推手"（Stone，2010）。MCP理论不仅为深入理解海洋碳库对气候变化的响应与反馈提供了新的理论基础，而且为海洋增汇指出了新途径。通过陆海统筹生态工程，降低陆源输入、避免近海富营养化、提高海洋生物泵与微型生物碳泵综合效率，是海洋增汇的重要抓手（刘纪化等，2015）。

2.1.5　近海藻养殖碳汇

我国是世界上海水养殖规模最大的国家，实施生物固碳/储碳战略，大力发展碳汇渔业，在应对气候变化，发展低碳经济中具有重要作用（Zhang et al.，2017a）。传统意义上的碳汇渔业是指通过渔业生产活动促进生物吸收水体中的二氧化碳，并通过收获把这些碳移出水体的过程和机制，是一种可移出的碳汇（唐启升、刘慧，2016）。然而，目前对碳汇渔业有了更深入全面的认识。除了可移出的碳汇外，微型生物作用驱动形成的RDOC以及碳的沉积埋藏等都是渔业碳汇的重要部分（张永雨等，2017）。目前越来越多的研究揭示这部分遗漏的碳汇在养殖蓝碳中占据了相当高的比重。例如，通过研究我国桑沟湾不同养殖活动对海—气界面二氧化碳交换通量（F 值）的影响，揭示海带养殖区域水—气界面是明显的大气二氧化碳的汇区（刘毅等，2016）。此外，发现海带养殖区 DOC 浓度显著高于周边海域，且其中的类腐殖质荧光强度在海带养殖区显著增加，因类腐殖质通常被认为具有较高的惰性，暗示海藻养殖可能显著增加海洋的 RDOC 库（Li et al.，2018）。同时发现桑沟湾养殖海域沉积物具有较高的碳埋藏速率，海源有机碳的埋藏通量在近几十年出现明显的增加（Yang et al.，2015，2018）。

我国海洋国土（主张管辖海域近 300×10^4 km^2）相当于陆地国土总面积的 1/3。自北向南渤海、黄海、东海以及南海北部都具有较高的生产力和巨大的碳汇潜力。我国拥有 18 000 km 长的大陆海岸线，超过 1 500 条河流入海，形成面积近 7×10^4 km^2、类型多样的滨海湿地，跨越多个气候带，生物多样性丰富，储碳能力巨大（Jiao et al.，2018c）。那些占据海洋中生物量 90% 以上的浮游植物、细菌、病毒等通过"生物泵"与"微型生物碳泵"作用是驱动近海与大洋固碳 / 储碳的主要力量。自 2009 年联合国环境署等机构联合发布《蓝碳：健康海洋对碳的固定作用—— 快速反应评估报告》以来，国际社会对蓝碳的作用和重要性已达成广泛共识，并已开始由科学认识层面向政策实施层面推进。海洋碳汇与气候变化和生态环境息息相关，是国际学科前沿和空白，也是我国战略需求。我国发展海洋碳汇的潜力巨大，既有雄厚的海洋碳汇研发基础，也面临诸多挑战。我国高度重视发展海洋碳汇，"十三五"期间，《中共中央国务院关于加快推进生态文明建设的意见》《中华人民共和国国民经济和社会发展第十三个五年规划纲要》《"十三五"控制温室气体排放工作方案》《"一带一路"建设海上合作设想》等多份政府文件均对发展海洋碳汇做出部署（Zhang et al.，2017a）。发展海洋碳汇已上升到国家战略，以海洋碳汇与环境效应为主线，以海洋碳汇过程与机制为突破口，在摸清我国海区碳汇家底的基础上，结合我国近海生境特色，因地制宜，建立适合我国国情的海洋增汇方法和实现路径，逐步建立与完善海洋碳汇标准，将为我国生态文明建设、可持续发展以及引领国际应对气候变化事业做出重要贡献。

2.2　已开展的工作与成效评估

自 20 世纪 40 年代以来，近海富营养化、填海造陆、海岸工程及海岸城市化致使地球上一大部分蓝色碳汇消失（Duarteetal.，2008；Duarte，2009）。海洋植物生境和蓝碳正遭受极大的威胁，其在全球范围内消失速度是热带森林（每年 0.5%）的 2 ~ 15 倍（Achard et al.，2002）。沿海生态系统（如滩涂、红树林、河口等）由于极度缺乏维护，每年平均以 2% ~ 7% 的速率消失（Nellemann et al.，2009），而且，这些自然碳汇的消失速度将越来越快。开展典型受损海洋生态系统修复工程是恢复和提升近海蓝碳潜力的重要途径。如实施"南红北柳"生态工程，实现对滨海生态系统蓝碳资源（包括红树林、海草床与盐沼湿地等）的恢复重建和扩增（Tang et al.，2018；唐剑武等，2018）；注重陆海统筹发展碳汇，控制上游营养盐输入，保护近海生态环境，激发近海微型生物碳泵与生物泵作用的最大联合效力，以恢复和增加近海生态系统的储碳能力（刘纪化等，2015）；结合我国近海养殖大国特色，发展碳汇渔业和以海藻（草）为主体的海洋牧场建设，增加近海碳吸收；选择典型近海（如密集贝藻养殖区与河口厌氧区等）

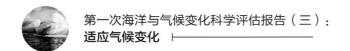
区域，探索有效的海洋碳汇生态工程（如人工上升流工程）。此外，积极探索海洋碳封存技术、建立海洋碳封存示范工程以充分挖掘利用我国海洋碳封存潜力也是增加海洋碳汇的重要举措。

中国在海岸带蓝碳方面的研究和应用尽管起步较晚，但也进行了大量的努力和尝试。我国科学家陆续开展了有关海洋碳汇的大量调查和科研工作。在开阔海域蓝碳研究方面我国则走在世界前列。提出了海洋"微型生物碳泵"（MCP）储碳机制（Jiao et al.，2008，2010），为大规模实施海洋增汇地球生态工程提供了理论基础，与以往提出的"地球工程（Geoengineering）"不同，MCP增汇是建立在生态系统可持续发展的基础上的生态调节理念。2014年8月11日，在第39次中国科学院学部科学与技术前沿论坛暨海洋科技发展战略研讨会上，"中国未来海洋联盟"成立并正式推出"中国蓝碳计划"，并在我国"十三五"计划中得到了实施，三项国家重点研发计划"全球变化及应对"重点专项（2016YFJC050104近海生态系统碳汇过程、调控机制及增汇模式、2016YFA0601100海洋储碳机制及区域碳氮硫循环耦合对全球变化的响应、2018YFA0605800海洋惰性有机碳的生物成因及其环境效应研究）系统开展了中国海碳汇过程和机制的研究。2018年8月，由保护国际基金会、国际自然保护联盟、联合国教科文组织政府间海洋学委员会联合发起的最具国际影响力的蓝碳合作机制之一——"蓝碳倡议"政策工作组和科学工作组国际会议联合发布了"威海宣言"，强调"微生物过程将溶解有机碳转化为难以利用或降解的惰性有机碳是海洋碳封存的重要机制"，呼吁加强近海生态系统和微型生物碳泵在近海碳循环和碳汇功能的研究，并就支持蓝碳生态系统研究、蓝碳政策发展、蓝碳国际合作以及中国和其他国家的蓝碳核算、管理和增汇试点工作等达成一致。目前，微型生物碳泵概念已纳入政府间气候变化专家委员会（IPCC）的《海洋与冰冻圈特别报告》，有关的方法技术也在不断发展（Robinson et al.，2018）。

2.2.1 我国海洋碳汇本底概况

1）中国海碳库

中国海碳库总量为167 768.19 Tg碳（图2.2）。中国海总溶解无机碳（Dissolved Inorganic Carbon，DIC）碳库164 176.10 Tg碳，渤海、黄海、东海、南海分别为36.95 Tg碳、422.01 Tg碳、844.50 Tg碳、162 872.64 Tg碳；中国海总的DOC碳库3 459.49 Tg碳，渤海、黄海、东海、南海分别为4.51 Tg碳、31.07 Tg碳、33.57 Tg碳、3 390.34 Tg碳；中国海总的颗粒有机碳库132.60 Tg碳，
渤海、黄海、东海、南海分别为0.52 Tg碳、7.22 Tg碳、6.91 Tg碳、117.95 Tg碳。中国海与邻近大洋的碳交换为净吸收64.72 ~ 121.17 Tg·a⁻¹（以碳计）。邻近大洋总输入的DIC通量为144.81 Tg·a⁻¹（以碳计），东海向西北太平洋输出DIC通量约35.00 Tg·a⁻¹（以碳计），邻近大洋向南海输入DIC通量约179.81 Tg·a⁻¹（以碳计）；中国海有机碳年输出通量为58.64 ~ 80.09 Tg·a⁻¹（以碳计），东海、南海分别向邻近大洋输出通量为15.25 ~ 36.70和43.39 Tg·a⁻¹（以碳计）。中国海的有机碳输出以溶解有机碳（DOC）形式为主，通量为46.39 ~ 66.39 Tg·a⁻¹（以碳计），东海、南海分别向邻近大洋输出通量为15.00 ~ 35.00 Tg·a⁻¹（以碳计）和31.39 Tg·a⁻¹（以

碳计）；中国海输出 POC 通量为 12.25 ~ 13.70 Tg·a^{-1}（以碳计），东海、南海分别向邻近大洋输出通量为 0.25 ~ 1.70 Tg·a^{-1}（以碳计）和 12.00 Tg·a^{-1}（以碳计）（Jiao et al.，2018c）。

2）红树林、盐沼湿地、海草床

中国近海红树林面积约为 227 ~ 328 km^2，红树林碳库为（6.91±0.57）Tg 碳，其中 82% 存在于表层 1 m 土壤中，18% 来自红树林生物量（Liu et al，2014；贾明明，2014；王秀君等，2016）。我国红树林碳埋藏速率约为（226±39）g·m^{-2}·a^{-1}（以碳计），碳埋藏通量为 0.074 Tg·a^{-1}（周晨昊等，2016）。中国滨海湿地面积约为 5.94×10^4 km^2（王秀君等，2016），其中盐沼面积范围在 1 207 ~ 3 434 km^2（周晨昊等，2016）。中国滨海盐沼生态系统碳积累速率的变化范围较大，长江口崇明东滩的芦苇湿地平均碳积累速率的范围为 1 110.00 ~ 2 410.00 g·m^{-2}·a^{-1}（以碳计），海三棱藨草盐沼因处滩涂前沿，其积累速率相对较低，为 350.00 ~ 910.00 g·m^{-2}·a^{-1}（以碳计），辽河三角洲芦苇湿地的碳积累速率约为 1 770.00 g·m^{-2}·a^{-1}（以碳计）（梅雪英和张修峰，2008；索安宁等，2010；曹磊等，2013；唐博等，2014）；若以全球盐沼平均的碳埋藏速率 218.00 g·m^{-2}·a^{-1}（以碳计）（Mcleod et al.，2011）计算，中国盐沼的碳埋藏通量为 0.26 Tg·a^{-1}。中国近海海草床面积约为 99.69 km^2（Jiang et al.，2017；郑凤英等，2013；周毅等，2016），其中海南岛海草床的埋藏碳库量为 40 858.50 t 碳（Jiang et al.，2017）；若以全球海草床平均的碳埋藏速率 138.00 g·m^{-2}·a^{-1}（以碳计）（Mcleod et al.，2011）计算，中国海草床的碳埋藏通量为 0.01 Tg·a^{-1}。根据全球大型海藻模型报道的海藻床埋藏通量（6 Tg·a^{-1}）与 DOC 输出海藻床通量（355 Tg·a^{-1}）的比例（Krause–Jensen and Duarte，2016），估算中国海草床 DOC 输出通量为 0.59 Tg·a^{-1}。以 RDOC 比例 69% ~ 94%（Gan et al.，2016；曹凤娇，2017）计，海草床 RDOC 输出通量大于 0.41 Tg·a^{-1}（鉴于海草床 DOC 数据缺乏，此估算仅供参考）。

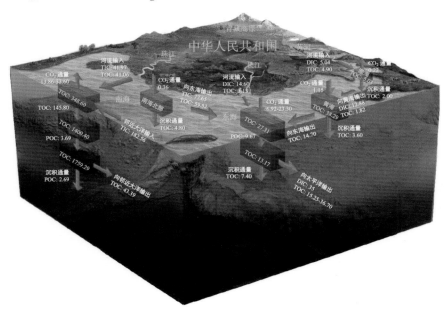

图2.2　中国海主要碳通量的综合匡算

白色框内代表碳库；箭头代表海气、碳输出、碳沉积和碳交换通量，单位Tg·a^{-1}（以碳计）。（Jiao et al.，2018c）

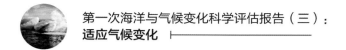
3）近海大藻与贝类养殖及海洋牧场

我国海水养殖产量自 20 世纪 60 年代以来呈逐年递增态势，目前，我国海水养殖面积和产量均居世界首位，2016 年我国海水养殖总产量达 19.6 Tg，比 2005 年总产量增加约 30%（农业部渔业渔政管理局，2017）。至 2014 年，中国海水养殖总产量占世界的 62%（FAO，2016），其中以贝藻养殖为主。根据我国海水贝类和藻类养殖的产量和中国海洋标准委员会初步确认的养殖贝藻的碳汇计量标准，可以推算出 2017 年通过养殖贝类的收获从海水中移出的总碳约为 1.232 Tg，其中贝壳中的碳含量约为 0.959 Tg，大型海藻从海水中移出碳约 0.685 Tg，但目前贝类的碳汇功能尚有争议。我国的海藻养殖种类丰富，其中对碳汇能力起主要作用的是海带，其碳汇贡献率达 73% 左右，其次是裙带菜、紫菜、江蓠，这 4 类海藻的产量占海水养殖藻类总产量的 97% 以上（纪建悦和王萍萍，2015）。根据中国藻类 2016 年总产量约为 2.17 Tg，假设所有藻类含碳量相同，根据海带含碳量 31.2%，估算 2016 年中国藻类生产移出碳量约为 0.68 Tg·a^{-1}（张永雨等，2017）。国内外学者围绕海水藻类养殖碳汇潜力的测算和评估主要偏重于藻类收获的可移出碳汇（唐启升和刘慧，2016），而关于与微型生物利用密切相关的 POC、DOC 输出了解较少。根据海带养殖区沉积速率和沉积物含碳量（蔡立胜等，2003；Xia et al.，2014），估算中国大型海藻养殖系统 POC 沉积通量为 >0.14 Tg·a^{-1}（Zhang et al.，2017a）。此外，初步估算我国大型藻类养殖固碳量约为 3.52 Tg·a^{-1}，每年向海水中输出的 DOC 通量为 >0.82 Tg·a^{-1}。基于我国东海和南海水体中 RDOCt（Environmental context RDOC，在特定环境条件下保持惰性的 RDOC）占海区总 DOC 的 69% ~ 94%（Gan et al.，2016；曹凤娇，2017）计算，我国海藻养殖释放 RDOCt 的通量约 >0.57 Tg·a^{-1}，表明海藻养殖向邻近海域输出 RDOCt 与海藻养殖可移出的碳量相当（图 2.3，Zhang et al.，2017a）。近年来，海洋牧场建设成为我国近海环境保护和渔业资源可持续利用的重要途径。据初步调查，目前我国海洋牧场海藻 / 草床建设面积约为 102 km^2，海藻年平均固碳量约为 934.90 t·km^{-2}（以碳计），估算我国海洋牧场海藻 / 草床实现年碳汇扩增总量约为 0.095 Tg。而在我国目前约 850 km^2 的海洋牧场用海面积上，海藻 / 草、贝类等每年实现的碳汇扩增量约为 0.14 Tg。

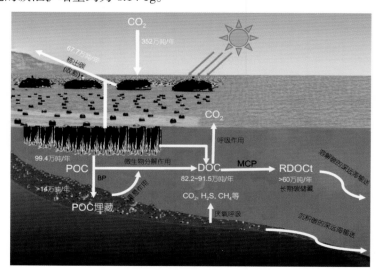

图2.3　大型藻类（如海带）养殖环境的碳储存与输出途径（Zhang et al.，2017a）

2.2.2 "南红北柳"生态工程

国家海洋局海洋生态文明建设实施方案(2015—2020年)提出实施"南红北柳"生态工程,主要指因地制宜开展滨海湿地、河口湿地生态修复工程。南方以种植红树林为代表,海草、盐沼植物等为辅,新增红树林 25.00 km²;北方以种植柽柳、芦苇、碱蓬为代表,海草、湿生草甸等为辅,新增芦苇 40.00 km²、碱蓬 15.00 km²、柽柳林 5.00 km²。基于文献(Chmura等,2003;Duarte 等,2005;章海波等,2015;王秀君等,2016;周晨昊等,2016),估算获得"南红北柳"生态工程按计划全面实施完成后,新增红树林贡献碳汇 0.004 Tg·a⁻¹(以碳计)、新增柽柳林贡献 0.002 Tg·a⁻¹(以碳计)、新增芦苇贡献 0.032 Tg·a⁻¹(以碳计)、新增碱蓬贡献 0.001 Tg·a⁻¹(以碳计)。

2.2.3 陆海统筹增汇生态工程

我国科学家结合中国近海实际,基于微型生物碳泵(MCP)原理,针对近海富营养海区,创新性地提出了一个可检验、可实施的减排增汇生态工程策略:降低陆地营养盐输入,增加近海储碳(Jiao et al.,2010b;2014a)。目前,陆地普遍存在过量施肥,导致大量营养盐输入海洋,形成了近海的氮、磷等富营养环境;过量的营养盐会刺激海洋微生物降解更多的 RDOC,导致原先环境中本应该被长期保存的 RDOC,被转化为二氧化碳重新释放到大气中。若能够控制陆源营养盐的输入,降低向近海排放营养盐的总量,将会提高 MCP 的生态效率,增加水体中碳氮磷的比例,从而使更多 RDOC 保留在水体中,实现微型生物碳泵与生物泵综合输出最大化,最终实现增加碳汇的目标(Jiao et al.,2014a)。Liu et al.(2014b)的实验研究验证了低浓度营养盐可以使更多有机碳保存在水体中从而有利于储碳。同时,当氮磷营养盐成为限制时,微生物细胞内就开始积累有机碳(Xiao and Jiao,2011)。此外,美欧科学家在各种自然环境的统计资料以及河流实验结果也印证了这一观点(Taylor et al.,2010)。因此,在海陆统筹的思想指导下,合理减少农田土壤施用的氮、磷等无机化肥(目前我国农田施肥过量、流失严重),从而减少河流营养盐排放量,使微型生物在近海更加有效地将有机碳惰性化,并随后由海流带入大洋进行长期储碳。这将是一个既现实可行、又无环境风险的增汇途径,也为我国实现陆海统筹生态工程、生态补偿提供量化的科学依据,是落实我国海洋强国战略与低碳经济政策,保障生态系统可持续发展的一个重要途径,可望为海洋生态安全和生态文明建设做出前所未有的贡献(Zhang et al.,2017b)。

2.2.4 以贝藻养殖为主体的渔业碳汇

近海海水养殖增汇是应对全球气候变化和促进低碳经济可持续发展的重要科学途径之一,近海养殖蓝碳开发是中国农业现代化建设的重要战略之一,中国在养殖增汇方面有很大的发展潜力。目前,人们已明确认识到贝藻养殖活动在近海增汇中的重要作用,并尝试对其碳汇功能进行了系列评估,同时提出了推进以贝藻养殖为主体的生态牧场建设、加快海草床生态系统修复等近海增汇的重要途径。通过筛选高固碳率的贝藻养殖品种、改进养殖

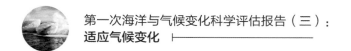

技术和模式等方式，提高单位面积的产量，以提高渔业碳汇量，具体措施如下：①大规模人工养殖的海藻已成为浅海生态系统的重要初级生产者，由于不同海区的营养盐结构、温度、光照等条件不同，导致不同种类的藻类体内氮、磷的含量不同以及生产力间的差异。同种大型海藻在不同海域的碳含量也存在差异。国内外一些大型海藻的碳含量（干重）在20% ~ 35% 范围内，不同种类之间的营养成分差异较大（张继红等，2005）。通过养殖生长速率快、产量高以及高碳含量的种类从而增加固碳量。②提高大型海藻的固碳技术和管理模式，包括推广大型海藻养殖、筛选适宜不同区域养殖的大型海藻种类、集成研发提高大型海藻养殖产量的增养殖模式和提高大型海藻的光合作用速率等。③推广应用新型养殖模型，有研究通过将多营养层次综合养殖与单养的碳汇量进行比较，得出通过单养海带和鲍可移出碳量分别为每年 16.11 t·hm^{-2} 和 6.64 t·hm^{-2}，而将两者进行综合养殖后，可移出的碳量则达到每年 45.18 t·hm^{-2}，可见多营养层次综合养殖能够显著增加碳汇渔业可移出的碳量（唐启升等，2013）。

深入研究和解析近海养殖环境中碳汇形成过程与机制是制定科学合理的蓝碳开发策略的基础。全面揭示近海养殖环境碳循环关键过程与机制，建立科学的养殖碳汇评估方法与技术体系，优化兼顾环境与经济的养殖增汇模式，是促进近海养殖业可持续发展的重要途径。

2.2.5 海洋地球工程——海洋铁施肥

海洋铁施肥指通过向海洋施加铁肥刺激浮游植物初级生产，从而增加其对二氧化碳的吸收，最终通过生物泵向下输出颗粒有机碳，达到增加碳汇的效果。可实施的潜在区域主要为高营养盐低叶绿素海区（HNLC）和低营养盐低叶绿素海区（LNLC），前者是铁限制浮游植物初级生产，后者则可能是铁限制生物固氮。我国跟踪了国际上关于海洋铁施肥增汇措施的研究进展。

Martin et al.（1988）认为，高营养盐低叶绿素（HNLC）海区缺乏微量营养元素铁，浮游植物的生长受到限制。他们认为通过施加铁肥，可增加浮游植物的生产力，从而增加对大气二氧化碳的固定量。理论上，被固定的有机碳进一步通过海洋生物泵向深海传输，从而使碳在百年尺度上得以在深海储存。这就是著名的"铁假说"。为验证海洋"铁假说"，科学家已进行了多次海洋铁施肥实验，即人为铁施肥。Boyd et al.（2007）对全球主要铁施肥实验进行了总结：大部分人为铁施肥结果表明，向 HNLC 海区施加铁肥能刺激浮游植物对营养盐的吸收，增加叶绿素和初级生产；但很难证实和评估碳向深海的输出。且在 11 个现场铁施肥实验中，6 次都显示碳的深海封存量没有显著变化，仅 5 次显示增加了碳的输出。Buesseler et al.（2004）推算，输出 100 m 的颗粒物中有一半在沉降到 250 m 之前已被矿化分解，可重新释放回到大气中，这大大降低了碳的深海封存效率。所以现场铁施肥能否真正增加碳的深海封存，以及封存的时间尺度问题，都需进一步研究。然而，最近在南大洋的铁施肥实验首次表明，有机碳的输出确实可以达到 1 000 m 的深度（Smetacek et al.，2012）。即使有些铁施肥实验增加了输出生产力，其对大气二氧化碳的存储还是相当有限的（Buesseler et al.，2004）。事实上，外源铁促进浮游植物生产在自然情况下也可发生，即自然铁施肥实验。如南大洋的一些岛屿产生的自然矿物铁随海流带入到 HNLC 海区会引起一系列生物地球化学响应。研究表明，自然铁施肥会引起群落结构由体积较小的微藻类向体积较大的微藻类（尤其是硅藻）转化，颗粒有机碳输出深度加深，碳输出通量明显高于对照站位（Mosseri et al.，2008）。Savoye et al.（2008）观测到自然铁施肥海区的碳输出通量是对照海域的 3 倍；而 Zhou et al.（2013）在亚热带锋面区发现，自然铁施肥则不一定能够引起输出生产力的增加。

在 LNLC 海区，固氮生物利用其他营养元素（如磷酸盐和铁）进行固氮作用，生成其他浮游植物生长所需的铵盐，从而克服硝酸盐的限制，增加碳的输出和深海封存能力。已有研究表明，大部分 LNLC 海域的固氮作用主要受铁的限制，从而限制了其初级生产以及碳的输出（Moore et al.，2004）。然而，一些中尺度现场加富（加铁、加磷及同时加铁加磷）实验表明，磷酸盐比铁更加限制浮游生物的生长（Rees et al.，2006）。在 LNLC 海域，除了铁和磷酸盐，是否还存在其他限制因子，尚属未知。另外，基于太平洋时间序列站 ALOHA 站长达 20 年的观测表明，来自 300 ~ 350 m 水深的携带低氮 / 磷（N/P）比值（<16）的水（高磷高铁）的涌升可能促进固氮，增加有机物生产，从而增加 LNLC 海域对碳的封存潜力（Karl et al.，2008）。与 HNLC 海域类似，海洋固氮作用能否增加碳的输出尚属未知。已有研究结果显示，固氮增量主要在上层水体中再矿化（Liu et al.，1996；Brandes et al.，1998；Mulholland et al.，2006），从而对碳输出通量没有显著贡献。

到目前为止，进一步的海洋铁施肥实验还在探讨和研究中。海洋铁施肥可改变浮游植物的群落结构，进而可能导致海洋食物链的生物地球化学循环以不可预测和无意识的形式发生变化。随着浮游植物群落的显著变化和海洋食物链其他种类并发的未知改变，大规模的海洋铁施肥行为被认为并不是缓解环境变化的有效办法（Chisholm et al.，2001；Hoffmann et al.，2006；穆景利等，2011）。已有的研究成果表明海洋铁施肥实验验证了"铁假说"，并解释了 HNLC 区域低生产力的问题；中尺度铁施肥可诱导浮游植物的生长并降低了营养盐和混合层中二氧化碳的浓度，导致颗粒有机碳的产生，但沉降到深海中的颗粒有机碳浓度非常低，甚至低于检出限，且难以定量估算施铁肥后对大气二氧化碳的吸收程度（Boyd et al.，2007；穆景利等，2011）。因此，现阶段还难以科学地、全面地评估海洋铁施肥这一地球工程技术手段对于海洋碳汇的影响。

2.2.6 海洋地球工程——人工上升流

人工上升流是指通过各种供能方式和泵水手段，将深层富含常量营养盐和铁的海水带入表层，刺激初级生产，达到吸收大气二氧化碳并最终向下输出的目的。人工上升流带来的海水具有低氮磷比值和高铁含量，能够加强固氮作用（Karl et al.，2008）。然而其同时也将高浓度的溶解无机碳带至表层（Shepherd，2007）；相比于深层溶解无机碳的抬升，营养盐刺激导致的生物泵和微型生物碳泵过程发挥着更加重要的作用（Jiao et al.，2014b）。从整体效应上看，人工上升流技术对于海洋增汇的效果有待进一步验证或评估。

目前，已有许多现场人工上升流实验。如 Maruyama 等（2011）在菲律宾海进行的长达 1 个多月的现场实验显示人工上升流可有效增加实验地点附近的叶绿素浓度，表明其可能在一定程度上起到促进初级生产的作用。我国已设计、制备了一种利用自给能量、通过注入压缩空气来提升海洋深层水到真光层的人工上升流系统（Fan et al., 2013；Fan et al., 2015；Zhang et al., 2016），并已在东海海域进行了相关海试试验（图2.4）。试验结果表明，低温和低氧的深层水可以被抬升至真光层，从而可能改变营养分布，调节氮磷比，刺激局部海域初级生产力的提高。人工上升流措施在高密度的海藻养殖区域具有重要的应用前景，成功的关键在于生态调节理念（Jiao et al., 2018c），即不改变生态系统、不添加营养物质，而是调节营养物质，将近海深层水体过剩的营养盐通过人工上升流输入到表层水体，促进海带等大型海藻的固碳和产氧量，不仅增加海藻养殖产量，而且改善环境条件。因此，在我国沿海地区发展人工上升流海洋碳汇技术体系，符合中国国情。以人工上升流调控营养盐代替人为施肥，是一个既能增产增汇又能解决生态环境问题的有效手段，具有较好的推广价值。

图2.4　气力提升式人工上升流系统的海试照片（Zhang et al., 2017b）
（a）人工上升流功能浮台的布放过程；（b）海面可见的海水涌升；
（c）1 m 管径的涌升管；（d）0.4 m 管径的涌升管

　　人工上升流由于其潜在的积极环境效应而受到世界范围内越来越多的关注。对人工上升流系统最严峻的挑战之一就是设计和制备出在流体力学复杂多变的海洋环境中能够持续运作的坚固设备。在过去数十年对人工上升流的研究中，已经有一系列装置成功地进行了海试，部分装置可连续工作数月之久。"十三五"国家重点研发计划项目"近海生态系统碳汇过程、调控机制及增汇模式"已成功研制出大型人工上升流装置，并在山东省鳌山湾海域成功进行了多次海试。基于海试实验和相关的模拟计算结果，人工上升流系统能够显著增强局部海域的吸收大气二氧化碳的能力。除此之外，人工上升流还可能具备改善海洋缺氧状态和冷却表层水温度的功能。人工上升流被视为一种有巨大前景、可以用于刺激地球自愈能力的地球工程手段（Williamson et al., 2012）。

2.2.7 海洋地球工程——海洋碳封存

海洋碳封存是指将从碳排放源捕获的二氧化碳气体,经压缩后,通过管道或船舶运输至海洋适宜地点后再利用相关技术注入深海,使之得以"封存"。海洋碳封存途径主要包括两种:一是将二氧化碳压缩后直接注入至深部海水水体中,即海洋水体碳封存;二是将二氧化碳压缩后注入至海底深部适宜的地质结构中,即海洋地质碳封存(王江海等,2015)。

部分发达国家的海洋地质封存技术发展较为成熟,已有20余年的工程实践经验。于1996年投入运行的挪威北海Sleipner项目是国际上第一个商业二氧化碳地质封存项目,也是目前较为成功的二氧化碳地质封存工程。该项目每年向海洋深部咸水层封存约1 Tg二氧化碳,在一定程度上验证了海洋深部咸水层封存二氧化碳的可行性与优越性(刁玉杰等,2016)。作为世界上的海洋大国,我国在发展、应用海洋碳封存技术方面具有一定的条件。我国东部和南部发达沿海地区密集分布着大量的火电厂、水泥厂和化工厂等大型集中碳排放源,在距离陆上大中型沉积盆地较远、运输成本较高的实际情况下,毗邻浅海大中型沉积盆地提供了潜在的二氧化碳地质封存适宜场所。目前,我国还未有海洋地质碳封存示范项目投入运行,相关工程实践经验较为缺乏。我国首个离岸碳封存项目正在筹备过程中,依托于华润海丰电厂(位于广东省深圳市深汕特别合作区)1号机组建设的,世界第三、亚洲首个多线程碳捕集测试平台已经正式开工,电厂面朝南海,为典型的滨海电厂,电厂距离最近的潜在离岸地质封存地点(珠江口盆地)约120 km(华润电力,2018)。

2.2.8 蓝碳组织及科技活动

鉴于蓝碳研发的重要性和复杂性,我国需要加强不同领域相关学科的交流合作,集中优势资源合力攻克科学难关,提高蓝碳研发水平,加速中国蓝碳行动进程。

2012年以来,我国先后建立了多个蓝碳组织机构,协同开展碳汇研发,如"海洋碳汇与未来地球协同创新中心"(Synergetic Center for Ocean Carbon and Future Earth, SCOCAFE)(2012年)、全国海洋碳汇联盟(Pan-China Ocean Carbon Alliance, COCA)(2013年)、中国未来海洋联盟(China Future Ocean Alliance, CFO)(2014年),并组织开展了一系列学术活动,产生了重要影响。例如,海洋碳汇被遴选为中国科学院学部科学与技术前沿论坛的首届跨学部学科交叉论坛(2013年)的主题,推动海洋碳汇纳入国家战略——党中央国务院印发的《生态文明建设总体改革方案》(2015年)。为推动我国蓝碳研究的快速发展,提升中国的国际影响力与话语权,我国科学家在北太平洋海洋科学组织(North Pacific Marine Science Organization, PICES)6个成员国中率先领衔首个国家计划FUTURE-China计划(2015年),同时推动PICES与世界最早的国际海洋组织——国际海洋考察理事会(International Council for the Exploration of the Sea, ICES)协同建立ICES历史上第二个国际联合工作组(2015年);在著名的国际学术品牌美国戈登论坛(GRC)发起"海洋生物地球化学论坛"(GRC on Ocean Biogeochemistry)(2016年);海洋碳汇被遴选为中国科学院学部学术委员会着力打造的科学前沿国际论坛——"雁栖湖会议"首届论坛(2017年)的主题,并出版了《National Science Review》海洋碳汇专辑,

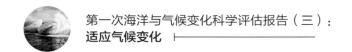
与国际同行共同推动海洋碳汇纳入联合国政府间气候变化专门委员会（IPCC）第六次报告的"海洋与冰冻圈特别报告"（Special Report on the Ocean and Cryosphere in a Changing Climate，SROCCC）（焦念志，2018）。这是国际有关的政府间及联合国气候问题相关组织首次将蓝碳纳入其考量范围，意味着蓝碳将成为一个涉及国家权益的热点领域，将为政府科技战略决策提供依据，产生巨大的社会效益及影响。

2.3   存在的问题与差距

对于我国这样一个拥有广袤边缘海的国家来说，进行海洋碳汇研究是国家重大战略需求。但海洋碳汇研究的很多方面仍然非常薄弱，亟待加强。这包括部分海洋增汇技术的基本原理与作用机制、海洋地球工程对于海洋生态系统的影响以及海洋增汇技术应用方面的相关法律法规等。此外，基于海洋碳汇研究的标准体系，亟待多学科领域的交叉和集成。因此，作为地球系统中最大的碳汇，海洋碳汇研究需要不同学科之间的整合，以碳汇为切入点，进行碳汇基本原理的梳理、各种研究手段、研究方法、研究结论的校准、比较与提炼；并建立起海洋碳汇标准体系，从而实现为探讨有效的海洋增汇生态工程提供重要依据；指导人为活动、政策制定，进而提高海洋碳汇量。

2.3.1   需加强对传统蓝碳生态系统服务功能的修复与保护

全球海洋生物碳汇及其赖以存在的生态系统正在以惊人的速度消失，其消失的速度远远高于其他生态系统。已有研究表明，自 1940 年以来，全球已有约 35% 的红树林消失，其中东南亚地区已有 90% 的红树林消失（Valiela et al.，2001）。全球约有 1/3 的海草床已经消失了，并且其消失的速度正在逐年增加：在 20 世纪 70 年代，海草床消失的速度每年 0.9%，而 2000 年之后则高达每年 7%（Waycott et al.，2009）。此外，全球大约有 25% 的盐沼也已消失（Bridgham et al.，2006），其每年消失的速率为 1% ~ 2%（Duarte et al.，2008）。我国红树林面积则呈现先减少后增加的趋势。从 20 世纪 50 年代的 420.01 km^2 迅速减少到 2000 年的 220.24 km^2，后又快速增加到 2013 年的 344.72 km^2（但新球等，2016）。我国现有海草床的总面积较小，约为 87.65 km^2，主要分布在海南（64%）、广东（11%）及广西（10%）等地区，我国的滨海盐沼面积为 1 207 ~ 3 434 km^2（周晨昊等，2016）。可见，我国的蓝碳生态系统仍需进一步恢复和强化。此外，值得注意的是，我国虽已通过建立自然保护区在保护蓝碳生态系统方面做了很多工作，但这些保护区基本以保护生物多样性为主，而以蓝碳保护为主要目的的保护计划和措施则相对较少。

2.3.2   人工手段增加海洋生物碳汇的相关技术有待进一步研究

采用人工手段干预海洋碳循环可能会对海洋生态系统产生许多潜在的负面影响。首先，铁施肥在增加海洋生产力的同时可能会增加其他温室气体的释放，比如一氧化二氮（N_2O）

和甲烷（CH_4）。其次，如果海洋铁施肥持续增加海洋初级生产力，则意味着更多有机物质从表层输出，且在深层海洋中被再矿化，从而降低深层海洋的 pH 和溶解氧。最后，海洋铁施肥还有可能造成有害藻华事件的发生。

此外，海洋铁施肥在实际应用过程中仍有诸多问题需要进一步探究：①浮游植物群落结构以及海洋食物网如何响应海洋铁施肥，进而增加向下的碳输出通量尚存不确定性。当前，对碳输出通量的定量方法还存在争议，且对沉降到海洋深处的碳储存的时间尺度也不统一，这两个因素是判断海洋铁施肥合理性的关键；②不同类型的生物对铁的需求不同，加铁后硅藻大量繁殖，其他藻类的数量受到抑制，必然改变整个海洋生态系统。如果长期施铁，对海洋生态系统以及全球气候的影响还无法进行估计和评价。因此，评估海洋铁施肥作为一种潜在的关键地球环境工程还需对其生态风险作全面、系统评估，而非仅仅研究其对海洋碳循环的影响；③近海 HNLC 和 LNLC 海域铁与碳的生物地球化学循环需详细深入研究；④铁在固氮过程中的具体作用及是否为限制固氮的唯一关键因子，还是由其他因素共同作用仍未可知；⑤固氮作用是否能够增加向下的碳输出通量仍存在诸多争议。

人工上升流在不同时间和空间尺度对碳循环的影响和作用是未来研究的重点。关于人工上升流增汇技术，由于目前对上升流区的观测十分有限，上升流区吸收和释放二氧化碳的时空演替情况还无从得知，因此，人工上升流是释放还是吸收大气二氧化碳仍有待探究。未来对上升流区的长时间序列观测和模拟将是人工上升流的研究重点。此外，人工上升流带来低pH 值的海水，对表层海水的 pH 值以及生物活动的影响不可忽视。人工上升流能否有效促进初级生产、加强固氮作用，增加海洋对大气二氧化碳的吸收和储存，有待进一步研究。

2.3.3 海洋碳封存技术具有不确定性且国际社会尚存争议

海洋碳封存和陆地碳封存均可以从大型碳排放源进行捕集，如燃煤电厂，其捕集成本目前约为每吨 55 美元（Fan et al.，2018）。但在封存方面，海洋碳封存的成本具有不确定性且明显高于陆地碳封存，前者为每吨 6 ~ 31 美元（中国 21 世纪议程管理中心，2012），后者则一般不超过每吨 8 美元（张贤等，2017）。其次，深海碳封存对海洋环境和生态系统可能具有多种潜在影响，其中海洋酸化问题尤为突出。深海碳封存必然引起封存地点附近海水pH 的降低，导致海水酸化，进而产生其他生态影响（Kita et al.，2005）。但现有研究均局限于较小的空间范围和短时间尺度，缺乏长期实验以开展系统评估，因此，在具体实施深海碳封存之前，必须全面评估其对深海生态系统的影响。

此外，海洋水体碳封存技术原理尚存在极大的不确定性，目前全球范围内仍缺乏成功运行的海洋水体碳封存示范项目或相关工程实践。虽然开展了一些理论、实验室和模拟研究，但 2005 年后针对该项技术的研究基本停止。2005 年后该技术的销声匿迹很大程度上是由于2006 年通过的《伦敦议定书》修正案。该修正案在允许"将二氧化碳捕获过程中获得的用于封存的二氧化碳"进行海洋封存的同时，提出了 3 个必须满足的条件：①二氧化碳的封存地点只能是海底地层；②注入气体的主要成分必须是二氧化碳；③禁止以废物 / 废气处置为目的将其他物质掺入注入气体。《联合国海洋法公约》虽然没有针对海洋碳封存的专门规定，但根

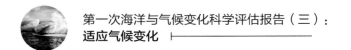
据公约第 192 条、第 194 条有关海洋环境保护和海洋污染预防的相关规定，如果将海洋碳封存所涉及的二氧化碳视为污染物，则海洋碳封存是公约所禁止的。

海洋地球工程作为应对气候变化的一种备选方案，有可能减缓当前地球的升温速率，进而降低全球变暖所带来的风险，然而其所带来的"副作用"无法忽视。2010 年 10 月举行的联合国《生物多样性公约》第十次缔约方会议，通过了延缓实施地球工程的决议，决定任何与气候相关的地球环境工程（除小型实验性工程外）都暂不予实施，除非"具备能够对此类活动进行充分论证的科学基础，并且将此类活动对环境及生物多样性所带来的风险，以及对社会、经济和文化所造成的冲击，都给予合理的考虑"。除科学和技术因素外，海洋地球工程在很大程度上还会受到社会、法律和政治因素的制约。一是努力减排温室气体的政治动力可能削弱甚至消失；二是贸然实施地球工程所带来的环境和气候风险，可能引发国际紧张局势；三是地球工程的实施必将涉及法律、道德、外交和国家安全等方面的问题；四是涉及社会、自然以至经济、政治资源的再分配问题。

2.4 未来方向

围绕海洋碳汇这一核心主题，我国未来需建成和完善近海碳汇监测站系统，实现实时监测和数据共享；摸清我国海洋碳汇家底，揭示海洋碳汇变动规律和主控因素；在查明海洋碳汇主要生态过程与机制的基础上，建立海洋碳汇标准体系；通过陆海统筹实现绿碳—蓝碳全链条部署，建立包括海洋碳汇在内的碳交易技术体系；建立有效的海洋增汇—生态灾害控制示范工程，并在典型区域实施应用；实现海洋生态系统的动态模拟和海洋碳源汇的短、中、长期预测；实现在认识生态系统的基础上的海洋碳汇科学管理，为海洋强国战略决策提供量化的科技支撑。总体上，我国海洋碳汇的发展需同自然海洋生态系统和沿海经济活动相链接，覆盖主要流域和我国管辖海洋区域，跨行业、跨部门、跨地区整体布局，从自然规律出发，抓住环境问题的"瓶颈"环节，提出成套应对措施和解决方案。结合我国海洋碳汇技术开发利用的现状和特点，未来该领域的主要研究内容拟包括以下几个方面。

2.4.1 深入研究海洋碳汇过程与调控机制，建立海洋碳汇标准体系和管理体系

研究河口、近海、陆架和深海等典型海域环境中各类微型生物功能类群（自养、异养、原核、真核生物）、浮游动物和代表性游泳生物的生态特性及其在相应海洋环境碳循环中的地位与作用；研究典型海洋生态系统群落结构与生态演替规律，揭示不同尺度上碳汇格局的时空分异、演化及其影响因素，阐明碳循环与其他元素循环的生物、物理和化学耦合机制；揭示固碳、储碳各个环节（碳吸收、生产、转化、释放）的过程与机理；古今结合评估海洋环境碳汇过程及其源汇格局在全球变暖、海洋酸化、海洋缺氧等全球变化环境下的反应及反馈；通过实验模拟和模型预测实现微观过程与宏观过程的链接，揭示海洋碳汇的形成过程与调控机制，及其与环境和气候变化的关系。

建立海洋碳汇相关的生物、化学、沉积等监测方法与技术、计量步骤，以及操作规范、评价体系，建立反映海洋固碳与储碳潜力的技术指标和评估指标体系，研发制订海洋碳汇标准；根据海洋碳汇现存量和研发潜力，制定流域和海岸带区域碳排放清单，建立相应的地理信息系统和生态系统碳汇基线，以及流域—海岸带—近海的碳核算体系；建立基于海洋增汇方案的自愿减排交易运行框架、交易流程与技术支撑体系。

2.4.2　抓好海洋碳汇现状评估、规划及永久性海洋碳汇监测站体系建设

通过对红树林、盐沼湿地、海草床、滨海养殖等海岸带和岛礁生态环境蓝碳的系统调查，摸清我国海岸带蓝碳的家底；联系流域—潮滩—河口—近海的整体性以探究海洋碳汇的沉积、输运、埋藏速度及其时空变异性；查明主要自然蓝碳生态系统的受损程度和致损原因；综合分析影响海洋碳汇的各种因素；阐明高强度人类活动及全球气候变化对海洋碳汇功能的影响机制；建立海洋碳汇储量及其价值估算的方法学体系；评估我国不同近海生态系统的碳汇能力和潜力，提出我国海洋碳汇发展规划。在已有的科研基础上，采取人工措施分别针对红树林、盐沼湿地、海草床、海藻养殖等各类生态系统固碳减排的效果，建立固碳增汇的技术体系；重建高生物量、高碳汇型水生生物群落、改善湿地土壤及水体环境等措施，建立海岸带退化湿地的固碳增汇技术体系；提升滨海土壤的固碳能力，完善贝藻养殖系统和以海藻养殖为主的人工海洋牧场生态系统。在我国主要近海海洋环境代表区域建立永久性海洋碳汇监测体系，形成海洋碳汇的时间序列监测能力；在我国重要河口区域及主要河流流域代表站点建立碳汇监测站，形成流域—潮间带（湿地）—河口—近海一体化的海陆统筹的监测网络；在全国建立海洋碳汇信息网，实现实时数据采集、传输和共享，建立综合分析数据库，建立预测预警技术，适时发布海洋碳汇的现场情况报告。

2.4.3　探索建立陆海统筹近海增汇工程和定量化的生态补偿制度

微型生物碳泵理论的提出为陆海统筹增加碳汇提供了科学思路。并不是营养盐越多，越有利于有机碳的储存和增加近海碳汇。事实上，营养盐过多会刺激异养细菌的呼吸作用，引发碳源效应。目前，我国近海部分区域的氮、磷等营养盐过剩，不仅造成富营养化、引发赤潮、绿潮等看得见的生态灾害，更需要我们重视的是：营养盐多了并不利于有机碳的储存（Zhang et al.，2019）。过多的营养盐会促进 DOC 的降解，不利于近海储碳。为此，需探索陆海统筹近海增汇工程。在过度富营养化的近海与河口海区，控制近海污染和过量营养盐输入，增加"微型生物碳泵"储碳效率，实现近海生态环境修复与增加碳汇功能双赢，并提出定量化的生态补偿制度。

基于"微型生物碳泵的"陆海统筹生态增汇，不是企图改造自然，而是尽量减少人类活动对自然生态系统的不利影响，是复原 / 修复自然生态系统。这将是一个既现实可行、又无环境风险的增汇途径，将为我国实现陆海统筹生态工程，为生态补偿制度的建立和完善提供量化的科学依据，是保障近海生态系统可持续发展的一个重要途径。

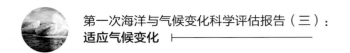
2.4.4　推进海洋生态系统实验体系大科学工程与增汇技术研发与示范

建立我国近海"中宇宙体系"，模拟现场条件下生态系统关键指标对气候变化和环境扰动的响应与反馈；试验关键指标用于海洋增汇实践的边界条件；建设"海洋环境模拟实验舱"，模拟研究近海全水柱过程对气候变化的响应与反馈，实现全人工控制条件下的全参数全程监测，获取前所未有的过程参数、解析目前面临的重大海洋生态环境问题（全球变暖、富营养化、海洋酸化、氧化还原变化梯度等）的机理。

结合航海调查及相关实验数据，逐步量化概念模型，最终建立数值模型；古今结合，反演地质事件及其碳循环情景，研发有效反演过去、合理评估现状、科学预测未来各种情景下海洋固碳储碳效果的方法技术；在上述基础上，研发陆海统筹海洋增汇的实施方案，建立固碳储碳各个环节的技术流程；提出气候变化大环境下我国近海碳源汇过程的适应及对策。选择合适的海区，进行典型流域—海岸带—近海可控范围的海洋增汇的示范，并为生态补偿机制提供系统的量化指标。

积极推进人工上升流及海洋碳封存等海洋地球工程技术的研发与示范，重点开展针对当前国际研究的薄弱环节的相关研究，并建立长时间序列深海大洋观测与实验平台；提升中尺度及亚中尺度模拟实验的能力；提升在海上开展中尺度（百公里以上）调控实验的能力；建立固碳增汇的技术体系；重建高生物量、高碳汇型水生生物群落、改善湿地土壤及水体环境等措施，建立海岸带退化湿地的固碳增汇技术体系；提升滨海土壤的固碳能力，完善藻类和贝类养殖系统和以藻、贝类养殖为主的人工海洋牧场生态系统，加强对于人工鱼礁工程理论和技术的研究，为我国实现长期气候目标做战略技术储备。

2.5　总结

发展海洋碳汇是应对气候变化的重要举措。当前，亟需全面监测并摸清我国海洋碳汇本底情况，不断深入海洋碳汇原理与技术研究，坚持陆海统筹原则，积极推进实施基于微型生物碳汇原理的陆海统筹增汇工程、发展以海洋贝藻养殖为主体的渔业碳汇、建设海洋牧场、加强海岸带蓝碳系统恢复重建与扩增、开展海洋生态系统实验体系大科学工程增汇技术研发、探索人工上升流与深海碳封存等海洋地球工程等，这些多样化的增汇手段将为我国温室气体减排做出巨大的贡献。

参考文献

蔡立胜，方建光，梁兴明．2003. 规模化浅海养殖水域沉积作用的初步研究. 中国水产科学，10(4):305-310.

曹凤娇．2017. 南海细菌生产力，对溶解有机碳的利用及控制因子研究. 硕士学位论文. 厦门：厦门大学.

曹磊，宋金明，李学刚，等．2013. 中国滨海盐沼湿地碳收支与碳循环过程研究进展. 生态学报，33(17):5141-5152.

陈健，朱德海，徐泽鸿，等．2008. 全国森林碳汇监测和计量体系的初步研究. 生态经济（中文版），5:128-132.

但新球，廖宝文，吴照柏，等．2016. 中国红树林湿地资源、保护现状和主要威胁. 生态环境学报，25(7):1237-1243.

刁玉杰，张森琦，李甫成，等．2016. 典型电厂海洋 CO_2 地质储存场地选址适宜性评估. 吉林大学学报，46(3):844-854.

华润电力控股有限公司．2018. 华润海丰电厂：亚洲首个多线程碳捕集测试平台的探索.

纪建悦，王萍萍．2015. 我国海水养殖业碳汇能力测度及其影响因素分解研究. 海洋环境科学，34:871-878.

贾明明．2014. 1973~2013 年中国红树林动态变化遥感分析. 博士学位论文. 北京：中国科学院大学.

焦念志．2012. 海洋固碳与储碳——并论微型生物在其中的重要作用. 中国科学：地球科学，42(10):1473-1486.

焦念志．2018. 蓝碳行动在中国. 北京：科学出版社.

焦念志，梁彦韬，张永雨，等．2018. 中国海及邻近区域碳库与通量综合分析. 中国科学：地球科学，48(11):5-33.

焦念志，骆永明，周云轩，等．2015. 蓝碳研究进展与中国蓝碳计划. 气候变化绿皮书：应对气候变化报告 (2015). 北京：社会科学文献出版社，238-248.

刘纪化，张飞，焦念志．2015. 陆海统筹研发碳汇. 科学通报，35:3399-3405.

刘毅，张继红，房景辉，等．2017. 桑沟湾春季海—气界面 CO_2 交换通量及其与养殖活动的关系分析. 渔业科学进展，38(6):1-8.

卢文芳，罗亚威，严晓海，等．2018. 模拟"微型生物碳泵"对南海储碳的贡献. 中国科学：地球科学，48(11):68-77.

骆岚．2013. 城市绿地生态系统碳汇监测探讨. 林业与生态，1:31.

梅雪英，张修峰．2008. 长江口典型湿地植被储碳、固碳功能研究——以崇明东滩芦苇带为例. 中国生态农业学报，16(2):269-272.

穆景利，韩建波，霍传林，等．2011. 海洋铁施肥研究进展. 海洋环境科学，30(2):282-286.

邱广龙，林幸助，李宗善，等．2014. 海草生态系统的固碳机理及贡献. 应用生态学报，25(6):1825-1832.

索安宁，赵冬至，张丰收．2010. 我国北方河口湿地植被储碳、固碳功能研究——以辽河三角洲盘锦地区为例. 海洋学研究，28(3):67-71.

唐博，龙江平，章伟艳，等．2014. 中国区域滨海湿地固碳能力研究现状与提升. 海洋通报，33:481-490.

唐剑武, 叶属峰, 陈雪初, 等. 2018. 海岸带蓝碳的科学概念、研究方法以及在生态恢复中的应用. 中国科学：地球科学, 48(6):661–670.

唐启升, 方建光, 张继红, 等. 2013. 多重压力胁迫下近海生态系统与多营养层次综合养殖. 渔业科学进展, 34(1):1–11.

唐启升, 刘慧, 方建光, 等. 2015. 生物碳汇扩增战略研究——海洋生物碳汇扩增. 北京：科学出版社, 187.

唐启升, 刘慧. 2016. 海洋渔业碳汇及其扩增战略. 中国工程科学, 18:68–73.

王江海, 孙贤贤, 徐小明, 等. 2015. 海洋碳封存技术：现状、问题与未来. 地球科学进展, 30(1):17–25.

王秀君, 章海波, 韩广轩. 2016. 中国海岸带及近海碳循环与蓝碳潜力. 中国科学院院刊, 31(10):1218–1225.

张继红, 方建光, 唐启升. 2005. 中国浅海贝藻养殖对海洋碳循环的贡献. 地球科学进展, 20(3):359–365.

张莉, 郭志华, 李志勇. 2013. 红树林湿地碳储量及碳汇研究进展. 应用生态学报, 24(4):1153–1159.

张贤, 许毛, 樊静丽. 2017. 燃煤电厂碳捕集与封存技术改造投资的激励措施评价研究. 中国煤炭, 43(12):22–26.

张永雨, 张继红, 梁彦韬, 等. 2017. 中国近海养殖环境碳汇形成过程与机制. 中国科学：地球科学, 47(12):1414–1424.

章海波, 骆永明, 刘兴华, 等. 2015. 海岸带蓝碳研究及其展望. 中国科学：地球科学, 45(11):1641–1648.

郑凤英, 邱广龙, 范航清, 等. 2013. 中国海草的多样性、分布及保护. 生物多样性, 21(5):517–526.

中国 21 世纪议程管理中心. 2012. 碳捕集、利用与封存技术：进展与展望. 北京：科学出版社, 84–85.

周晨昊, 毛覃愉, 徐晓, 等. 2016. 中国海岸带蓝碳生态系统碳汇潜力的初步分析. 中国科学：生命科学, 46(4):475.

周毅, 张晓梅, 徐少春, 等. 2016. 中国温带海域新发现较大面积（大于 50 ha）的海草床：Ⅰ黄河河口区罕见大面积日本鳗草海草床. 海洋科学, 40(9):95–97.

Achard, F., H. D. Eva, H. J. Stibig et al., 2002. Determination of deforestation rates of the world's humid tropical forests. Science, 297(5583), 999–1002.

Adams, E. E. and K. Caldeira. 2008. Ocean storage of CO_2. Elements, 4(5), 319–324.

Bouillon, S., A. V. Borges, E. Castañedamoya et al., 2008. Mangrove production and carbon sinks. A revision of global budget estimates. Global Biogeochemical Cycles, 22, 1–12. Boyd, P. W., T. Jickells, C. S. Law et al., 2007. Mesoscale iron enrichment experiments 1993–2005: synthesis and future directions. Science, 315(5812), 612–617.

Brandes, J. A., A. H. Devol, T. Yoshinari et al., 1998. Isotopic composition of nitrate in the central Arabian Sea and eastern tropical North Pacific: A tracer for mixing and nitrogen cycles. Limnology and Oceanography, 43(7), 1680–1689.

Bridgham, S. D., J. P. Megonigal, J. K. Keller, et al., 2006. The carbon balance of North American Wetlands. Wetlands, 26(4), 889–916.

Buesseler, K. O., J. E. Andrews, S. M. Pike et al., 2004. The effects of iron fertilization on carbon sequestration in the Southern Ocean. Science, 304(5669), 414–417.

Chisholm, S. W., P. G. Falkowski, J. J. Cullen et al., 2001. Discrediting ocean fertilization. Science, 294(12), 309–310.

Chmura, G. L., S. C. Anisfeld, D. R. Cahoon et al., 2003. Global carbon sequestration in tidal, saline wetland soils. Global Biogeochemical Cycles, 17, GB001917.

Donato, D. C., J. B. Kauffman, D. Murdiyarso et al., 2011. Mangroves among the most carbon-rich forests in the tropics. Nature Geoscience, 4(5), 293–297.

Duarte, C. M. 2002. The future of seagrass meadows. Environmental Conservation, 29(2), 192–206.

Duarte, C. M. 2009. Global loss of coastal habitats: rates, causes and consequences. Madrid: FBBVA:181.

Duarte, C. M., J. Middelburg and N. Caraco. 2005. Major role of marine vegetation on the oceanic carbon cycle. Biogeosciences, 2, 1–8.

Duarte, C. M., W. C. Dennison, R. J. Orth et al., 2008. The charisma of coastal ecosystems: Addressing the imbalance. Estuaries & Coasts, 31(3), 605–605.

Fan, J., M. Xu, F. Li et al., 2018. Carbon capture and storage (CCS) retrofit potential of coal-fired power plants in China: The technology lock-in and cost optimization perspective. Applied Energy, 229, 326–334.

Fan, W., J. Chen, Y. Pan et al., 2013. Experimental study on the performance of an air-lift pump for artificial upwelling. Ocean Engineering, 59(2), 47–57.

Fan, W., Y. Pan, C. C. K. Liu et al., 2015. Hydrodynamic design of deep ocean water discharge for the creation of a nutrient-rich plume in the South China Sea. Ocean Engineering, 108, 356–368.

Fourqurean, J. W., C. M. Duarte, H. Kennedy et al., 2012. Seagrass ecosystems as a globally significant carbon stock. Nature Geoscience, 1(3), 297–315.

Gacia, E., C. M. Duarte and J. J. Middelburg. 2002. Carbon and nutrient deposition in a mediterranean seagrass (posidonia oceanica) meadow. Limnology and Oceanography, 47(1), 23–32.

Gan, S., Y. Wu and J. Zhang. 2016. Bioavailability of dissolved organic carbon linked with the regional carbon cycle in the East China Sea. Deep-Sea Research Part II, 124, 19–28.

Hansell, D. A., C. A. Carlson, D. J. Repeta et al., 2015. Dissolved organic matter in the ocean: A controversy stimulates new insights. Oceanography, 22(4), 202–211.

Hoffmann, L. J., I. Peeken, K. Lochte et al., 2006. Different reactions of Southern Ocean phytoplankton size classes to iron fertilization. Limnology and Oceanography, 51(3), 1217–1229.

Howard, J., A. Sutton-Grier, D. Herr et al., 2017. Clarifying the role of coastal and marine systems in climate mitigation. Frontiers in Ecology and the Environment, 15, 42–50.

Jiang, Z., S. Liu, J. Zhang et al., 2017. Newly discovered seagrass beds and their potential for blue carbon in the coastal seas of Hainan Island, South China Sea. Marine pollution bulletin, 125(1–2), 513– 521.

Jiao N, Wang H, G. Xu et al., 2018c. Blue carbon on the rise: Challenges and opportunities. National Science Review, 5(4), 28–32.

Jiao, N. and Q. Zheng. 2011. The microbial carbon pump: from genes to ecosystems. Applied and Environmental Microbiology, 77(21), 7439–7444.

Jiao, N., C. Robinson, F. Azam et al., 2014a. Mechanisms of microbial carbon sequestration in the ocean-

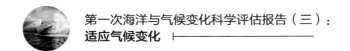

future research directions. Biogeosciences, 11, 5285–5306.

Jiao, N., C. Zhang, F. Chen et al., 2008. Frontiers and technological advances in microbial processes and carbon cycling in the ocean. In: Mertens L P. Biological Oceanography Research Trends. New York: NOVA Science Publishers Inc. 217–267.

Jiao, N., G. Herndl, D. Hansell et al., 2010a. Microbial production of recalcitrant dissolved organic matter: long-term carbon storage in the global ocean. Nature Review Microbiology, 8(8), 593–599.

Jiao, N., K. Tang, H. Cai et al., 2010b. Increasing the microbial carbon sink in the sea by reducing chemical fertilization on the land. Nature Review Microbiology, 9(1), 75–75.

Jiao, N., L. Legendre, C. Robinson et al., 2015. Comment on "Dilution limits dissolved organic carbon utilization in the deep ocean". Science, 350(6267), 1483–1483.

Jiao, N., R. Cai, Q. Zheng et al., 2018a. Unveiling the enigma of refractory carbon in the ocean. National Science Review, (4), 459–463.

Jiao, N., Y. Liang, Y. Zhang et al., 2018b. Carbon pools and fluxes in the China Seas and adjacent oceans. Science China Earth Sciences, 61(11), 1535–1563.

Jiao, N., Y. Zhang, K. Zhou et al., 2014b. Revisiting the CO_2 "source" problem in upwelling areas – a comparative study on eddy upwellings in the South China Sea. Biogeosciences, 11, 2465–2475.

Karl, D. 2007. Microbial oceanography: paradigms, processes and promise. Nature Reviews Microbiology, 5(10), 759–769.

Karl, D. and R. Letelier. 2008. Nitrogen fixation-enhanced carbon sequestration in low nitrate, low chlorophyll seascapes. American Journal of Obstetrics & Gynecology, 364(6), S99.

Kita, J. and T. Ohsumi. 2005. Biological impact assessment of direct CO_2, injection into the ocean. Greenhouse Gas Control Technologies, 783–789.

Krause-jensen, D. and C. M. Duarte. 2016. Substantial role of macroalgae in marine carbon sequestration. Nature Geoscience, 9(10), 737–743.

Laffoley, D. and G. D. Grimsditch. 2009. The management of natural coastal carbon sinks. IUCN.

Li, H., Y. Zhang, Y. Liang et al., 2018. Impacts of maricultural activities on characteristics of dissolved organic carbon and nutrients in a typical raft-culture area of the Yellow Sea, North China. Marine Pollution Bulletin, 137, 456–464.

Liang, Y., Y. Zhang, N. Wang et al., 2017. Estimating primary production of picophytoplankton using the carbon-based ocean productivity model: a preliminary study. Frontiers in Microbiology, 8, 1926.

Liu, H., H. Ren, D. Hui et al., 2014a. Carbon stocks and potential carbon storage in the mangrove forests of China. Journal of Environmental Management, 133, 86–93.

Liu, J., N. Jiao and K. Tang. 2014b. An experimental study on the effects of nutrient enrichment on organic carbon storage in western Pacific oligotrophic gyre. Biogeosciences, 11(2), 2973–2991.

Liu, K. K., M. J. Su, C. R. Hsueh et al., 1996. The nitrogen isotopic composition of nitrate in the Kurosio Water northeast of Taiwan: evidence for nitrogen fixation as a source of isotopically light nitrate. Marine Chemistry, 54(3), 273–292.

Lu, W., Y. Luo, X. Yan et al., 2018. Modeling the contribution of the microbial carbon pump to carbon sequestration in the South China Sea. Science China Earth Sciences, 61(11), 1594–1604.

Martin, J. H. and S. E. Fitzwater. 1988. Iron deficiency limits phytoplankton growth in the north-east Pacific subarctic. Nature, 331(6154), 341–343.

Maruyama, S., T.Yabuki and T. Sato. 2011. Evidences of increasing primary production in the ocean by Stommel's perpetual salt fountain. Deep-Sea Research Part I, 58(5), 567–574.

Mcleod, E., G. L. Chmura, S. Bouillon et al., 2011. A blueprint for blue carbon: toward an improved understanding of the role of vegetated coastal habitats in sequestering CO_2. Frontiers in Ecology & the Environment, 9(10), 552–560.

Mcnichol, A. P. and L. I. Aluwihare. 2007. The Power of radiocarbon in biogeochemical studies of the marine carbon cycle: Insights from studies of dissolved and particulate organic carbon (DOC and POC). Cheminform, 107(2), 443–466.

Moore, J. K., S. C. Doney and K. Lindsay. 2004. Upper ocean ecosystem dynamics and iron cycling in a global 3D model. Global Biogeochemical Cycles, 18(4), GB4028.

Mosseri, J., B. Quéguiner, L. Armand et al., 2008. Impact of iron on silicon utilization by diatoms in the Southern Ocean: A case study of Si/N cycle decoupling in a naturally iron-enriched area. Deep Sea Research Part II Topical Studies in Oceanography, 55(5–7), 801–819.

Mulholland, M. R., P. W. Bernhardt, C. A. Heil et al., 2006. Nitrogen fixation and release of fixed nitrogen by Trichodesmium spp. in the Gulf of Mexico. Limnology and Oceanography, 51(5), 2484–2484.

Nellemann, C and E. Corcoran. 2009. Blue carbon: the role of healthy oceans in binding carbon: a rapid response assessment. UNEP/Earthprint.

Ogawa, H and E. Tanoue. 2003. Dissolved Organic matter in oceanic waters. Journal of Oceanography, 59(2), 129–147.

Penman, J., M. Gytarsky, T. Hiraishi et al., 2003. Good practice guidance for land use, land-use change and forestry. Published by the Institute for Global Environmental Strategies (IGES) for the IPCC.

Polimene, L., R. B. Rivkin, Y. W. Luo et al., 2018. Modelling marine DOC degradation time scales. National Science Review, 5(4), 468–474.

Rees, A. P., C. S. Law and E. M. S.Woodward. 2006. High rates of nitrogen fixation during an in-situ phosphate release experiment in the Eastern Mediterranean Sea. Geophysical Research Letters, 33(10), 245–268.

Robinson, C., D. Wallace, J. H. Hyun et al., 2018. An implementation strategy to quantify the marine microbial carbon pump and its sensitivity to global change. National Science Review, 5(4), 474–480.

Savoye, N., T. W. Trull, S. H. M. Jacquet et al., 2008. 234 Th-based export fluxes during a natural iron fertilization experiment in the Southern Ocean (KEOPS). Deep-Sea Research Part II, 55(5), 841–855.

Shepherd, J., D. Iglesiasrodriguez and A. Yool. 2007. Geo-engineering might cause, not cure, problems. Nature, 449(7164), 781–781.

Smetacek, V., C. Klaas, V. H. Strass et al., 2012. Deep carbon export from a Southern Ocean iron-fertilized diatom bloom. Nature, 487(7407), 313.

Sousa, A. I., A. I. Lillebø, M. A. Pardal et al., 2010. Productivity and nutrient cycling in salt marshes:

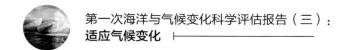
contribution to ecosystem health. Estuarine Coastal and Shelf Science, 87(4), 640–646.

Stone, R. 2010. The invisible hand behind a vast carbon reservoir. Science, 328(5985), 1476–1477.

Tang, J., S. Ye, X. Chen et al., 2018. Coastal blue carbon: Concept, study method, and the application to ecological restoration. Science China Earth Sciences, 61(6), 637–646.

Taylor, P. G., A. R. Townsend et al., 2010. Stoichiometric control of organic carbon-nitrate relationships from soils to the sea. Nature, 464(7292), 1178.

Valiela, I., J. L. Bowen and J. K. York. 2001. Mangrove Forests: One of the world's threatened major tropical environments. Bioscience, 51(10), 807–815.

Waycott, M., C. M. Duarte, T. J. Carruthers et al., 2009. Accelerating loss of seagrasses across the globe threatens coastal ecosystems. Proceedings of the National Academy of Sciences of the United States of America, 106(30), 12377–12381.

Williamson, P., D. W. R. Wallace, C. S. Law et al., 2012. Ocean fertilization for geoengineering: A review of effectiveness, environmental impacts and emerging governance. Process Safety and Environmental Protection, 90(6), 475–488.

Xia, B., Y. Cui, B. Chen et al., 2014. Carbon and nitrogen isotopes analysis and sources of organic matter in surface sediments from the Sanggou Bay and its adjacent areas, China. Acta Oceanologica Sinica, 33(12), 48–57.

Xiao, N and N. Jiao. 2011. Formation of polyhydroxyalkanoate in aerobic anoxygenic phototrophic bacteria and its relationship to carbon source and light availability. Applied and Environmental Microbiology, 77(21), 7445.

Yang, S., Q. Yang, S. Liu et al., 2015. Burial fluxes and sources of organic carbon in sediments of the central Yellow Sea mud area over the past 200 years. Acta Oceanologica Sinica, 34, 13–22.

Yang, S., Q. Yang, X. Song et al., 2018. A novel approach to evaluate potential risk of organic enrichment in marine aquaculture farms: a case study in Sanggou Bay. Environmental Science and Pollution Research, 25, 16842–16851.

Zhang, C., H. Dang, F. Azam et al., 2018. Evolving paradigms in biological carbon cycling in the ocean. National Science Review, 5(4), 481–499.

Zhang, D., W. Fan, J. Yang et al., 2016. Reviews of power supply and environmental energy conversions for artificial upwelling. Renewable & Sustainable Energy Reviews, 56, 659–668.

Zhang, Y., J. Zhang, Y. Liang et al., 2017a. Carbon sequestration processes and mechanisms in coastal mariculture environments in China. Science China-Earth Sciences, 60(12), 1–11.

Zhang, Y., M. Zhao, Q. Cui et al., 2017b. Processes of coastal ecosystem carbon sequestration and approaches for increasing carbon sink. Science China-Earth Sciences, 60(5), 809–820.

Zhang, Y., P. He, H. Li et al., 2019. Ulva prolifera green-tide outbreaks and their environmental impact in the Yellow Sea, China. National Science Review, 6(4), 825–838.

Zhou, X., J. Qu, F. Xu et al., 2013. Shape selective plate-form Ga_2O_3 with strong metal- support interaction to overlying Pd for hydrogenation of CO_2 to CH_3OH. Chemical Communications, 49(17), 1747–1749.

第3章
海洋可再生能源和
天然气水合物*

我国海洋可再生能源资源丰富，海上天然气水合物资源储量巨大，在应对气候变化中具有重要作用。本章介绍了海洋可再生能源的特点，梳理和分析了国内外发展海洋可再生能源的政策背景，重点研究了近年来我国海洋可再生能源开发利用开展的工作以及取得的重要进展，介绍了我国海上天然气水合物开发利用工作的进展，评估了海洋可再生能源开发利用的效果，梳理了我国海洋可再生能源开发利用中存在的主要问题，分析了我国海洋可再生能源减排潜力，对气候变化背景下我国海洋可再生能源的发展愿景进行了展望，并研究了中长期发展策略，提出了相关的发展建议和近期的重点任务。

* 首席作者：夏登文[1]

贡献作者：麻常雷[2]

（1. 国家海洋标准计量中心 天津 300112；2. 国家海洋技术中心 天津 300112）

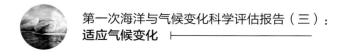
3.1 概述

海洋能是指依附于海水水体的可再生自然资源（夏登文等，2014），主要包括波浪能、潮流能、潮汐能、温差能和盐差能等，海洋能开发利用就是将这些能源资源转化为可用的能源形式（通常是电能）。海洋可再生能源包括海洋能以及海上风能、海洋生物质能、海上太阳能、深海地热能等能源。海洋可再生能源是零排放的清洁能源，开发利用海洋可再生能源可替代化石能源，可以有效地减少二氧化碳的排放。天然气水合物是分布在深海沉积物或陆域永久冻土中的天然气与水的结晶物质，海上天然气水合物是重要的新兴清洁能源，本章主要介绍波浪能、潮流能、潮汐能、温差能、盐差能、海上风能、海上天然气水合物等开发利用现状，并分析海洋可再生能源对于应对及减缓气候变化的重要作用。

3.1.1 海洋可再生能源的特点

海洋可再生能源具有开发潜力大、可持续利用、绿色清洁等优势，相对于传统能源，其能量密度不高、稳定性较差，因而海洋可再生能源开发利用难度较大（王传崑等，2009）。国际上，海洋可再生能源资源丰富的国家已将其作为战略性资源，近年来取得了一系列突破性技术进展，规模化利用趋势明显。同时，随着越来越多国际知名企业的进入，国际海洋可再生能源产业化进程不断加快，有望成为未来能源供给的重要组成部分和未来海洋经济的重要增长点（夏登文，2016）。海上天然气水合物储量巨大、清洁无污染，是未来全球能源发展的战略制高点，其深度开发将改变全球能源结构，我国和日本近年来在天然气水合物的海域试开采领域取得了重要性的阶段成果，极可能成为未来世界上首批商业性开采海上天然气水合物的国家；德国和挪威等国着重关注于二氧化碳置换甲烷技术，可为后能源时代提供天然气水合物新的发展机遇（王力峰等，2017）。

我国海洋可再生能源资源总量较为丰富、种类齐全、分布不均（罗续业等，2014），我国海上天然气水合物资源储量巨大、开采难度大。我国海洋可再生能源技术研究起步较早，近年来发展较快，部分自主创新的海洋可再生能源技术达到国际先进水平，海岛供电示范应用取得了积极进展，但总体上距离商业化应用还有较大差距，短期来看，海洋可再生能源还无法在我国能源结构调整中发挥重要作用。未来一段时期,需围绕边远海岛开发、海上装备运行、深海养殖用电用水等特定市场应用，加快提高技术成熟度，为我国能源结构调整做出积极贡献，并为减缓气候变化提供重要的支撑手段。

3.1.2 海洋可再生能源开发利用在减缓气候变化中的重要性

随着人们对生态环境问题的日益关注，特别是1992年联合国世界环境与发展大会以后，为了保护日益恶化的人类生存环境，走可持续发展的道路，调整能源结构，大力发展可再生能源已成为世界各国的共识。海洋占地球表面的71%，作为资源的宝库，是地球上尚未充分开发利用的最大领域，开发利用海洋可再生能源和海上天然气水合物，是人类社会发展历程的客观选择，沿海各国都非常重视对海洋可再生能源的开发利用。

我国经济高速发展的同时，能源消耗高速增长，落实节能减排任务较重，尤其是沿海地区，资源环境压力持续增大，加大清洁能源和可再生能源的利用，既是加快生态文明建设的需要，也是我国经济转型的需要，更是沿海及海岛经济社会发展的迫切需要，可有效保证我国经济社会的可持续发展。海洋可再生能源因其可再生性、清洁性，使得海洋可再生能源的开发利用成为我国落实节能减排目标及应对气候变化的重要手段之一（叶盛林等，2010）。尽管目前海洋可再生能源在我国的能源构成中所占的比例很小，但从发展的眼光来看，这是一种不可忽视的、很有前途的新能源（高艳波等，2011）。

3.2　已经开展的工作与成效评估

为推动海洋可再生能源以及海上天然气水合物开发利用，在国家财政部、科技部和自然资源部等有关部委的推动下，近年来，我国全面开展了海洋可再生能源资源调查评价、技术研发、示范应用、公共平台建设等相关工作，以及海上天然气水合物资源调查及试开采等工作。经过不断的努力，我国海洋可再生能源开发利用工作取得了积极进展，海洋可再生能源产业已崭露头角，海上天然气水合物开发利用首次实现了商业化试采。

3.2.1　海洋可再生能源开发利用资源状况分析

根据 2004 年国家海洋局组织的"我国近海海洋综合调查与评价"专项开展的海洋能资源调查与评价，我国近岸海洋可再生能源资源潜在量约 $15.8 \times 10^8\,\mathrm{kW}$，技术可开发量约 $6.47 \times 10^8\,\mathrm{kW}$，其中，海洋风能资源潜在量和技术可开发量占比最多，分别为 56% 和 88%，具有巨大的发展潜力。其他海洋可再生能源的理论装机容量虽然较大，但技术可开发量较为有限。我国近海海洋可再生能源资源状况如表 3.1 所示。

表 3.1　我国近海海洋可再生能源资源统计

能种	潜在量理论装机容量（ $\times 10^4\,\mathrm{kW}$ ）	技术可开发量装机容量（ $\times 10^4\,\mathrm{kW}$ ）
潮汐能	19 286	2 283
潮流能	833	166
波浪能	1 600	1 471
温差能	36 713	2 570
盐差能	11 309	1 131
海洋风能	88 300	57 034
合　计	158 041	64 655

注：①潮汐能：我国 10 m 等深线以浅的潮汐能潜在量和技术可开发量；
　　②潮流能：我国近海主要水道的潮流能资源潜在量和技术可开发量；
　　③波浪能：我国近海离岸 20 km 一带的波浪能资源潜在量和技术可开发量；
　　④温差能：我国南海区域表层与深层海水温差 ≥ 18℃水体蕴藏的温差能；
　　⑤盐差能：我国主要河口盐差能资源潜在量和技术可开发量；
　　⑥海洋风能：我国近海 50 m 等深线以浅海域风能资源潜在量和技术可开发量；
　　⑦不包括台湾省。

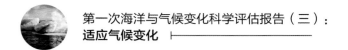

1）潮汐能资源

我国潮汐能资源主要集中在东海沿岸，浙江省潮汐能资源最多，理论装机容量达 5 699×10⁴ kW，福建省潮汐能年平均功率密度最大，全省平均值为 3 276 kW·km⁻²。福建省和浙江省大部分海域的潮差不低于 4 m，具有很好的潮汐电站建站条件（图 3.1）。潮汐能资源最优的港湾包括浙江省钱塘江口、三门湾，福建省兴化湾、三都澳、湄洲湾和乐清湾等。

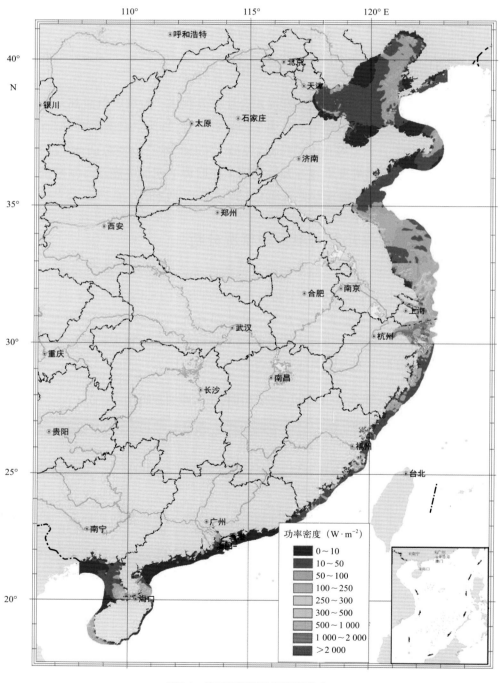

图3.1　我国近海潮汐能资源分布

2）潮流能资源

浙江省沿岸海域潮流能资源最为丰富，理论装机容量约为 517×10^4 kW，占我国近海潮流能资源潜在量一半以上。山东、江苏、福建、广东、海南和辽宁等省潮流能资源理论装机容量约为 313×10^4 kW，占我国近海潮流能资源潜在量的 38%。浙江省舟山海域各水道是我国潮流能资源丰富区（图 3.2），可供开发利用的潮流能站址选址余地大，并且该海域各水道位于诸多岛屿之间，海况较为平稳、海底底质类型为基岩，非常适合座底式潮流能发电装置的布放。

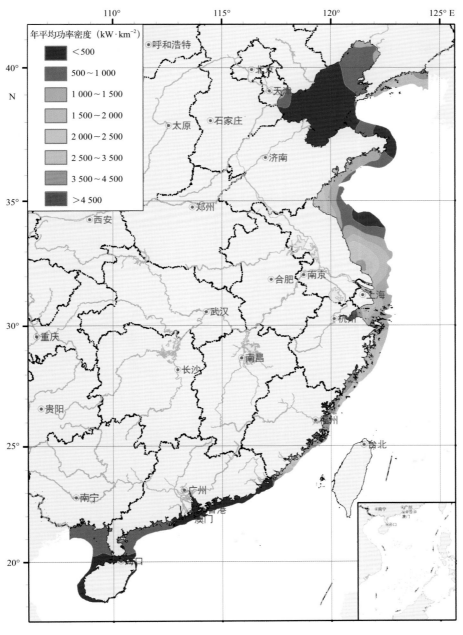

图3.2　我国近海潮流能资源分布

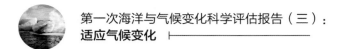

3）波浪能资源

我国南方沿岸海域波浪能资源更为丰富，广东省和海南省近海波浪能资源占我国近海波浪能资源潜在量的 55% 以上。福建南部、广东东北部、海南西南部以及台湾大部分沿岸海域波浪能功率密度大于 4 kW·m^{-1}，是我国波浪能资源丰富区（图 3.3）。

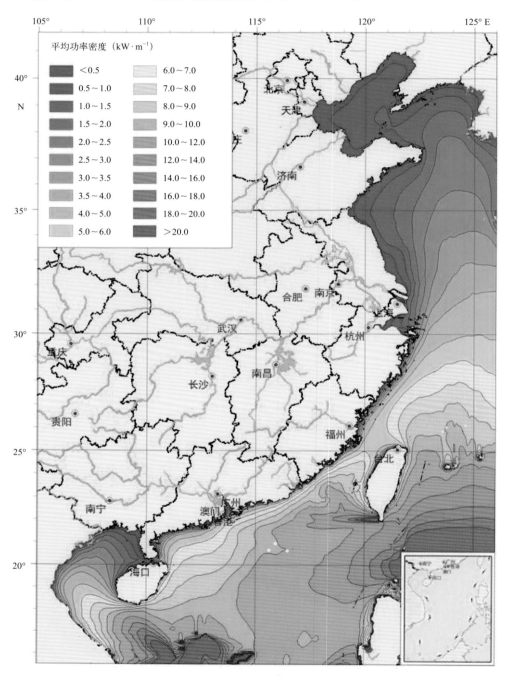

图3.3　我国近海波浪能资源分布

4）温差能资源

我国南海温差能资源丰富，南海东南部海域和西沙群岛附近海域 1 000 m 等深线处海域距离海南岛或者其他海岛不足 100 km（图 3.4），具有较好的温差能电站建设条件。

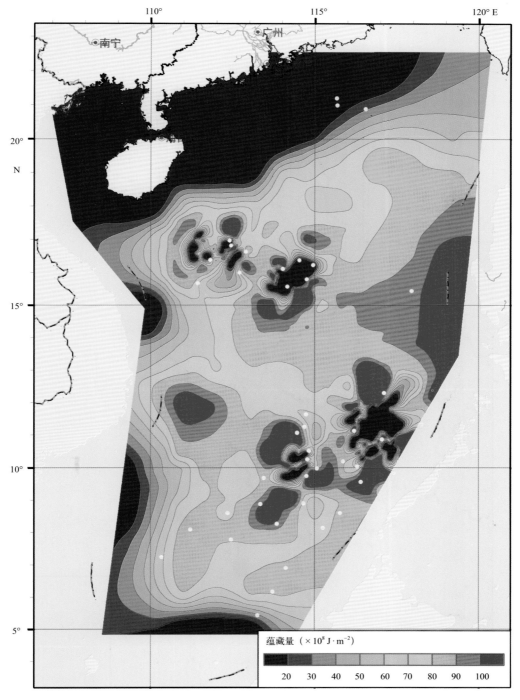

图3.4　我国南海海域温差能资源分布

5）盐差能资源

我国沿海河流众多，年入海径流丰富，盐差能资源总量大，但地理分布不均，季节变化剧烈且年际变化明显。我国盐差能资源主要分布在上海市和广东省沿海（图3.5）。

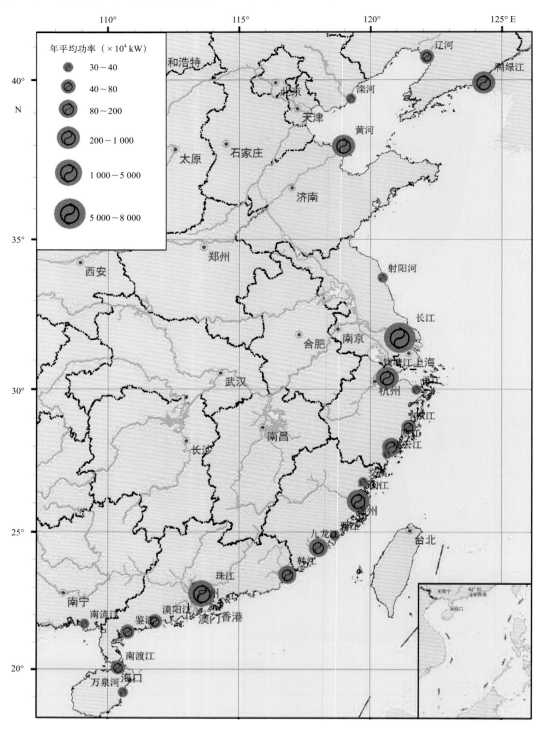

图3.5　我国近海盐差能资源分布

6）近海风能资源

我国近海（不包括台湾省）50 m 等深线以浅海域 10 m 高度风能资源总量丰富。台湾海峡附近海域，长江口以南海域，南海粤东以及粤西上川岛附近海域，北部湾和海南岛以东海域以及山东半岛附近海域都是近海风能资源的丰富区（图3.6）。

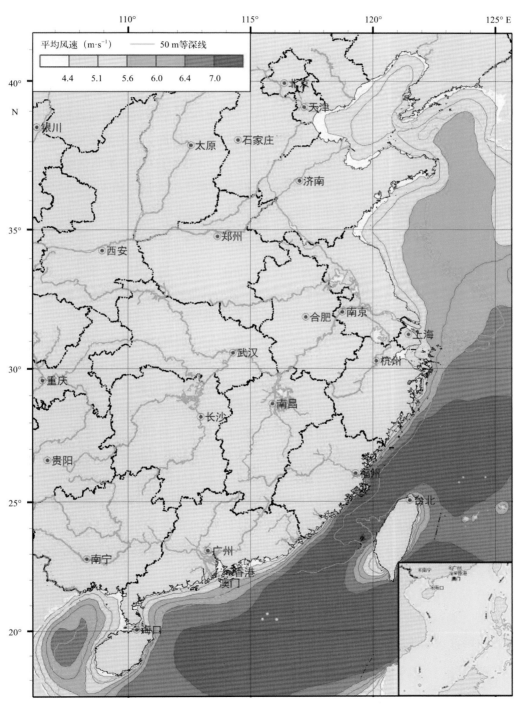

图3.6　我国近海10 m高度风能资源分布

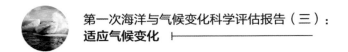
7）海上天然气水合物

原国土资源部组织的"我国海域天然气水合物资源调查"专项成果显示，我国南海北部蕴藏有丰富的天然气水合物资源，其类型为泥质粉砂型天然气水合物，开发难度较大。据估计我国南海天然气水合物的资源量为 700×10^8 t 油当量，约相当于我国陆上石油、天然气资源量总数的 1/2。

3.2.2　发展海洋可再生能源的国内外政策背景

从理论上讲，全球海洋可再生能源资源储量远超人类的能源需求，未来海洋可再生能源开发主要取决于技术的发展程度（IPCC，2011）。英美等海洋可再生能源资源丰富的国家，非常看重海洋可再生能源开发利用在减缓气候变化、保障能源安全中的重要作用（ECORYS Research and Consulting，2012）。我国为减缓气候变化，建设海洋生态文明，维持能源结构多样性，培育战略性新兴产业，近年来也加大了对海洋可再生能源技术研发及示范的支持力度，着力推进海洋可再生能源技术产业化进程。

1）国际海洋可再生能源发展政策背景分析

积极应对气候变化，发展低碳经济已成为国际社会的普遍共识。根据《巴黎协定》，缔约方将在 21 世纪末"把全球平均气温较工业化前水平升高控制在 2℃以内，并为把升温控制在 1.5℃之内努力"。《巴黎协定》反映出全球向绿色低碳转型、构建清洁能源体系已成为一大趋势（解振华，2016）。从全球来看，主要经济体都制定了明确的中长期减排目标。例如，英国 2011 年通过"碳预算"法案，规定到 2025 年将在 1990 年基础上减排 50%、2030 年减排 60%、2050 年减排 80%。在节能减排目标驱动下，发展可再生能源已成为许多国家推进能源转型的核心内容和应对气候变化的重要途径，全球可再生能源开发利用规模不断扩大。

海洋可再生能源资源具有很大的开发利用潜力。根据联合国开发计划署（UNDP）2010 年发布的"世界能源评估——能源资源"估计，全球海洋可再生能源资源技术可开发潜力约合 $2\,350 \times 10^8$ kW。发展海洋可再生能源从长期来看对温室气体减排有很大的贡献。此外，经济合作与发展组织（OECD）2015 年发布的研究报告表明，海洋可再生能源产业对未来中长期经济增长和创造就业具有重要贡献潜力，欧盟估计到 2035 年海洋可再生能源产业将创造 4 万个就业岗位（European Commission，2014）。同时，开发利用海洋可再生能源还具有保持能源供给独立性等优势。

加快开发利用海洋可再生能源已成为世界沿海国家的普遍共识，纷纷布局海洋可再生能源行业发展，通过政府主导制定国家规划或发展路线图、建设基础设施、扩大示范规模等来引导和扶持海洋可再生能源技术的产业化发展。

2）我国海洋可再生能源发展政策背景分析

气候变化事关我国经济社会发展全局，作为发展中国家，我国政府在巴黎气候变化大会上提出，到 2030 年单位 GDP 二氧化碳排放比 2005 年下降 60%～65%，2030 年左右达到峰值并努力尽早达峰。在全面建成小康社会、体现全球气候治理中大国担当的关键时期，要实现节能减排目标必须大力发展可再生能源。随着可再生能源技术提升以及应用成本的快速下降，我国已成为全球可再生能源利用规模最大的国家，可再生能源发电装机超过全部发电装机的30%，可再生能源发电量超过全部发电量的20%。

党的十九大报告提出"推进能源生产和消费革命，构建清洁低碳、安全高效的能源体系""积极参与全球环境治理，落实减排承诺"。随着"加快建设海洋强国"等国家战略的深入实施，为进一步推动能源生产和消费革命，推动能源结构转型，培育战略性新兴产业，我国海洋可再生能源开发利用迎来了全新的发展战略机遇期。《能源发展战略行动计划（2014—2020年）》"节约、清洁、安全"战略的实施，为包括海洋可再生能源在内的可再生能源带来重大发展机遇，发展海洋可再生能源可以在空间上为陆地可再生能源提供有效补充，促进能源结构的合理布局，有利于保障我国能源安全（中国科学技术协会，2016）。以"21世纪海上丝绸之路"倡议为契机，加速海洋可再生能源技术创新，积极推动我国与沿线国家的海洋可再生能源技术与产业合作，有助于在国际海洋可再生能源产业形成和大发展之前，提升我国在未来国际海洋可再生能源产业分工中的地位，加速促进我国海洋可再生能源战略性新兴产业的形成和发展，同时，加快海洋可再生能源技术发展还有助于我们在激烈的国际竞争中占据有利地位。

3.2.3 我国发展海洋可再生能源做出的努力

我国政府高度重视海洋可再生能源开发利用工作。2006年1月开始施行的《中华人民共和国可再生能源法》，首次明确把海洋可再生能源纳入可再生能源领域，列为能源发展的优先领域。《可再生能源中长期发展规划》《能源发展战略行动计划（2014—2020年）》《国家海洋事业发展规划》《国家海洋经济发展规划纲要》等一系列规划都对海洋可再生能源开发利用工作做出了重要部署。2010年，财政部和国家海洋局设立了海洋可再生能源专项资金，为快速推进我国海洋可再生能源技术研究与示范提供了有力的财政支持（国家海洋技术中心，2016）。

1）出台国家战略规划

"十二五"期间，财政部、科技部、原国家海洋局出台了数十项涉及海洋可再生能源的相关规划。2010年《可再生能源法（修正案）》施行，确定了国家对海洋可再生能源等可再生能源发电实行全额保障性收购制度，促进了我国可再生能源产业的快速发展。

国家海洋局于2016年12月发布了《海洋可再生能源发展"十三五"规划》，提出到2020年，全国海洋可再生能源总装机规模超过50 000 kW，建设5个以上海岛海洋可再生能源多能互补独立电力系统，加快实现我国海洋可再生能源装备从"十二五"时期的"能发电"向"十三五"时期"稳定发电"的重要转变，海洋可再生能源开发利用水平步入国际先进行列。

国家发展和改革委员会于2016年12月发布了《可再生能源发展"十三五"规划》，提出要完善海洋可再生能源开发利用公共支撑服务平台建设，加强海洋可再生能源综合利用技术

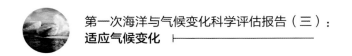
研发，开展海岛（礁）海洋可再生能源独立电力系统示范工程建设，启动万千瓦级潮汐能电站建设，为规模化开发海洋可再生能源资源奠定基础。

国家发展和改革委员会于 2017 年 1 月发布了《战略性新兴产业重点产品和服务指导目录（2016 版）》，将"海洋能相关系统与装备"和"海上风电相关系统与装备"列入目录的 174 个子方向中。

国家发展和改革委员会和国家海洋局于 2017 年 5 月联合发布了《全国海洋经济发展"十三五"规划》，提出因地制宜、合理布局海上风电产业，鼓励在深远海建设离岸式海上风电场；加快海洋可再生能源开发应用示范，建设海岛多能互补示范工程，以进一步培育壮大我国海洋新兴产业。

2）加大资金支持力度

"十二五"以来，财政部、科技部、国家自然科学基金委员会等部门通过海洋可再生能源专项资金、国家高技术研究发展计划、国家科技支撑计划、国家自然科学基金等持续支持了海洋可再生能源技术研发及示范，有效提升了我国海洋可再生能源开发利用整体水平。

2010 年 5 月，为了推进我国海洋可再生能源的开发利用，中央财政从可再生能源专项资金中安排部分资金，作为海洋可再生能源专项资金，重点支持海岛独立电力系统示范、并网电力系统示范、关键技术产业化示范、综合开发利用技术研究与试验、标准及支撑服务体系等五方面研究内容。2017 年 7 月，支持重点调整为重点关键技术示范推广和产业化示范、规模化开发利用及能力建设、公共平台建设、综合应用示范等。截至 2017 年底，海洋可再生能源专项资金实际投入经费约 10 亿元，支持了 100 多个技术研发及示范类等项目，有力地促进了我国海洋可再生能源开发利用整体水平的显著提升。

3）探索制定激励措施

我国在可再生能源开发利用方面制定了一些激励政策，例如，可再生能源电价补贴、电价附加、绿色电力证书等政策。由于海洋可再生能源目前尚处于示范应用阶段，还未建立起完善的配套激励政策。

国家发展和改革委员会于 2016 年 3 月发布了《可再生能源发电全额保障性收购管理办法》，确定了生物质能、地热能、海洋能发电以及分布式光伏发电项目暂时不参与市场竞争，可再生能源发电上网电量由电网企业全额收购，以保障非化石能源消费比重目标的实现，推动能源生产和消费革命。

国家发展和改革委员会、财政部、国家能源局于 2017 年 2 月联合发布了《绿色电力证书核发及自愿认购规则（试行）》，提出建立可再生能源绿色电力证书自愿认购体系，以进一步完善风电、光伏发电的补贴机制，引导全社会绿色消费，促进清洁能源消纳利用。

4）提升公共服务能力

海洋可再生能源技术要从实验室走向产业化应用必须经过长期、严格、系统的实海况测试验证，以及健全的海洋可再生能源标准体系建设。

（1）海上试验场设计与建设

我国已规划在山东威海建设国家浅海海上综合试验场，主要提供波浪能和潮流能小比例尺样机实海况试验、测试和评价服务；在浙江舟山建设国家潮流能海上试验场，主要提供兆瓦级潮流能机组的实海况试验、测试和评价服务；在广东珠海建设国家波浪能海上试验场，主要提供百千瓦级波浪能发电装置的实海况试验、测试和评价服务。国家浅海海上综合试验场于 2016 年获得海域使用许可，在国家重点研发计划、海洋能专项资金项目、天津市科技兴海项目的共同支持下，该试验场已基本具备海洋能发电装置离网测试能力。国家潮流能海上试验场选定在浙江舟山普陀山岛和葫芦岛之间海域，正在建设公共测试基地和示范区，浙江大学和浙江联合动能公司的机组在该试验场已开展长期示范运行。国家波浪能海上试验场选定在大万山岛海域，正在建设公共测试基地和示范区，中科院广州能源所、中船重工 710 研究所的波浪能发电装置在该试验场开展了长期海试。

（2）标准体系建设

2011 年 12 月成立了全国海洋标准化技术委员会海洋观测及海洋能源开发利用分技术委员会，2014 年 8 月成立了全国海洋能转换设备标准化技术委员会。不断完善我国海洋可再生能源开发利用标准化体系，推动我国海洋可再生能源技术产业化进程。

（3）行业管理服务

2013 年 12 月成立了中国海洋工程咨询协会海洋可再生能源分会，2010 年 3 月成立了中国可再生能源学会海洋能专业委员会。2012 年起，中国海洋可再生能源发展年会暨论坛已成为我国海洋能领域重要的合作交流平台。

3.2.4 海洋可再生能源开发利用技术进展

国际上，潮汐能技术是最为成熟的海洋可再生能源技术，已达到商业化运行阶段；潮流能技术和波浪能技术基本处于工程样机实海况测试阶段；温差能技术、盐差能技术等技术成熟度相对较低（Brochard，2013）。近年来，我国海洋可再生能源开发利用技术水平提升较快，潮汐能利用技术基本达到国际先进水平，部分自主创新的潮流能技术和波浪能技术接近国际先进水平，温差能发电技术已完成基础性试验研究，盐差能技术开展了一些探索性研究。此外，在海上风能技术方面，已基本掌握单机 5 MW 机组设计及制造技术，我国海上风电累计装机容量超过 160×10^4 kW（截至 2016 年底）。

1）潮汐能技术进展

国际潮汐能利用方面，主要包括 2011 年建成的韩国始华湖潮汐电站（总装机 254 MW）、1966 年建成的法国朗斯潮汐电站（总装机 240 MW）、1984 年建成的加拿大安纳波利斯潮汐电站（总装机 20 MW）。此外，已开工建设的英国斯旺西新型潮汐潟湖电站装机为 320 MW（Renewable UK，2017）。

目前，我国在运行的潮汐电站只有浙江江厦潮汐试验电站和浙江海山潮汐电站。近年来完成了健跳港、乳山口、八尺门、马銮湾、瓯飞等多个万千瓦级潮汐电站工程预可研。此外，

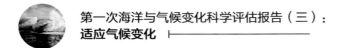

还开展了潮波相位差发电、动态潮汐能利用等新型潮汐能发电利用技术研究。

（1）江厦潮汐试验电站

位于浙江温岭，是我国潮汐能开发利用的国家级试验电站（图3.7），采用单库双向发电工作方式，日均发电 14 ~ 15 h，首台机组于 1980 年并网发电，2007 年在科技部"863"计划支持下新建了 6 号机组，采用新型双向卧轴灯泡贯流式机组。2012 年在海洋能专项资金项目支持下改造提升了 1 号机组，新研发应用了三叶片双向机组，在机组工况复杂程度、机组效率等方面达到世界先进水平。目前江厦电站总装机为 4 100 kW，装机规模位于世界第四。江厦电站年发电量约 730×10^4 kW·h。

图3.7　江厦电站及其六台机组

（2）海山潮汐电站

位于浙江玉环，于 1975 年建成，是我国现存最早的海洋可再生能源电站（图3.8），采用双库单向发电工作方式，日均发电时间超过 20 h，在全潮蓄淡、蓄能发电和库区水产养殖综合开发等方面有独特优势。海山潮汐电站总装机为 250 kW，但现仅有一台 125 kW 机组在运行，年发电量接近 40×10^4 kW·h。2018 年开始进行电站改造升级，总装机将增加到 500 kW。

图3.8　海山潮汐电站及其上水库

（3）万千瓦级潮汐电站预可研

2009—2015年，我国先后开展了健跳港（21 MW）、乳山口（40 MW）、八尺门（36 MW）、马銮湾（24 MW）、瓯飞（451 MW）等多个万千瓦级潮汐电站工程预可研，对备选站址完成了精细调查、潜在环境影响评价以及工程规划，测算的平均出厂电价区间为1.39 ~ 2.6元/kW·h，电站的开工建设需要较高的财政资金补贴。

2）潮流能技术进展

2016年以来，国际潮流能技术取得重要进展。英国MeyGen潮流能发电场一期工程竣工，6 MW潮流能发电阵列并网发电（H. Jeffrey，2013），荷兰Torcado公司1.2 MW潮流能发电阵列并网发电，加拿大FORCE潮流能试验场2 MW机组并网成功，标志着国际潮流能技术已开始进入商业化运行阶段（麻常雷等，2017）。

2016年以来，我国潮流能技术取得了突破性进展，一些潮流能机组实现了长期示范运行，我国成为世界上为数不多的掌握规模化潮流能开发利用技术的国家。

LHD模块化海洋潮流能发电机组：浙江舟山联合动能新能源开发有限公司研制的LHD-L-1000机组，于2016年7月完成两套共1 MW涡轮机组的海上安装（图3.9），2016年8月并入国家电网，到2017年底，累计发电量超过17×10^4 kW·h。LHD海上总成平台总重2 500 t，通过海上桩基工程固定于海床上，一期工程最大装机可达3.4 MW。"小功率水轮机、大功率发电系统"技术路径有效降低了投资风险和运营成本（Gao et al.，2011），运行维护便捷，初步探索了我国潮流能产业化之路。

图3.9　LHD 1 MW机组实现并网发电

半直驱水平轴潮流能发电机组：浙江大学研制的60 kW半直驱水平轴潮流能装置工程样机，2014年5月开始海试，累计发电超过2.5×10^4 kW·h。在60 kW机组技术基础上研制的120 kW机组（见图3.10），截至2017年底，海试发电超过1.3×10^4 kW·h，对开展潮流能海岛独立供电系统进行了初步示范。

图3.10　浙江大学半直驱水平轴潮流能机组

此外，还有 20 多个潮流能装置样机完成了海试，哈尔滨工程大学、中国海洋大学、大连理工大学等研发的潮流能发电装置也取得了较好的海试效果。

3）波浪能技术进展

波浪能电站方面，实现并网运行的国际波浪能电站主要包括西班牙 Mutriku 波浪能电站（0.3 MW）、美国海洋电力公司的 PowerBuoy 波浪能发电装置（0.15 MW）等，总装机不足 1 MW。此外，将于两年内建成的英国康沃尔波浪能电站等总装机超过 10 MW。

我国波浪能资源功率密度较低，不适于发展大功率波浪能发电装置，近年来主要针对海上装置供电及边远海岛用电等特殊需求开展了一些小功率装置的研发试验。

鹰式波浪能发电装置：在中国科学院广州能源所鸭式系列发电装置及鹰式一号发电装置基础上，中国科学院广州能源所和中海工业有限公司联合研制了 100 kW "万山" 号波浪能发电装置工程样机，于 2015 年 11 月开始海试（图 3.11），截至 2017 年 2 月，累计发电超过 3×10^4 kW·h，实现了小波下蓄能发电，中等波况下稳定发电，初步具备了向海岛供电的技术条件（Xia et al., 2011）。

图3.11　"万山" 号装置进行海试

航标灯用微型波浪能发电模块：中国科学院广州能源研究所研制的基于振荡水柱式原理的航标灯用微型波浪能发电模块，在沿海浮标和大型航标灯上得到推广应用（图 3.12）。

图3.12 用于航标灯的微型波浪能发电模块

此外，还有 30 多个多种原理的波浪能样机开展了海试，中国科学院电工所、国家海洋技术中心、山东大学等研发的波浪能发电装置也取得了较好的海试效果。

4）温差能技术进展

国际上温差能技术研发开始升温，100 kW 温差能电站已实现并网运行，正在推进 10 MW 温差能项目。温差能除了发电外，可广泛用于海水淡化、制氢、制冷、深水养殖等方面，因此在我国南海偏远海岛具有广泛的应用前景。

原国家海洋局第一海洋研究所研制的 10 kW 温差能发电试验装置，自 2017 年 2 月，系统连续无故障运行超过 1 000 h，发电功率达 7.5 kW，验证了系统的稳定性和可靠性，掌握了一定的海洋温差能发电系统调试运行经验。

5）盐差能技术进展

我国盐差能利用技术目前处于原理研究阶段。有关研究单位正在开展盐差能发电用正渗透膜性能研究。

6）海上风能技术进展

在海上风能利用方面，截至 2016 年底，全球海上风能累计装机容量达到 14 384 MW，2016 年新增装机容量 2 217 MW。欧洲正在研制 20 MW 的海上风电机组。

我国海上风能累计装机容量在 2016 年底超过 1 600 MW，2016 年新增装机容量 590 MW。目前，已批量生产并投入应用的海上风电机组为 2.5 MW 和 3 MW，5 MW 和 6 MW 海上风电机组仍处于试验或示范应用阶段，正在联合设计 7 MW 海上风电机组和 10 MW 海上风电机组。我国海上风电机组支撑基础目前多采用单桩式和多桩式结构，海上漂浮式支撑基础研究尚处于初级阶段。

我国主要风电机组整机制造商都积极投入大功率海上风电机组的研制工作。华锐公司率先推出 3 MW 海上风电机组，并在上海东海大桥海上风电场批量投入并网运行。上海电气与西门子公司合资共同推出 2.5 MW 和 4 MW 海上风电机组。重庆海装成立了"海上风力发电工程技术研发中心"，形成了全套产业链的整合，完成了 5 MW 海上风电机组研发。湖南湘电收购了荷兰达尔文公司，合作研发的 5 MW 海上直驱永磁风电机组已经投入试运行。金风公司在江苏大丰建设海上风电机组研发基地研制的 6 MW 直驱式海上风电机组已经下线。华锐江苏盐城海上风电机组研发基地制造的 6 MW 海上风电机组，已于 2011 年 10 月在江苏省射阳县临港产业区完成首台机组的吊装。国电联合动力研制的 6 MW 海上风电机组已经安装试运行。

7）海上天然气水合物技术进展

日本、印度、韩国等国，由于受到国内能源结构和储备的限制，对海上天然气水合物勘探开采持非常积极的态度，开展了多期次的近海天然气水合物钻探工作。2013 年，日本从爱知县附近深海成功提取出甲烷，成为世界上首个掌握海底天然气水合物采掘技术的国家（刘昌岭等，2017）。

2017 年 3 月，我国海域天然气水合物第一口试采井在南海神狐海域开钻（图 3.13），5 月 10 日至 7 月 9 日，试采连续产气 60 天，累计产气量超 30.9×10^4 m³，国际上首次成功实现资源量占全球 90% 以上、开发难度最大的泥质粉砂型天然气水合物安全可控开采，标志着我国取得了天然气水合物勘查开发理论、技术、工程、装备的自主创新，实现了历史性突破，向天然气水合物产业化迈出了关键一步。2017 年 11 月，国务院正式批准将天然气水合物列为新矿种，成为我国第 173 个矿种。

图 3.13　"蓝鲸 I"号深水钻井平台试采作业

虽然我国海洋可再生能源及海上天然气水合物开发利用技术取得了一定的进展，但距离商业化应用仍有较长的路要走，需要解决一系列技术性、经济性等问题。例如，海洋可再生能源发电装置对恶劣海况的环境适应性问题，海洋可再生能源发电技术成本过高等。现阶段海洋可再生能源及海上天然气水合物开发利用装置建造及运行成本过高、海上作业风险很大，与成熟的可再生能源及海上清洁能源发电技术相比，还不具备市场竞争力，仍需要资金和政策的大力支持。

3.3 存在的问题与差距

在国家持续支持下，部分海洋可再生能源技术取得了较好的应用效果，但总体上规模较小，推广应用能力不足，示范装置的海上抗风险能力有待检验。与国际先进技术相比，我国海洋可再生能源开发利用存在的差距主要体现在以下几个方面。

1）基础研究相对不足

适应我国资源特点的转换利用方法机理的相关研究开展得较少，导致很多技术和装置在海试过程中频频出现严重问题。具体来说，在海洋可再生能源资源调查方面，我国完成了近海海洋可再生能源资源普查，但资源精细化评估技术和方法等研究不够，难以适应电站低成本规模化建设的需要。在海洋可再生能源发电理论研究方面，跨学科、多领域交叉的应用基础研究开展较少，能量俘获与转换机理、俘获系统对海洋环境的适应性及响应控制、装置结构在海洋环境下的腐蚀及疲劳作用机理、最佳功率跟踪及负载特性匹配等基础研究亟需加强。

2）示范应用规模较小

我国潮汐能技术位居世界前列，但潮汐能电站装机容量与国际先进水平相差较大。潮流能技术示范运行时间与国际先进水平差距不大，但应用规模与国际先进水平相差一个量级。波浪能技术相比国际先进水平示范运行时间较短，可靠性和稳定性等问题仍有待长期海试的检验，波浪能示范工程仅有 1 个百千瓦级工程在运行，距离国际先进水平差距较大。

公共服务平台建设滞后。海洋可再生能源技术要从实验室阶段走向产业化应用必须经过长期、严格、系统的实海况测试验证，海洋可再生能源发电装置的海上布放和运行维护具有投资大、工程复杂、风险高等特点；同时，开展示范应用还面临着用海用地难、审批手续繁琐等问题。借鉴国外经验，建设海上公共测试场与示范区，为海洋可再生能源发电装置提供标准统一的检测与认证服务体系，是解决这一系列问题的有效手段。欧洲海洋能中心（EMEC）建于 2003 年，已经为全球数十台海洋可再生能源发电装置提供权威测试服务。相比而言，国内海洋可再生能源公共服务平台规划于 2010 年前后就已启动，但由于项目用海审批及换址调整等原因，建设进展缓慢，随着越来越多的海洋能技术进入海试示范阶段，缺乏标准测试场已经明显制约了我国海洋可再生能源技术的发展速度。

3）政策支持力度较弱

与英国等国际先进海洋可再生能源国家相比，我国海洋可再生能源开发利用资金来源以专项资金为主，财政资金、产业基金、社会融资、企业资金等多元化投入机制尚未建立，导致较多研发机构难以持续开展研究。同时，英国、韩国、加拿大等国均制定了阶段性的海洋可再生能源激励政策，而我国尚未明确海洋能强制上网电价、工程建设补贴、税收抵免等激励政策，一定程度上影响了企业及社会各方对海洋可再生能源领域的持续投入。

总体上看，海洋可再生能源资源的开发利用需要解决技术、经济成本、环境影响和基础

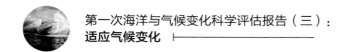
设施等多方面的问题，需要针对每种海洋可再生能源技术制定有针对性的政策措施。随着技术的成熟，主要问题将由技术问题转至成本经济性问题，对海洋可再生能源发电量给予溢价支持对于海洋可再生能源市场的形成和发展尤为重要。海洋可再生能源技术实现商业化应用后，还将面临社会环境和供应链等方面的问题。

3.4　未来方向

我国海洋可再生能源资源开发潜力巨大，但目前海洋可再生能源开发利用技术总体上仍处于单机、小规模示范阶段，短期内仍将以支撑偏远岛屿及海试装备供电需求为主。从中长期来看，对我国减缓气候变化具有重大的支撑意义。

3.4.1　海洋可再生能源开发利用节能减排潜力分析

按照国际上的一般标准折算，利用可再生能源发电比用煤炭发电每千瓦时电约减排二氧化碳和二氧化硫分别为 0.997 kg 和 0.03 kg。作为新兴可再生能源，海洋可再生能源开发利用将有助于我国减少温室气体的排放。我国近海海洋可再生能源技术可开发量约 6.47×10^8 kW，约合年发电量 1.38×10^{12} kW·h，折合减排潜力 13.8×10^8 t。如果考虑深远海海洋可再生能源资源，未来节能减排潜力将更为巨大。2020 年之前，海洋可再生能源技术总体上仍将处于应用示范期。《海洋可再生能源发展"十三五"规划》提出，到 2020 年，我国海洋可再生能源（不包括近海风能）发电装机达 5×10^4 kW（国家海洋局，2016）；海上风电"十三五"发展目标是累计装机达 500×10^4 kW，包括近海风能在内的海洋可再生能源发电装机占全部可再生能源发电装机的比重约 0.7%。

法国海洋能源研究所（FEM）预计，2025 年前后国际海洋可再生能源技术将实现商业化。预计 2030 年前后，我国海洋可再生能源（不包括近海风能）发电装机有望达到 $1\,000 \times 10^4$ kW，近海风能装机有望达到 $5\,000 \times 10^4$ kW，占我国可再生能源发电装机比重将接近 10%，将为我国能源结构调整做出重要支撑和贡献。

3.4.2　海洋可再生能源开发利用经济性分析

在当前示范应用阶段，海洋可再生能源发电成本相对于太阳能、风能等可再生能源发电成本仍处于较高水平。但在未来，随着海洋可再生能源发电成本的快速下降，海洋可再生能源的规模化应用必将对实现二氧化碳减排、应对气候变化发挥重要支撑作用。

在当前阶段，波浪能、潮流能、温差能发电装置建造成本（CAPEX）中值约为每千瓦 11 000 美元、9 900 美元、35 000 美元。2020 年前后，这一数值将下降到每千瓦 9 500 美元、6 500 美元、22 000 美元。2025 年前后，随着海洋可再生能源技术示范应用的大规模开展，发电成本将快速下降，这一数值将分别降到每千瓦不足 6 000 美元、4 500 美元、10 000 美元（IEA OES，2015）。

1）潮流能发电成本

潮流能技术相对更为成熟，技术形态较为固定，未来一段时期内，潮流能发展重点在于提高兆瓦级潮流能发电技术的稳定性和可靠性，更多地积累大规模潮流能发电场建设及运行经验，带动潮流能发电成本的持续下降。2020—2025 年，潮流能的均化发电成本（LCOE）将下降 61%（E. Sweeney，2016），达到约每千瓦时 20 美分。

波浪能发电成本。波浪能技术种类较多，技术形态尚未进入收敛期，由于波浪能技术种类较多且多数示范效果尚未有突破进展（Carbon Trust，2012），下一步还需在装置研发及示范运行上投入较多。2020—2025 年，波浪能的均化发电成本将下降 50% ~ 75%，达到每千瓦时约 30 美分。

2）温差能发电成本

从 5 MW 装置发展到 100 MW 装置（2025—2030 年）阶段，海洋温差能的均化发电成本将下降 40% ~ 80%，达到每千瓦时约 30 美分。未来一段时期内，需要积累更多的兆瓦级示范电站运行经验。

3）海上风能发电成本

海上风电成本大约是陆上风电成本的 1.5 ~ 2 倍。海上风电成本一般为每千瓦 1 700 ~ 2 000 欧元，以单位发电量核算，成本为每千瓦时 0.08 ~ 0.10 欧元（每千瓦时 0.65 元 ~ 0.82 元）。我国目前近海风电的工程造价在每千瓦 2 万元左右，是陆上风电的两倍多，风电成本在每千瓦时 0.7 ~ 1.0 元。海上风电的运行和维护成本主要取决于海上风电场的可到达性、风电机组的可靠性、零部件所涉及的供应链等情况。随着开发技术的日益成熟，近海风电的运行维护成本将会逐渐与陆上风电持平。2030 年和 2050 年我国近海风电单位投资将下降到每千瓦 12 000 元和 10 000 元。

3.4.3 海洋可再生能源开发利用愿景及策略

2030 年以前，海洋可再生能源还无法在我国能源结构调整中发挥较大作用，但在解决海岛开发与深远海开发的用电用能用水等综合需求方面，海洋可再生能源有较好的应用前景。在海岛供电方面，与大陆引电和柴油发电相比，开发利用海洋可再生能源，"海能海用"，在资源品质、开发成本、供给灵活度、清洁低碳等方面都具备十分明显的优势，而且还可以为海岛提供海水淡化、制冷等副产品。同时，海洋可再生能源在可再生能源领域中虽然起步较晚，但在深远海开发中仍最具竞争优势。

到 2020 年，我国潮流能和波浪能等主流技术有望形成装备产品，在 3 ~ 5 个典型海岛开展海洋可再生能源微网稳定示范，海洋可再生能源电站总装机容量超过 100 MW。我国海上风电并网容量将超过 5 000 MW。

到 2030 年，海上风电将成为我国重要能源，海上天然气水合物有望实现商业化开采，潮流能和波浪能技术达到国际先进水平，成为边远海岛供电的主要电源，我国海洋可再生能源

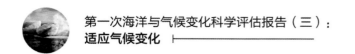

产业初具规模，具备向"一带一路"沿线国家提供海洋能开发利用技术及装备服务的能力。

海洋可再生能源资源开发利用，需要解决技术方面、经济成本方面、环境影响方面等问题。需要针对具体的技术制定针对性的政策措施。随着技术的发展成熟，要更加关注海洋可再生能源开发利用的成本经济性，必须提前考虑制定电量溢价支持等激励措施，促进我国海洋可再生能源市场的形成和发展。为实现规模化开发利用，还需要解决海洋可再生能源的环境影响及海域使用冲突等问题。综合考虑我国不同海域海洋可再生能源资源状况、地方海洋产业特点、海洋可再生能源研发力量、海洋装备制造能力、基础设施条件等因素，重点发展并打造山东海洋可再生能源综合测试及研发集聚区、浙江舟山潮流能测试及装备制造集聚区、广东万山波浪能测试及装备制造集聚区、南海海洋能综合测试集聚区等四大海洋可再生能源产业重点区域。

3.4.4　我国海洋可再生能源开发利用相关建议

为加快实现我国海洋可再生能源技术产业化进程，从而为减缓气候变化做出更大贡献，建议我国海洋可再生能源开发利用应做好以下几项重点工作。

1）加强海洋可再生能源政策支持力度

我国海洋可再生能源开发利用技术正处于产业化发展的关键阶段，亟需做好政策规划顶层设计，将海洋可再生能源发展纳入国家中长期温室气体排放发展战略，尽快发布我国海洋可再生能源中长期发展路线图，稳定行业发展预期。继续发挥公共财政资金的引领作用，积极争取中国海洋发展基金会等公募基金的支持，引导金融资金和民间资本进入海洋可再生能源开发利用领域，逐步建立多元化的资金投入机制。深入研究电价补贴、税收优惠等激励政策，推动海洋可再生能源纳入国家新能源产业政策体系，为未来海洋可再生能源发电进入全国碳排放权交易市场奠定基础，促进我国海洋可再生能源产业发展。

2）加快研发符合我国资源特点的关键核心装备

开展重点海域资源精细化勘察与评估工作，加强海洋可再生能源环境智能感知网络建设，分析海洋可再生能源时空分布特征、年际和年代变化规律及趋势，阐明大规模开发与海洋环境动力过程的耦合过程和形成机理（金翔龙，2016）。重点解决影响海洋可再生能源能量转换效率和恶劣环境下生存能力的关键问题，研发 500 kW 级潮流能机组、100 kW 级波浪能发电装置，加快提高我国海洋可再生能源装置技术成熟度，适时启动万千瓦级潮汐能电站建设。推进 10 MW 级海上风电机组设计制造关键技术研发，启动漂浮式海上风电支撑结构及其一体化研发设计。

3）实施南海海洋能开发专项工程

开展典型海岛可再生能源独立微网示范，并针对南海这一海洋温差能资源丰富的海域，全面突破氨透平、冷海水管、换热器等温差能核心设备研发关键技术，实现南海海岛供电、供冷、淡化等综合利用。同时，针对深远海海洋观测仪器，包括浮标、海床基、潜标等固定式观测平台以及水下移动式观测平台等供电问题（陈鹿等，2017），对小型温差能、波浪能电能补充系统进行产品化研发，针对深海网箱养殖、未来海上城市、海洋综合能源系统等深远海特殊需求开展多用途海洋可再生能源综合利用系统研发（麻常雷等，2016）。

建立健全海洋可再生能源技术创新体系：在高等院校探索建立海洋可再生能源交叉学科，加快专业基础人才培养。支持科研院所建立国家级海洋可再生能源技术研究中心，加大以企业为主体的自主创新力度，支持企业建立国家级海洋可再生能源工程技术中心和企业技术中心，加快产业化及中试能力建设。利用科技兴海网络，构筑科研院所与企业对接平台，建成海洋可再生能源技术成果转化基地。

3.5　总结

随着国际社会对全球气候变暖问题的日益关注，绿色清洁的海洋可再生能源得到了欧美等发达海洋国家的重视。近年来，为应对化石能源短缺、维护能源安全，能源消耗大国及进口能源国家也纷纷开始关注海洋可再生能源的发展，并将其作为战略性资源进行技术储备。我国海洋能资源可开发量丰富，因地制宜开发海洋能，可切实解决海岛发展、海上设备运行、深远海开发等用电用水需求问题，对于维护国家海洋权益、保护海洋生态环境、拓展发展空间具有战略意义。2010年以来，财政部与国家海洋局共同设立了海洋可再生能源专项资金，先后投入了10亿多元支持海洋可再生能源技术研发与示范应用，有效带动了我国海洋可再生能源技术水平的快速提升，部分潮流能、波浪能技术已达到国际先进水平，已有海洋能示范工程实现稳定运行，但距离商业化应用还有一定差距。随着"建设海洋强国"战略和"21世纪海上丝绸之路"倡议的深入推进，我国海洋可再生能源发展迎来新的战略机遇期。在持续的财政及产业激励政策的支持下，随着我国海洋能核心及关键共性技术的解决，海洋能开发利用必将为应对气候变化做出积极的贡献。

参考文献

中国科学技术协会. 2016. 2014—2015 海洋科学学科发展报告. 北京：中国科学技术出版社，181–183.

叶盛林，孟伟庆，徐春红. 2010. 实施标准战略加快我国海洋能的开发利用. 标准科学，439(12)：29–33.

陈鹿，潘彬彬，曹正良. 2017. 自动剖面浮标研究现状及展望. 海洋技术学报，36，5–6.

罗续业，夏登文. 2014. 海洋可再生能源开发利用战略研究报告. 北京：海洋出版社，7–8.

金翔龙. 2016. "十三五"期间我国海洋可再生能源发展的几点思考. 海洋技术学报，35，1–2.

国家海洋技术中心. 2016. 中国海洋能技术进展 2016. 北京：海洋出版社，2016，26.

国家海洋局. 2016. 海洋可再生能源发展"十三五"规划，5–6.

高艳波，柴玉萍，李慧清，等. 2011. 海洋可再生能源技术发展现状及对策建议. 可再生能源，29(2):152–156.

夏登文，康健. 2014. 海洋能开发利用词典. 北京：海洋出版社，1.

夏登文. 2016. "十三五"海洋能开发利用战略研究. 北京：海洋出版社，13–15.

麻常雷，夏登文. 2016. 海洋能开发利用发展对策研究. 海洋开发与管理，33，17.

麻常雷，夏登文，王萌. 2017. 国际海洋能技术进展综述. 海洋技术学报，36，7.

王传崑，卢苇. 2009. 海洋能资源分析方法及储量评估. 北京：海洋出版社，204–205.

王力峰，付少英，梁金强，等. 2017. 全球主要国家水合物探采计划与研究进展. 中国地质，44(03):439–448.

刘昌岭，李彦龙，孙建业，等. 2017. 天然气水合物试采：从实验模拟到场地实施. 海洋地质与第四纪地质，37(05):12–26.

解振华. 2016. 巴黎气候协定与中国能源产业发展. 中国科技产业，11:14–16.

BROCHARD. 2013. DCNS roadmap on OTEC. The International OTEC Symposium: 6–7.

Carbon Trust. 2012. Technology innovation needs assessment marine energy. Summary Report, 3–4.

ECORYS Research and Consulting. 2012. Blue growth: 3–5.

European Commission. 2014. Blue energy action needed to deliver on the potential of ocean energy in european seas and oceans by 2020 and beyond: 5–6.

E. SWEENEY. 2016. The future of the ocean economy-ocean energy discussion paper: 5–6.

Executive Committee of OES. 2017. Annual Report 2016. Creative Studio: 72–75.

GAO Y B, LI Y, MA C L. 2011. China funds development of new tidal current energy devices. Sea Technology, 52, 45–47.

H. JEFFREY. 2013. European arrays and array research. The 6th Annual Global Renewable Energy Conference, 3.

IEA OES. 2015. International levelised cost of energy for ocean energy technologies: 66–68.

IPCC. 2011. Special report renewable energy sources: 22–26.

IRENA. 2014. Ocean energy technology readiness, patents, deployment status and outlook: 15–16.

Renewable UK. 2017. Export nation a year in UK wind, wave and tidal exports: 15–16.

XIA D W, MA C L. 2014. New wave energy devices developed in China. Sea Technology, 55, 20–21.

第4章
海洋生态文明建设*

将应对气候变化工作与生态文明建设有机统一是建设美丽中国最迫切、最现实的工作。随着海洋生态文明建设的积极推进，海洋生态环境得到初步改善，海洋生态服务功能得到有效增强，海洋适应气候变化的能力和应对气候变化的水平逐步提升。同时，海洋适应气候变化的能力和应对气候变化的水平对海洋生态文明建设也起到积极推进作用。本章围绕生态文明建设和海洋强国战略的总体要求，阐释了生态文明建设与应对气候变化的关系，归纳总结了海洋生态文明建设的定义与内涵，评估了海洋生态文明建设在顶层设计、保护区建设、整治修复工程实施、监测与综合调查能力提升、应对气候变化的国际合作等方面对于减缓和适应气候变化方面所取得的成效。同时，以分析海洋应对气候变化所面临的形势为出发点，系统分析了海洋生态文明建设目前存在的问题和差距，主要存在海洋生态系统退化趋势尚未得到缓解、海洋生态灾害呈现多发并仍处于较高水平、海洋生物多样性保护和恢复仍面临严峻挑战、海洋酸化问题突出、保障能力不足等问题。这些问题将影响海洋领域适应和减缓气候变化的成效，因此，从"行动计划、规划布局、能力提升、国际合作"4个方面提出了未来海洋生态文明建设在减缓和适应气候变化方面应开展的重点行动，以期为积极引领应对全球气候变化、参与全球海洋治理提供决策建议。

* 首席作者：关道明　许妍　兰冬东
　　（国家海洋环境监测中心 大连 116023）

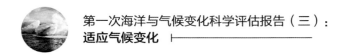

4.1 概述

在全球气候变化的大背景下，积极应对气候变化，既是习近平生态文明思想的应有之义，又是中国广泛参与全球治理、构建人类命运共同体的责任担当，更是我们实现可持续发展的内在要求。全面贯彻落实习近平生态文明思想，紧密围绕"绿色发展、循环发展、低碳发展"三大发展方式及"创新、协调、绿色、开发、共享"五大发展理念，全面推进生态文明建设是积极应对气候变化的中国实践。

海洋作为全球气候系统中的重要环节，在调节和稳定气候上发挥着决定性作用。当前不断加剧的气候变化和人类活动导致我国海洋生态系统已经或正在发生显著改变，如海平面不断上升，滨海湿地生态系统严重退化、海洋生态灾害频发等，已对我国海洋经济可持续发展及人类健康构成严重威胁。因此，积极推进海洋生态文明建设，充分发挥海洋生态文明建设与应对气候变化的双向协同效应，增强海洋生态系统质量与稳定性，提升海洋固碳增汇和沿海防灾减灾能力，对于减缓与适应气候变化、保障海洋生态安全具有重要作用。

4.1.1 海洋生态文明建设的定义与内涵

"生态兴则文明兴，生态衰则文明衰"，生态文明建设是关系中华民族永续发展的根本大计。习近平生态文明思想是习近平新时代中国特色社会主义思想的重要组成部分，是我国应对气候变化事业的战略遵循和行动指南。我国是海洋大国，海洋是我国经济社会可持续发展的重要支撑，同时也是气候变化的"调节器"与"控制器"。海洋生态文明作为社会主义生态文明的重要组成部分，在海洋领域应对气候变化方面具有突出的战略地位和重要作用，深入持久地开展海洋生态文明建设对于减缓和适应气候变化，推进海洋强国建设和美丽中国建设具有积极意义。

目前，关于海洋生态文明建设的理论研究较为薄弱，定义及内涵尚未形成统一认识。依据生态文明建设理念及政府工作报告中关于生态文明建设的要求可见，海洋生态文明建设并不局限于陆源污染控制和海洋环境保护，而是在科学技术不断发展的前提下，以新能源革命和海洋资源的合理配置为基础，改变人类开发海洋的行为模式、经济模式和社会发展模式，通过资源创新、技术创新、制度创新和结构生态化，降低人类活动的环境压力，达到海洋环境保护和海洋经济发展双赢的目的。其核心是追求人与海洋的和谐，保障海洋经济发展和海洋环境保护的和谐统一，以海洋经济的繁荣来维护海洋生态环境的平衡，以海洋生态环境的良性循环来促进海洋经济开发，两者相互促进、最终形成和谐的海洋生态文明格局。其本质包括两个方面：一是生态安全，生态安全是人类生存与发展的最基本安全需求，海洋生态安全的极端目标是防止海洋生态危机的发生，必须由海洋生态文明建设来承担此重任；二是生态公正，生态公正体现了人们在适应自然、改造自然过程中，对其权利和义务、所得与投入的一种公正评价。生态文明的目标是社会公正，包括人与自然之间的公正、当代人之间的公正、当代人与后代人之间的公正等。

综上，海洋生态文明是人与海洋和谐共生、良性循环、持续发展的一种社会文明形态。

海洋生态文明建设是这种发展理念下的实践，是以建设美丽海洋，维护、提升海洋对海洋经济及沿海经济社会持续发展的支撑能力为目标，构建人与海洋和谐共生、良性循环、持续发展的良好格局，全面支持和促进我国生态文明建设。具体内涵为以海洋资源、生态、环境承载力为基础，以人海和谐发展规律为依据，以海洋资源综合开发和海洋经济可持续发展为核心，以维护海洋生态安全为基础，以实现海洋生态公正为目标，以积极改善和优化人海关系为根本途径，建立完善的海洋管理体制，科学统筹海洋资源，深化海洋生态环境保护管理改革，积极调整海洋产业结构，有效转变海洋开发利用方式，整体推进基于人海共生的经济、社会、环境、生态文化、制度协调发展的生态文明形态（图4.1）。

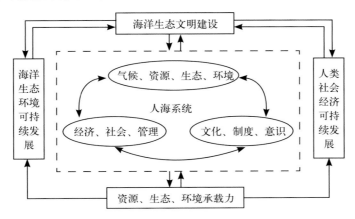

图4.1 海洋生态文明建设概念分析

4.1.2 生态文明建设与应对气候变化的关系

积极应对气候变化是推进生态文明建设的重要途径。气候是人类赖以生存的自然环境，也是经济社会可持续发展的重要基础资源。受自然和人类活动的共同影响，全球正经历着以变暖为显著特征的气候变化，已经且仍将继续影响人类的生存与发展。应对全球气候变化、防御极端气候灾害已经成为国际社会面临的重大共同挑战。生态文明建设作为人类对传统文明形态特别是工业文明进行深刻反思的成果，旨在将环境保护、资源节约、生态建设融入经济、社会和文化建设之中，推进绿色发展、循环发展、低碳发展，形成新的产业结构和经济社会发展模式。因而，生态文明建设与应对气候变化二者具有很强的一致性和互补性，也具有高度的协同性。当前，面对日益严重的全球气候变化问题，只有坚持以生态文明的理念和思路，对发展中的矛盾问题作统筹评估、理性调控、综合治理，才能化逆为顺、举一反三、突破瓶颈制约，在新的起点上实现全面协调可持续发展。因此，积极应对气候变化，维护全球生态安全是加快推进生态文明建设的根本途径，也是社会发展的必然要求。在国家政府报告和重大政策文件中，党中央、国务院多次就积极应对气候变化作出部署和批示，将应对气候变化进一步纳入生态文明建设。中国共产党第十八次全国代表大会报告中明确指出，全面促进资源节约，加大自然生态系统和环境保护力度，积极应对全球气候变化。习近平总书记在党的十九大报告指出，"引导应对气候变化国际合作，成为全球生态文明建设的重要参与者、贡献者、引领者"。习近平总书记强调，应对气候变化是中国可持续发展的客观需要和内在要求，

事关国家安全。

"减缓气候变化"与"适应气候变化"相结合已成为人类应对气候变化的重要策略。适应气候变化是通过不同手段化解气候风险，从而顺应气候变化的大趋势。从历史的角度来看，人类文明的发展伴随着适应气候的变化。适应气候变化与生态文明建设具有内在的联系，在适应气候变化中加强生态文明建设，体现了生态建设尊重自然、顺应自然和保护自然的基本内涵。合理规范人的行为成为适应气候变化，加强生态文明建设的必然要求，同时也体现了生态文明建设中的公平性和生态道德，也为生态文明建设提供了可持续的发展动力。与此同时，积极推进生态文明建设，开展生态环境保护、湿地整治修复、环境污染治理、节约资源利用、加强观测预警等系列措施和手段，对减缓和适应气候变化的影响亦具有重要作用。应对气候变化与海洋生态文明建设具有显著协同效益。应对气候变化当今全球瞩目，海洋在应对气候变化中的作用越来越重要，全球气候变化对海洋的影响也日渐加剧。海洋是地球上最大的活跃碳库，其容量约是大气碳库的 50 倍、陆地碳库的 20 倍，海洋储存了全球约 93% 的二氧化碳，吸收了工业革命以来人类活动产生的约 30% 的二氧化碳，其中，红树林、海草床和盐沼等滨海湿地的蓝碳可在海洋中存储千年之久，在减缓和适应全球气候变化和碳循环过程中发挥着至关重要的作用，在调节和稳定气候上发挥着决定性作用；与此同时，日益严重的气候变化也对海洋产生巨大影响，造成海平面和海水温度上升、海水酸化、珊瑚礁死亡、小岛屿被淹没、海洋和海岸生态系统遭破坏等问题，气候变化影响下的海洋生态系统脆弱性增强。由此可见，海洋与气候变化的关系非常密切。因此，加强海洋领域的气候变化应对是海洋生态文明建设的重要内容，同时，加强海洋生态文明建设也是沿海经济社会减缓和适应气候变化的主要途径，应对气候变化与海洋生态文明建设具有明显的协同效益。我国近海与海岸带拥有着多种海洋生境类型，集中了丰富的物种和基因多样性，具有营养储存和循环、净化陆源污染物、保护岸线等功能。此外，大洋对调节全球水动力和气候起着关键的作用，并且是主要的碳汇和氧源，对人类的生存和发展都有着不可替代的作用。伴随着沿海经济的迅速发展，我国面临着海洋生态系统退化、海洋生态灾害频发、濒危珍稀海洋生物持续减少等种种问题。在这样的形势下，应充分发挥应对气候变化工作对生态文明建设的促进作用，增强应对气候变化与环境污染防治的协同性，增强生态环境保护的整体性；抓紧调整海洋经济结构，推动绿色、循环、低碳发展；科学开发和合理利用海洋资源，形成节约集约利用海洋资源和有效保护恢复海洋生态环境的发展方式。

4.2　海洋生态文明建设已经开展的工作与成效评估

改革开放以来，我国海洋事业蓬勃发展，海洋资源管理、保护和合理开发利用水平不断提高，尤其是党的十八大以来，随着海洋生态文明建设的积极推进，海洋生态文明制度体系加快形成，重大海洋生态保护与修复工程全面开展，海洋保护区网络建设不断完善，海洋防灾减灾能力有所提升，海洋环境保护和生态建设取得阶段性成效，有效地提高了海洋应对气候变化的能力和水平，有力地支撑了海洋经济和沿海区域经济社会的快速发展。具体表现在以下几个方面。

4.2.1　海洋生态文明建设"十三五"顶层设计

当前不断加剧的气候变化和人类活动已导致全球海洋的物理、化学环境和生物生态发生了显著的变化,对海洋生态系统及服务功能产生了严重影响,海岸带区域因特殊的地理环境及与人类活动的高度关联性,气候变化产生的后果更为显著,海岸生态环境的脆弱性也愈发明显,因此,在生态文明建设的背景下,在海洋领域积极开展生态文明建设,采取有效的适应和减缓措施有效减轻气候变化带来的不利影响,对于实现我国海洋经济的可持续发展战略具有十分重要的作用,有助于解决全人类面临的全球气候变化难题。

党的十八大以来,党中央、国务院高度关注生态文明建设,同时也对海洋领域生态文明建设提出了具体要求。《中共中央国务院关于加快推进生态文明建设的意见》《水污染防治行动计划》等国家重要政策文件从海洋空间优化、海洋资源节约利用、海洋生态环境保护、制度建设等方面对海洋生态文明建设做出了系统部署。《生态文明体制改革总体方案》明确提出要健全海洋资源开发保护制度、完善海域海岛有偿使用制度。"十三五"规划纲要提出,要坚持陆海统筹,发展海洋经济,科学开发海洋资源,保护海洋生态环境,维护海洋权益,建设海洋强国。党的十九大报告中再次强调要坚持陆海统筹,加快建设海洋强国。

原国家海洋局针对党的十八大报告生态文明建设的重点任务,结合海洋生态系统的特点及《中共中央国务院关于加快推进生态文明建设的意见》《水污染防治行动计划》等文件相关要求,系统提出了《国家海洋局海洋生态文明建设实施方案(2015—2020年)》(以下简称《方案》),这是我国首个有关海洋生态文明建设的专项总体方案,为我国"十三五"期间海洋生态文明建设提供了路线图和时间表。《方案》中列出10大方面共计31项任务,主要从源头严防、过程严管、后果严究等方面提出了海洋生态文明建设的重点任务与重大工程,体现海洋生态文明建设的全过程管理要求,并辅以科技人才支撑和宣传教育等保障措施,其中有多项任务的部署对于推进海洋适应和减缓气候变化具有积极作用。

在源头严防方面,通过"强化规划引导和约束"和"实施总量控制和红线管控"两项任务从源头上增强对海洋开发利用活动的引导和约束,从总量控制和空间管控的角度对资源、环境、生态要素实施有效的管理,对资源浪费和生态破坏形成严格控制,主要以自然岸线保有率、海洋生态红线为抓手对自然岸线、海洋生态红线区内重要、敏感、脆弱的海洋生态系统实施强制保护和严格管控;同时,提出实施污染物入海总量控制任务,有效改善海洋环境。一系列海洋生态环境保护与管控措施,将从源头保护海洋生态系统健康,有效提高海洋生态系统适应气候变化的能力。

在过程严管方面,主要包括深化海洋资源科学配置与管理、严格海洋环境监管与污染防治、加强海洋生态保护与修复、增强海洋监督执法四项任务。通过资源管理配置、监督执法、监测评价等任务的实施严格保护重要海洋生态系统、特殊地理环境及海洋敏感脆弱区,同时实时掌握海洋生态系统动态变化趋势及与气候变化的响应关系;海洋和沿海生物多样性保护、海洋保护区建设、重点生态区域的整治修复等任务的实施将进一步强化海洋储碳和减缓气候

变化的能力。

在后果严究方面，提出了"施行绩效考核和责任追究"重点任务，包括健全海洋生态文明建设绩效考核机制，重点考核各级政府在海洋资源管理和生态环境保护等方面的整体绩效；建立生态环境损害责任追究和赔偿制度，建立实施领导干部问责机制等。

在支撑保障方面，确定了"提升海洋科技创新与支撑能力""推进海洋生态文明建设领域人才建设"等任务，并提出要加强海洋生态文明建设领域人才队伍建设、提升海洋科技创新能力，加强海洋科学研究的投入，研发海洋生态保护修复与污染防治技术，加强气候变化和人类活动对海洋生态系统影响机制及其定量评估研究等，以便更深入地理解海洋和气候的相互作用，从而引导全球治理行动。

4.2.2　海洋生态系统保护与修复工作取得阶段性成效

1）海洋保护区建设范围不断扩大

海洋保护区作为一种预防性的海洋综合管理工具，是应对海洋环境污染、生物多样性丧失、资源衰退及生境丧失等海洋生态系统压力的重要手段。当前，我国海洋保护区的建设已取得明显成效，已建设国家级海洋公园 48 个，国家海洋自然保护区、海洋特别保护区和海洋公园累计数量与面积不断增加（图 4.2）。截至 2016 年，各类海洋保护区共计 260 余处，占我国管辖海域的面积比例达到 4.13%，初步形成了包含特殊地理条件保护区、海洋生态保护区、海洋资源保护区和海洋公园等多种类型的海洋保护区网络体系，红树林、珊瑚礁、滨海湿地、海草床、海岛、海湾、入海河口和上升流等典型生态系统和珍稀濒危物种得到有效保护。此外，《国家级海洋保护区规范化建设与管理指南》于 2014 年颁布实施，进一步完善了海洋保护区标准体系建设。通过建立海洋保护区、保护沿海栖息地（例如堰洲岛、珊瑚礁、红树林和湿地）等管理工作，对减缓和控制海洋生态环境恶化起到了重要作用，增加了生态系统和社区的韧性，提高了海洋生态系统的恢复能力。

图4.2　国家海洋自然保护区、海洋特别保护区和海洋公园累计数量与面积

2）重大海洋整治修复工程顺利实施

海洋环境整治修复是海洋生态环境保护的有机组成部分，对于提高海洋环境质量、改善海洋生态环境具有十分重要的意义。当前生态文明建设大力推进，坚持人与海洋和谐共生、绿色持续发展的新理念，通过实施"蓝色海湾""南红北柳""生态岛礁"等海洋重要生态系统保护和整治修复工程，积极恢复滨海湿地和近海生态系统，改善海湾、河口、海岛等重要区域的海洋环境质量，保护重要的沿海红树林、沼泽和芦苇等生态资源，提升海洋生态系统质量和稳定性，对于生物多样性保护、海洋生态系统维持平衡都有积极影响，对全球气候、经济发展均发挥着重大作用。当前滨海湿地的保护和生态修复已进一步上升为履行我国二氧化碳减排承诺的手段之一。因此，作为减排增汇、减缓气候变化的途径，海洋生态系统修复和保护同等重要。实施海洋重要生态系统保护和整治修复工程，改善海湾、河口、海岛等重要区域的海洋环境质量，是保护重要的沿海红树林、沼泽和芦苇等生态资源，提升海洋生态系统质量和稳定性，满足人民对碧海蓝天、洁净沙滩的现实需要。

（1）"蓝色海湾"综合整治工程

海洋是地球系统中最大的碳库，约占其总储量的 93%。海洋在调节全球气候变化中发挥着重要的作用，全球大洋每年从大气中吸收二氧化碳约 20×10^8 t，占全球每年二氧化碳排放量的 1/3 左右。为有效改善海湾生态环境，提高海洋生态服务功能，加强海洋适应气候变化能力，自 2016 年起，国家海洋局在大连、温州等 18 个沿海城市全面开展了"蓝色海湾"综合整治工程（表 4.1）。"蓝色海湾"综合整治修复工程是对全国大陆近海（不包括港澳台）开展的一项全面综合的整治修复行动，是综合考虑不同海区自然条件、海岸类型、受损成因及海洋经济发展现状等，因地制宜，以提高自然岸线恢复率，改善近海海水水质，提升生态景观效果和海洋灾害防御能力为目标而开展的综合整治工程，是对一个区域海岸、海湾环境整体改善的综合性项目，具体包括自然砂质岸线修复、不合理构筑物拆除、滨海景观廊道建设等，实施区域主要为《国家海洋局 海洋生态文明建设实施方案（2015—2020 年）》提出的 16 个重点海湾和 50 个城市毗邻海湾，还包括各省市海洋功能区划中提出的需要整治的海湾等。

通过系统开展砂质岸滩整治工程，对受损砂质岸段实施海岸防护、人工补沙、植被固沙等整治修复，维护砂质岸滩的稳定平衡，防止海岸侵蚀。在滨海城镇区、休闲旅游区、重要生态区等，实施退养还滩（湿）、开堤通海、人工构筑物拆除等措施，改善岸滩生态环境。建设滨海休闲廊道、海岸景观等，拓展公众亲水岸线岸滩。目前共修复海岸线长 230.6 km，修复海岸带面积 $6\,565.5 \times 10^4$ m^2，沙滩整治面积 $1\,262.9 \times 10^4$ m^2，海域清淤量 $7\,090.5 \times 10^4$ m^3；恢复珊瑚面积 2×10^4 m^2，建设人工鱼礁区 1 018 亩，增殖放流鱼虾贝苗 $62\,186 \times 10^4$ 尾/粒，海湾生态环境明显改善，海洋生态服务功能不断提高，海洋生物多样性得到维护，海洋适应气候变化的能力进一步增强。

表 4.1　蓝色海湾整治行动项目一览表

序号	省（自治区）	市（县、区）	项目名称
1	辽宁省	锦州市	锦州市蓝色海湾整治行动项目
2		盘锦市	盘锦市蓝色海湾整治行动项目
3		大连市	凌水湾综合整治修复项目
4			大连市长海县广鹿岛生态岛礁建设项目
5	河北省	秦皇岛市	秦皇岛海岸整治修复工程
6			七里海潟湖湿地生态修复工程
7			海洋生态环境监控工程
8	山东省	烟台市	烟台市蓝色海湾整治行动项目
9		威海市	逍遥港岸线综合修复整治工程
10		日照市	海州湾日照港南区柽柳绿化生态修复项目
11			海州湾日照港北区港口岸线退岸还海修复整治工程
12		青岛市	胶州湾红岛南段岸线整治与生态修复工程
13			胶州湾红石崖段岸线整治
14			胶州湾西翼岸段岸线整治
15	浙江省	舟山市	海洋生态环境提升工程
16			滨海及海岛生态环境提升工程
17			生态环境监测及管理建设工程
18		宁波市	象山港梅山湾综合治理工程
19			花岙岛生态岛礁建设工程
20		温州市	海洋环境综合治理
21			沙滩整治修复
22			海洋生态廊道建设
23	福建省	平潭综合实验区	大屿岛生态岛礁建设项目
24			竹屿湾生态整治与修复项目
25		厦门市	海沧湾嵩屿码头至海沧大桥岸线整治工程
26			厦门市下潭尾滨海湿地公园二期工程
27			海洋垃圾监测、评估与防治技术业务化研究示范应用项目
28	广西壮族自治区	防城港市	广西防城港蓝色海湾整治行动
29	海南省	乐东黎族自治县	海南乐东蓝色海湾整治行动
30		陵水黎族自治区	海南陵水蓝色海湾整治行动
31	广东省	汕尾市	广东汕尾蓝色海湾整治行动
32		汕头市	广东汕头蓝色海湾整治行动

（2）"南红北柳"湿地修复工程

海草、潮汐沼泽和红树林等滨海湿地生态系统，是现今公认的重要且有效的长期碳汇，在固碳、护岸和防灾减灾等适应和减缓气候变化方面发挥着重要作用。但近年来滨海湿地面积缩减，海水自然净化及修复能力不断下降，滨海湿地生态系统受到威胁。"南红北柳"湿地修复工程是以自然恢复和人工修复作为主要手段，以生态修复和海岸防护作为主要任务，在滨海红树林、柽柳、芦苇、碱蓬等植被生存受损区域，因地制宜开展滨海湿地修复工程，南方以种植红树林为主，海草、盐沼植物等为辅；北方以种植柽柳、芦苇、碱蓬为主，海草、湿生草甸等为辅，通过退养（盐）还湿、植被修复、生境养护、外来物种清除等措施，有效恢复滨海湿地生态系统，提高滨海湿地生物多样性、恢复滨海湿地污染物消减、生态产品供给、调节气候、防风护岸等重要生态服务功能，筑牢海岸带绿色生态屏障。

工程实施以来共计修复光滩湿地、受损斑块湿地和植被稀疏湿地等滨海湿地面积 554.9 hm^2；通过幼林抚育、多种植被培育、封育、平茬、修枝等培育手段以及病害去除、防寒冻和防海洋灾害等养护和管护措施，提高湿地植被的覆盖度，改善湿地植被群落结构，湿地植被修复面积 2 042.3 hm^2。通过水系修复、生态补水等措施对受损滨海湿地生态系统的自然属性进行恢复，"绿色海岸、红滩芦花"等生态景观初步形成，可以起到护滩、防浪护堤和促淤等功效，此外，还能有效扩大海洋生物栖息地，改善湿地植被群落结构，增加湿地生境的生物多样性，提升湿地水质净化、固碳增汇、气候调节等生态服务功能，同时通过恢复滨海生态系统刺激新的碳储存，大大减少了因土地利用而造成的碳排放，有效减缓了气候变化的影响。

（3）"生态岛礁"保护修复工程

实施生态岛礁工程，重点是遏制海岛生态系统退化趋势，建立绿色、高效、宜居的海岛保护和开发利用模式，创造优良的海岛生态、生产和生活空间，推动我国海岛基本实现生态健康、环境优美、人岛和谐、监管有效，是海洋强国和生态文明建设的重要举措之一。2016年国家海洋局印发《全国海岛保护工作"十三五"规划》，以"创新、协调、绿色、开放、共享"的新发展理念为指引，将"生态+"的理念贯穿于海岛保护全过程，在保护海岛生态系统方面，提出强化海岛生态空间保护、保护海岛生物多样性、修复海岛生态系统、推动社区共建共享等工作任务。同年，印发《全国生态岛礁工程"十三五"规划》，提出构建形成基于生态系统的海岛综合管理，实施"生态岛礁"工程，推动海岛生态系统健康、生态服务功能强化、资源利用科学高效。规划中明确分区、分类实施的具体要求，将全国海岛分为渤海区、北黄海区、南黄海区、东海大陆架区、台湾海峡西岸区、南海北部大陆架区、海南岛区和三沙区 8 个分区，确立了生态保育类、权益维护类、生态景观类、宜居宜游类和科技支撑类等五类工程，主要目的是摸清重要生态价值海岛的生态本底状况，制定海岛保护名录，保护海岛生态系统，并选取典型海岛开展保护修复工程，改善海岛生态环境和基础设施，恢复受损海岛的地形地貌和生态系统。

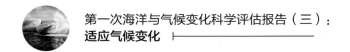

3）海洋生态红线制度初步建立

海洋生态红线制度是指为维护海洋生态健康与生态安全，将重要海洋生态功能区、生态敏感区和生态脆弱区划定为重点管控区域并实施严格分类管控的制度安排。2012 年，国家海洋局在渤海率先组织开展海洋生态保护红线试点工作，出台了《渤海海洋生态红线划定技术指南》，划定渤海海洋生态红线区 156 个，可有效保护渤海自然岸线 800 km 余、各类海洋红线区面积 1.4×10^4 km^2，占渤海总面积的 1/5。2016 年，印发《关于全面建立实施海洋生态红线制度的建议》及《海洋生态红线划定技术指南》，在全国范围开展海洋生态保护红线划定工作。截至 2017 年，11 个沿海省份已完成海洋生态保护红线划定。全国共划定海洋生态保护红线区面积约 95 080 km^2，占近岸管理海域面积的 30%；划定大陆自然岸线约 6 843 km，占大陆自然岸线的 37%。海洋生态红线的划定和制度的建立对于保护重要海洋生态区域，改善海洋生态环境质量发挥重要作用，同时也将有效提高海洋气候调节、干扰调节等生态系统服务功能，为进一步减缓气候变化发挥重要作用。

此外，《中华人民共和国海洋环境保护法》等相关法律法规修订完善以及《围填海管控办法》《海岸线保护与利用管理办法》《海域、无居民海岛有偿使用的意见》《关于加强滨海湿地管理与保护工作的指导意见》等深化改革文件相继印发实施，进一步规范优化海洋开发利用活动，将海洋资源环境保护目标、管理要求和管控措施细化到具体的空间单元，对于提高我国海洋适应全球气候变化的能力具有重要作用。

4.2.3　极端海洋生态灾害的预警报和应急响应能力有所提升

近年来，在全球气候变化背景下，由海洋与气候变化交互作用引发的极端天气事件和海洋灾害日益加剧，引起国内外的广泛关注。随着我国海洋事业的快速发展，地方海洋观测台站基础设施得到完善，海洋观测预报基础能力逐步提升。沿海地区建立了国家、省（区、市）、地市、县区四级的海洋灾害预警报服务体系，形成了较完整的海洋灾害观测预报网络。通过海洋环境立体化观测网络建设，海洋灾害的预警报能力得到强化，为沿海重点地区和重大工程应对赤潮、绿潮、水母旺发、溢油等海洋生态灾害提供了重要支撑和有效保障，进一步提高了沿海地区防御海洋灾害的能力。此外，建设海洋防灾减灾综合决策支持平台，加强了视频会商、综合调查、信息技术等现代科技手段在海洋防灾减灾中的综合集成式应用，完善重大海洋灾情的监测、预警、评估、应急救助、灾后恢复重建的指挥体系。开展海洋灾害对气候变化适应评估的试点工作，建立气候变化影响下的海洋灾害评估示范系统。除此之外，《赤潮灾害应急预案》《国家海洋局海洋石油勘探开发溢油应急预案》的制定也为沿海地区开展海洋灾害应急响应工作提供了参考。《近海预报海区划分》（201504007-T）和《海洋灾害应急响应启动等级》（201504008-T）两项行业标准编制工作也已完成。

4.2.4　海洋监测与综合调查能力进一步增强

海洋监测是进行海洋领域适应气候变化的基础。经过多年的持续建设，海洋监测网络不断趋于完善，海洋监测能力和监测手段不断提升。自开展海洋生态文明建设以来，新建30个海洋环境监测机构，在31个海洋（中心）站实施"一站多能"和能力升级改造工程，全国海洋环境监测机构总数增长到235个，海洋站点数量增加到140余个，布设在线环境监测设备120余台（套），涉及海洋生物多样性、典型海洋生态系统等海洋生态状况监测及赤（绿）潮、海岸侵蚀、海洋酸化等海洋生态环境风险监测，科学调查范围拓展到南北极以及太平洋、印度洋等区域，涉海监视监测能力显著提升，省市级海洋环境监测能力和海域使用动态监视监测能力建设得到长足发展，领海基点监视监测力度明显加大，初步形成了包括由各类浮标、潜标、卫星、雷达、飞机、船舶和岸基（岛屿）观测站点构成的海—陆—空—天立体化海洋监测系统（图4.3）。

图4.3　海—陆—空—天立体化海洋监测系统示意

此外，中国国家南北极监（观）测网初步建成，监（观）测网能够为南北极气候、环境变化监测提供支持。形成了"一船一飞机五站"（即雪龙船、"雪鹰号"直升机、南极长城站、中山站、昆仑站、泰山站、北极黄河站）的综合考察平台，新建南极罗斯海考察站和北极格陵兰考察站进入选址阶段，大洋科考已3累计执行约40个航次。截至2016年底，国家海洋调查船队已有成员船46艘，包括远洋调查船21艘和近海调查船25艘，具备了覆盖全国海区的区域服务能力，基本形成了近海、深远海乃至极地、大洋的综合调查能力。有效且长时间序列的监测观测，为开展海洋与气候变化研究提供了可靠的监（观）测数据，为减缓气候变化提供了科学依据。

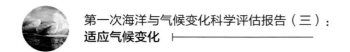

4.2.5　海洋领域应对气候变化的国际合作交流不断深化

加快海洋强国建设，我国深度参与全球海洋治理。围绕 21 世纪海上丝绸之路建设推动海洋务实合作，与柬埔寨签署了海洋领域合作谅解备忘录；与印度尼西亚、泰国、马来西亚、越南、斯里兰卡、马尔代夫、柬埔寨、印度、韩国等签署了双边海洋领域合作文件，建立了东亚海洋合作平台、中国—东盟海洋合作中心、中国—东盟海洋科技合作论坛等双边、多边合作平台；与葡萄牙、丹麦（格陵兰）、德国、美国、澳大利亚、新西兰、乌拉圭等国签署了多项合作协议或举行了双边海洋合作联委会。在非洲及小岛屿国家中，中国与南非、桑给巴尔、瓦努阿图等签署了双边海洋领域合作文件，向牙买加援建了首个联合海洋环境监测站。2014 年12 月马尔代夫出现淡水危机，国家海洋局第一时间派遣专家组参与应急技术援助工作。据统计，在《南海及其周边海洋国际合作框架计划（2011—2015 年）》框架下，国家海洋局启动实施了 70 余个海洋科技合作项目，参与国家 19 个，不断推进与海上丝绸之路沿线国家在海洋与气候变化、海洋环境保护等领域的交流与合作。先后开展了中印尼海洋与气候联合研究中心及观测站建设、东南亚海洋环境预报及减灾系统、东南亚海洋濒危物种研究、北部湾海洋与海岛环境管理等项目，为南海及周边国家提供海洋环境预报公益服务，有力地促进了社会经济发展。与意大利开展了合作示范项目"海岸带生态系统适应气候变化能力建设"，积极探索气候变化下的应对政策，并形成气候变化下的应对措施以及海岸带应对气候变化的示范经验和模式，在中国沿海地区推广。

4.3　海洋生态文明建设存在的问题与差距

当前，我国海洋事业呈现出全面发展的良好势头，海洋经济持续快速增长，海洋产业蓬勃发展，海洋法律法规与政策规划体系初步建立，海洋环境监测体系日益健全，海洋综合管控能力显著提高，海洋科技研发能力不断增强，加强海洋生态文明建设正面临着难得的历史机遇。与此同时，我们也要清醒地看到，虽然我国海洋生态环境保护工作取得了显著成效，但在气候变化和人类活动加剧的大背景条件下，受发展阶段、认知水平、开发理念等的局限，粗放型海洋资源开发方式尚未根本扭转，海洋生态修复效果有待进一步提升，海岸带、河口、海湾、滨海湿地等重要生态区的生态安全与健康形势依然严峻，仍面临滨海湿地萎缩、近海渔业资源衰退、近海水质污染等一系列突出矛盾和问题，海洋生态文明建设任务十分艰巨，应对气候变化亦面临巨大压力。

4.3.1　海洋生态系统整体退化趋势尚未得到有效缓解

1）滨海湿地和自然岸线丧失严重

20 世纪 70 年代以来，滨海湿地、珊瑚礁和红树林等典型生态系统损害程度不断加大，退化十分严重。退化的主要原因包括围填海、陆源污染及气候变化等，主要表现是各类自然湿地的面积急剧缩减，湿地环境污染严重。目前虽已通过"南红北柳"湿地修复工程、"蓝色海湾"综合整治工程，整治修复了部分湿地、海湾河口，局部重要生境有所恢复，但因实施区域和时间有限，我国海洋生态整体退化趋势尚未得到遏制。我国滨海湿地面积已累计丧失 $65 \times 10^4 \, \mathrm{hm}^2$，占比达 10%。其中，南方红树林、珊瑚礁面积分别减少 73% 和 80%，渤海主要河口芦苇湿地面积减少 60%，其他主要分布区的芦苇湿地面积因围垦及围塘养殖等开发活动也遭受了严重的破坏。海草床的分布面积缩减的更为严重，目前在辽宁、河北、山东等地难以找到海草分布区，仅在海南的高隆湾、龙湾港、新村港、黎安港和长圮港，广西的北海等还有成片的海草分布。许多湿地鸟类栖息地和觅食地消失，多种鱼、虾、蟹和贝类等重要海洋经济生物的产卵场和索饵场被破坏。

全国大陆自然岸线保有率仍不足 40%，作为公众重要亲海空间的砂质岸段侵蚀率达 50%，约 36% 的海岸带处于高、中度生态脆弱状态。海岸带防护自然灾害、维持生态平衡、维护生物多样性、固碳增汇等生态功能严重受损。海洋和滨海湿地碳库功能下降，水体净化功能降低，进而导致海洋生态环境脆弱性加强。

2）河口海湾等区域生态健康状况堪忧

土地利用、城市建设、筑堤建闸、围海造地、污染排放等人类开发利用活动正改变着海岸带和滨海平原的物理环境及其演进方向，包括水动力条件、沉积物输运、地貌形态的变化等，导致河流入海水沙通量减小、海岸湿地面积缩减、水质污染等诸多海洋生态环境问题。受陆海人为活动等多重影响，我国近岸海域劣四类水质区域集中分布在河口与海湾，全国约 10% 的海湾污染严重，近 20% 的海湾面积萎缩，自然生境丧失，许多重要经济生物栖息地被破坏，生物群落结构发生明显改变，底栖生物多样性呈下降趋势，鱼卵仔鱼数量减少；污染自净能力严重削弱，风暴潮灾害范围扩大，全国重点海湾面积有不同程度缩减（图 4.4）。全国河口、海湾生态系统有 81% 处于亚健康或不健康状态，局部海底出现荒漠化。

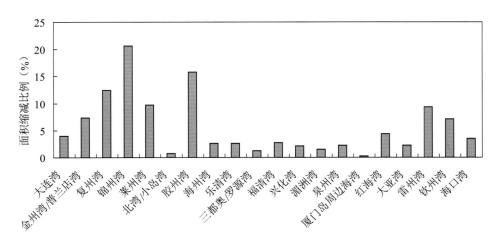

图4.4　全国重点海湾面积缩减情况

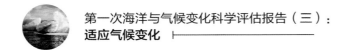

4.3.2　海洋生态灾害发生频率和严重程度仍处于较高水平

1）赤潮、绿潮与金潮发生次数有所增多

海洋赤潮是威胁我国近岸生态环境安全的主要环境灾害。1933—2017 年共累计发生海洋赤潮的次数为 1 394 次，赤潮累计发生面积 25.7×10^4 km^2（如图 4.5）。研究表明，富营养化是全球范围内有害藻华发生频率日益增加的重要原因之一，从 20 世纪 70 年代以来，我国近海的赤潮发生频率不断提高，发生次数以每 10 年约增加 3 倍的速率上升，同时，发生区域、规模和危害效应也在不断扩大，发生区域与我国近岸中、重度富营养化区域基本一致。21 世纪以来，我国赤潮灾害进入高发期，每年赤潮发生的次数为 41 ～ 105 次，渤海近岸海域、浙江近岸海域、厦门及珠江口近岸海域相继暴发大面积赤潮灾害。2017 年，全海域共发现赤潮 68 次，累计面积约 3 679 km^2，其中，东海赤潮发生次数最多，赤潮累计面积最大。2008 年，青岛近海海域首次暴发大规模绿潮灾害，面积达 25 000 km^2，实际覆盖面积达 650 km^2，直接经济损失 13.2 亿元人民币，并威胁到我国奥运会的成功举办。2009—2017 年，绿潮继续发生，损失依然严重，山东、上海、江苏、浙江、福建均受到影响，其中 2009 年，南黄海沿岸海域浒苔绿潮覆盖面积为 2 100 km^2，绿潮最大影响面积达 58 000 km^2，为近 10 年来最大（图 4.6），直接经济损失约 6.4 亿元，对海洋环境、景观及生态服务功能以及沿海经济发展产生严重影响。

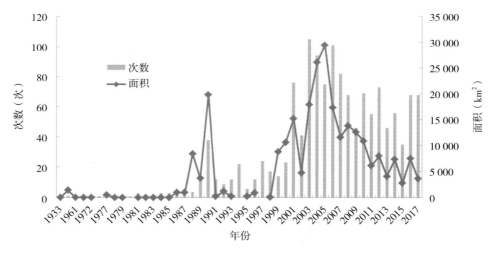

图4.5　我国近岸海域赤潮发生次数与面积变化趋势

值得注意的是，2015 年以来的漂浮马尾藻发现频次和分布面积均呈大幅上升态势，这预示着继赤潮、绿潮之后，金潮将成为另一个可能对我国沿海地区造成巨大影响的生态灾害。2016—2017 年，南黄海海域累计监测到的金潮分布面积超过 3×10^4 km^2，单次最大分布面积达 7 700 km^2。东海海域累计监测到的金潮分布面积近 20×10^4 km^2，单次最大分布面积逾 6×10^4 km^2。马尾藻金潮大规模暴发，对沿海城市旅游、近海渔业、水产养殖等生产生活产生不利影响，造成严重经济损失。

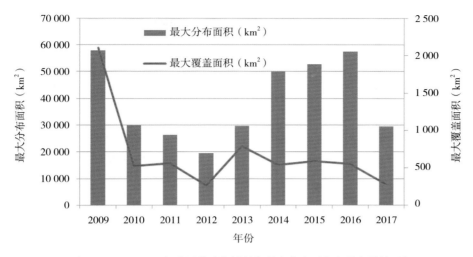

图4.6　2009—2017年我国沿岸海域绿潮最大分布面积和最大覆盖面积

2）局部岸段海岸侵蚀与海水入侵灾害严重

受气候变暖、海平面上升和频繁风暴潮等因素，以及海滩和海底采砂、海岸工程修建等人类活动的影响，我国砂质和粉砂淤泥质海岸侵蚀依然严重，局部岸段侵蚀长度和侵蚀速度加大，海水入侵局部区域加剧，对我国沿海社会经济和生态环境安全构成重大威胁。海岸侵蚀主要分布在地质岩性相对脆弱的岸段，包括营口市盖州—鲅鱼圈岸段、葫芦岛市绥中岸段、秦皇岛岸段、龙口至烟台岸段、江苏连云港至射阳河口岸段、崇明东滩岸段、雷州市赤坎村岸段、海口市新海乡新海村和长流镇镇海村岸段（图4.7）。2017年，海南琼海博鳌印象和三亚亚龙湾东侧监测岸段侵蚀严重，侵蚀速度均超过 6.0 m·a^{-1}，辽宁绥中、盖州和山东招远等地侵蚀海岸长度和侵蚀速度有所下降（表4.2）。海水入侵灾害严重地区位于渤海滨海平原，主要包括辽宁营口、盘锦、锦州和葫芦岛，河北秦皇岛、唐山、黄骅沿岸，山东滨州和莱州湾沿岸。该区海水入侵范围大，近岸站位氯离子含量和矿化度高。监测显示，2011—2017年，渤海滨海地区辽宁盘锦和葫芦岛监测区海水入侵距离有所增加，辽宁锦州监测区近岸站位氯离子含量明显升高。黄海滨海地区海水入侵程度较轻，但江苏连云港监测区海水入侵范围逐渐扩大，部分站位氯离子含量明显升高。东海和南海沿岸海水入侵范围较小，海水入侵程度基本稳定，但广东茂名监测区海水入侵距离呈缓慢上升趋势，一些居民区的饮用水井和农用灌溉水井已受海水入侵影响。

此外，自20世纪末起，东海、黄海和渤海大规模水母暴发频繁出现；继长江口、珠江口海域夏季贫氧区继续扩大后，渤海夏季低氧区也不断扩大，含氧量不断降低。随着经济的发展，在人为活动造成的负面环境效应和全球气候变暖的双重叠加作用下，我国海洋灾害和极端天气过程发生频率较高，造成巨大的经济损失，年均损失约150亿元，因此，要加强灾害防范，提高防灾意识。

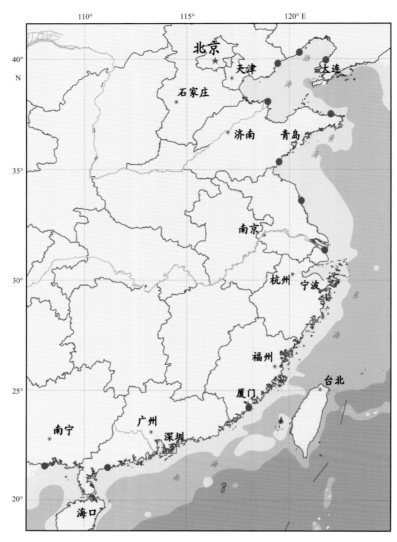

图4.7　我国沿海海岸侵蚀重点岸段分布图

表4.2　2017年重点监测岸段海岸侵蚀情况

重点岸段	侵蚀海岸类型	监测海岸长度（km）	侵蚀海岸长度（km）	最大侵蚀速度（m·a⁻¹）	平均侵蚀速度（m·a⁻¹）
辽宁绥中	砂质	81.3	4.4	13.1	26
辽宁盖州	砂质	22.1	1.0	8.3	1.6
山东招远宅上村	砂质	1.5	1.2	3.6	1.1
山东威海九龙湾	砂质	2.2	1.5	7.0	1.2
江苏振东河闸至射阳河口	粉砂淤泥质	61.3	42.0	162	10.5
上海崇明东滩南侧	粉砂淤泥质	48.0	2.7	20.0	1.6
福建高罗海水浴场	砂质	0.2	0.2	0.7	0.4

续表

重点岸段	侵蚀海岸类型	监测海岸长度（km）	侵蚀海岸长度（km）	最大侵蚀速度（m·a⁻¹）	平均侵蚀速度（m·a⁻¹）
广东惠东红海湾	砂质	3.3	3.3	12.8	2.1
广东茂名市电白县澳内海村	砂质	0.4	0.3	5.1	3.8
广东雷州市龙塘镇赤坎村	砂质	0.5	0.5	6.1	3.3
广西涠洲岛石螺口至滴水村	砂质	2.5	2.5	0.5	0.3
广西涠洲岛后背塘至横岭	砂质	5.7	5.7	1.6	0.5
海南琼海博鳌印象	砂质	1.9	1.7	18.4	6.1
海南三亚亚龙湾东侧	砂质	4.1	4.1	18.6	6.2
海南昌江核电长南侧	砂质	2.6	2.6	8.2	2.5

4.3.3 海洋生物多样性保护与恢复面临严峻挑战

1）海洋珍稀濒危物种受到威胁

在全球海洋生物多样性整体形势严峻的背景下，我国海洋生物多样性状况也不容乐观。我国拥有大部分海洋生态系统类型，是海洋生物最为丰富的国家之一。我国记录海洋生物约占世界已知海洋生物物种总数的11%，居世界第三位，我国海洋生物多样性在世界上占有重要地位。然而随着我国沿海区域社会经济的迅速发展，各种不合理的资源开发活动加之全球气候变暖的影响，使得近海海洋生物多样性受到严重威胁。据统计，我国海洋物种受威胁比例达3%～5%，54种沿海水鸟和457种其他海洋物种处于极危和濒危状态，其中，中华白海豚、儒艮等28种海洋生物被列为国家一级和国家二级保护物种。影响我国海洋生物多样性的主要因素是近海生物资源过度开发、栖息地被破坏、气候变化等。此外，近年来，沿海滩涂和近海的养殖、捕捞活动对近海海洋生物的生存和繁衍造成严重威胁，严重影响海洋经济生物资源的可持续开发利用。近年来，虽然我国海洋保护区面积和数量呈现不断上升趋势，但尚未形成海洋保护区网络体系，仍然存在海洋保护碎片化、分散化，海洋生物多样性养护能力不足，保护区面积小，布局有待优化等问题。

2）海洋渔业资源严重衰竭

海洋渔业资源作为自然资源的重要组成部分，其在全球粮食安全、经济和社会发展方面发挥着至关重要的作用。随着科学技术的提高和市场需求的不断扩大，海洋渔业在过去的60年内快速发展，不仅捕捞海域范围在地理上大幅度扩张，捕捞深度也在不断地向深海加大，高捕捞强度导致目前全球高达1/3的鱼类种群处于过度开发或衰退状态。加之气候变暖导致的海水温度变化会直接影响鱼类的摄食、产卵、洄游、死亡等，进而影响鱼类种群及群落的变化，最终影响渔业资源分布。全球范围内渔业资源的持续衰退暗示海洋生态系统正面

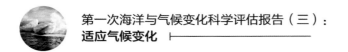
临严峻的考验。

气候环境变化与人类过度捕捞活动破坏了鱼类栖息地，导致种群衰退，优质渔业资源数量锐减，渔业资源结构组成小型化。我国近海优质渔业资源量比 20 世纪 60 年代减少近一半，捕捞对象也由 20 世纪 60 年代大型底层和近底层种类转变为目前以鳀鱼、黄鲫、鲐鲹类等小型中上层鱼类为主。传统渔业对象如大黄鱼绝迹，带鱼、小黄鱼等渔获量主要以幼鱼和 1 龄鱼为主，约占渔获总量的 60% 以上，经济价值大幅度降低，渔业资源已进入严重衰退期，渔业种类资源几近枯竭，传统的渔汛也已不复存在。据文献记载，在大亚湾及其邻近水域出现的鱼类约有 400 种，其中绝大多数具有较高经济价值，但近年来，通过对大亚湾海洋资源进行摸底调查，仅发现 200 多种鱼类，比原有的 400 多种减少了约一半，鲷科、石斑等名贵种类越来越少，原来产量很高的大黄鱼、小黄鱼由于资源严重衰退，许多种类已面临绝种的威胁。过度捕捞海洋中的重要消费者会改变海洋生物的群落格局，食物网结构简单化，进而使得海洋生态系统对气候变化更加敏感，人类活动与气候变化之间的协同作用，往往加剧了对海洋生态系统的负面影响。与此同时，海洋酸化、海洋低氧区等问题会对海洋生物生存提出挑战，进而威胁渔业，影响食物供应。

4.3.4 海洋酸化问题日益突显

海洋作为大气二氧化碳的汇，每年约吸收人类排放二氧化碳总量的 25%，对缓解全球变暖具有重要作用，但海洋持续吸收大气二氧化碳会导致海水的 pH 和碳酸钙饱和度降低，产生海洋酸化问题。目前，全球表层海洋 pH 较工业革命前下降约 0.1，如果不能有效地减缓二氧化碳的排放，21 世纪末大气二氧化碳将达到 750 ~ 1 000 μatm，海表 pH 将进一步下降 0.2 ~ 0.3，相当于氢离子浓度比工业革命前升高 100% ~ 150%。最新研究表明，北极是海洋酸化比较严重的地区，预测本世纪中叶整个北冰洋会被酸化水体覆盖，比太平洋或大西洋的酸化进程要快 4 倍以上。海洋酸化将改变海水碳酸盐系统中不同形态无机碳的比例，从而对海洋生态系统产生深远的影响。

海洋酸化会直接降低碳酸钙饱和度，因此钙化生物包括钙化藻类、珊瑚及贝类等将首当其冲受到影响。如贝类和珊瑚等的外壳或骨骼由文石形态的碳酸钙（$CaCO_3$）构成，其钙化作用依赖于海水中的文石饱和度（$\Omega_{文石}$）。实际观测显示在比正常海水低 0.2 ~ 0.3 的 pH 条件下，很多钙化生物的骨骼难以形成；若 pH 继续降低，一些螺类外壳趋于溶解。海洋酸化对钙化生物还会产生间接影响，使其存活率、生长率降低，防御性响应紊乱等。此外，海洋酸化对非钙化生物也会造成负面影响，如影响仔鱼的存活率、生长率以及成鱼的呼吸作用、血液循环及神经系统等。举例来说，珊瑚礁是地球上生物多样性最丰富的生态系统，同时也是对海洋酸化极为敏感的脆弱生态系统，有实验表明海洋酸化可降低珊瑚的钙化速率，实际上降低了珊瑚构建自身骨骼的能力，也因此降低了珊瑚礁抵御外界风暴的能力，有数据表明，大堡礁的钙化率已经降低。据预测，若大气二氧化碳浓度持续上升，到 2050 年温带水域珊瑚礁的生长将受到严重威胁，到 2100 年 70% 的冷水珊瑚礁将会暴露于酸化水域，从而打破它们赖以生存的重要生态系统的平衡。海洋酸化也会对非钙化生物产生影响，以小丑鱼为例，海洋酸化除了影响鱼类发育，还能通过刺激神经递质导致鱼类行为异常，正常情况下，小丑鱼通过嗅觉感知找到它最适宜的生活地带，但酸化会导致这种感知遭到破坏并产生混乱，甚至误导其被吸引到他们的天敌跟前而不是回避天敌。因此，海洋生物已经面临来自海洋酸化的巨大威胁。

4.3.5　保障支撑能力有待进一步提高

海洋环境监测是海洋环境保护的基础工作，也是政府监督管理海洋环境的基本手段，在认识海洋和管理海洋方面具有特殊的重要性，但是与发达国家相比，我国海洋生态环境监测系统的完整性、监测能力和技术水平尚待提高，对反映特定生态系统特征的关键性海洋生态指标鉴识不足。环境理化指标作为参考数据，只能间接反应生物的生存状况，不能全面测定或者预测生态系统的变化，而我国海洋生态监测技术的发展滞后于理化要素监测技术，尚处于起步阶段。其次，高新技术手段应用滞后，监测时效性不高，海洋生态环境在线、视频、遥感监测等立体动态高新技术的应用滞后，难以取得高时效、高覆盖的海洋环境监测数据，无法满足日益提高的海洋防灾减灾和海洋生态环境保护需求。

此外，由于科学技术支撑不够，导致当前我国海洋生态管理效率和效果不高，主要体现在对以下问题的认识不足：海洋生物关键生境的分布、变化及其机制；海洋生态系统结构、过程和功能；海洋与流域之间和海岸带的海与陆之间各类海洋生物栖息地的关联性；海洋生态系统健康与服务功能之间的非线性关系；海洋与气候变化之间的关系等。导致了对社会经济发展与海洋／海岸带生态系统健康之间的密切关联了解不够，现有生态补偿标准、生态整治与修复的科学依据不充分，使海洋生态系统的经济价值被严重低估或未能纳入许多海洋／海岸带综合管理决策之中，严重影响了我国海洋生态环境管理的实施效果。

4.4　未来方向

海洋经济日益成为国民经济新的增长点，加之人口趋海化发展和陆域资源逐步匮乏，高度依赖海洋的经济社会发展势态将长期存在并不断深化，海洋资源环境面临着较大的开发压力。当前，倡导蓝色经济、推进海洋生态文明、建设海洋强国，突出的瓶颈制约是资源环境，突出的短板也是资源环境。为此，必须妥善处理好沿海经济社会发展和海洋生态环境保护之间的关系，做好生态环境保护的顶层设计，加强对海洋资源开发利用的宏观把握，实现海洋生态环境质量总体改善，这既是建设海洋强国的应有之义，也是推进海洋生态文明建设的目标要求，关系人民福祉，关乎民族未来。依据党的十八大报告和党的十九大报告中对生态文明建设的要求，以生态文明建设的重点任务为基础，结合海洋生态文明建设的特点及目标，从遏制我国海洋生态环境恶化趋势，增强海洋应对气候变化的能力，保障海洋生态环境与经济社会健康可持续发展角度，研究提出了未来海洋生态文明建设适应气候变化的行动建议。

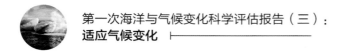

4.4.1 行动计划

1）海洋产业绿色发展行动计划

实现低碳发展将是中国协调经济发展与应对气候变化的必然选择。节约能源、优化能源结构，转变经济发展方式，走绿色发展、低碳发展道路，既是我国应对气候变化的核心对策，也是我国突破资源环境的瓶颈性制约、实现可持续发展的内在需求，两者具有协同效应。因此，未来海洋领域适应气候变化的主要方向之一既是践行绿色发展理念，以绿色发展理念构建现代海洋产业体系。充分发挥碳排放强度、总量及峰值目标的引导、约束、倒逼作用，加快扶持培育海洋战略性新兴产业，推进海洋优势产业转型升级，择优发展新型高端临海产业，建立健全绿色低碳、循环发展的现代海洋经济体系。健全应对气候变化和低碳发展目标责任和评价考核体系，推进碳排放权交易市场建设。提高海洋环境准入门槛，杜绝落后和严重过剩产能以及高耗能、高污染、高排放项目用海，推动海域资源利用方式向绿色化、生态化、低碳化转变，协同打好污染防治攻坚战。

根据不同区域资源禀赋、区位特点与产业基础，按照"大项目—产业链—产业集群—制造业基地"发展思路，实施差异化发展战略，引导临港重化产业集聚发展。针对海洋环境质量下降、水产养殖空间萎缩等问题，以生态理念谋划海洋渔业发展，加快推进标准化海水健康养殖，合理控制近岸海水养殖规模，促进海水养殖由近岸向近海、远海转移；严格控制近海捕捞强度，大力发展远洋渔业，积极发展水产品精深加工业，提高远海、大洋资源开发能力，推动传统海洋渔业加快向现代海洋渔业转变。重点培育发展海洋生物医药、海洋工程装备制造、海水综合利用、邮轮游艇产业等海洋新兴产业，加快建设一批资源节约型和环境友好型海洋新兴产业示范园，增强产业集中度和综合配套能力，努力形成以海洋战略性新兴产业为主导，以生态渔业、现代海洋服务业、生态旅游、临港工业为支撑的海洋优势产业格局。

大力发展海洋循环经济，优化海洋产业结构及区域布局，科学规划海岸线、滩涂、海岛和海域的使用，加快深水区油气和可燃冰勘探开发步伐。加快推进海水资源综合利用，提高潮汐能、波浪能等海洋能的开发利用水平。综合利用渔业资源，加快发展海洋资源循环利用类产业，鼓励海洋开发产业废物循环利用，完善再生资源回收体系，推动海洋循环经济的技术创新，重点开展海洋循环经济关键技术研发，积极开展有关海洋循环经济的信息咨询、技术推广，推动海洋产业链向海洋资源综合利用方向延伸，努力实现以最低的海洋资源消耗和环境成本支撑海洋经济的可持续发展。

2）海洋生态保护与修复行动计划

积极开展海洋生态保护与修复是适应气候变化、保护海洋生物多样性和防止海洋生态环境全面恶化的最有效途径之一。未来应坚持自然恢复为主，人工修复为辅的原则，积极建立陆海统筹的生态系统保护与修复机制，在重点河口、海湾、滨海湿地等重要生态功能区实施生态修复工程，有效保护重要生态系统，恢复滨海湿地、海洋生态系统功能。将海洋生态修复纳入沿海地方政府各类发展规划，以"蓝色海湾""南红北柳""银色海滩""生态岛礁"等重大生态修复工程为带动，在中央和地方层面统筹推进滨海湿地修复、岸滩整治、海湾河口综合治理等工程实施。积极探索"流域—河口—海湾"系统性综合整治修复新模式,实施退养还滩(湿)、截污治污、调水调沙、增殖放流、人工鱼礁等治理措施,有效提升海洋生态系统质量和稳定性,增强海洋生态系统适应和减缓气候变化的能力。

实施海岸带保护修复工程,建设生态海堤,提升抵御台风、风暴潮等海洋灾害能力。实施最严格的岸线管控措施,合理布局生产、生活和生态岸线,最大程度增加生态岸线,重点抓好滨海湿地保护与修复,优化调整沿海沿岸产业结构,加强海岸线相近陆域管理。实施海岸建筑退缩线制度,严守 200 m 退缩线和自然岸线保有率;按照海岸自然结构,构筑"滨海内地带—滩涂过渡带—近岸水体带"的防护林综合防御体系和海岸缓冲带,维护珊瑚礁、红树林、海滩沙丘等重要海防林生态系统的完整性。

继续加大海洋保护区选划力度,对典型湿地生态系统、珍稀物种栖息地及迁徙洄游通道、经济物种索饵及繁殖区等生态环境敏感区域实施有效保护,填补生态网络中海洋空白区,进一步完善海洋保护区网络体系建设。对暂不具备条件划建保护区的,也要因地制宜,通过纳入海洋生态红线区范围等方式,对生态地位重要的海洋区域进行抢救性保护。针对滨海湿地、红树林、海湾等重要生态系统和生物多样性优先保护区域开展调查,全面开展典型海洋生境和海洋生物多样性的长期连续监测与评价,摸清我国海洋生态家底和潜在生态风险。重点对 98 个海洋生物多样性优先保护区域开展调查与评估,建立海洋生物多样性信息管理系统,加强珍稀濒危海洋生物和生产种质资源的就地和迁地保护及保护地之间连接区域的保护,构建生态廊道和生物多样性保护网络,增强生态网络栖息地之间的连通性,以便增强生物多样性对气候变化的适应力。

4.4.2 规划布局

1)海洋蓝色空间保护开发布局规划

空间开发失衡、区域发展不协调,是造成我国生态环境持续恶化的重要根源,也是海洋生态环境恶化的重要原因。随着我国沿海经济发展进入新阶段,海洋资源环境约束日益趋紧,海洋生态产品供需矛盾更加突出,加快转变海洋空间开发方式、创新海洋空间保护模式、提升海洋空间开发保护质量和效率的需求更加迫切。在海洋生态基础调查、海洋生态环境相关调查的基础上,对我国海岸带和近岸海域开展基于生态系统的海洋功能区划研究,确定我国海洋重要生态安全区和保护关键区,提出要优先保护的区域。严格落实海洋生态红线制度、《海洋主体功能区划》和《海洋功能区划》,充分考虑海洋资源禀赋特征,以海洋资源环境承载力为基础,坚持陆海统筹,准确把握陆域和海域空间治理的整体性和独特性,做好陆海统筹规划,优化海洋生产和生态保护的空间结构和布局,统筹开展流域—海域的产业结构调整和布局规划,使产业结构和布局等与海洋资源环境承载能力相适应。积极推进"多规合一",做好陆海发展定位、发展规划、空间布局等有效衔接,正确处理好产业结构调整、布局优化与海洋生态环境保护之间的关系,科学用海管海,实施动态分类的差别化管理,宏观调控海洋开发秩序,注重开发强度和开发规模管控,合理开发利用沿海滩涂资源和海岛资源,稳定

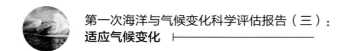
滨海湿地等自然生态空间面积，初步形成科学合理的海洋空间开发格局。

2）海岸带综合利用与保护规划

编制海岸带综合利用与保护规划，实施自然岸线保有率控制管理，合理配置和管理岸线资源，协调各类岸线开发建设活动，调控海岸线开发布局和强度，严格控制占用海岸线的开发利用活动，突出海岸线的社会服务功能和生态服务功能。加强海岸防护设施建设，大力开展沿海防护林和基础防护能力建设等，有效应对风暴潮、近岸浪和海岸侵蚀等极端海洋灾害，加强海岸带和沿海地区适应气候变化和海平面上升的能力。此外，进一步加强海岸带管理，提高沿海城市和重大工程设施的防护标准，控制沿海地区地下水超采和地面沉降，采取陆地河流与水库调水、以淡压咸等措施，应对河口海水倒灌和咸潮上溯。

严格限制高耗能、高污染、低水平重复建设项目用海，合理布局沿海港口、滨海城镇和临港工业区，减少对自然岸线等的破坏。在渤海等生态脆弱区域，暂停围填海项目和区域用海规划审批，对其他符合限批情形的区域，暂停审批该区域内除污染防治、循环经济及生态修复以外的涉海工程建设项目。围填海工程要求增产不增污，污水应纳入污水管网集中处理，确保工程实施后区域污染物排放总量不增加。设置污水排污口的围填海工程，在入海排污口和周边海域设置自动监测设施，开展长期监测与评估。优化海洋工程建设项目海域使用论证和环境影响评价制度，建立用海者、专家、行政部门相互制约的论证体系，对不同生态区域进行差别化论证，并强化区域用海规划与海洋工程建设项目环境影响评价的衔接联动，构建海洋战略环评体系。

4.4.3 能力提升

1）海洋生态灾害风险防范响应能力

充分发挥国家适应气候变化战略的导向作用，统筹考虑气候变化对保障我国海洋生态安全可能带来的重大影响和系统性风险。实施海洋灾害生态风险调查和重点隐患排查工程，掌握风险隐患底数。建立海洋生态环境灾害及重大突发事件生态风险评估制度，完善海洋生态环境灾害危险源调查技术及标准，开展全国近岸海域赤潮、溢油、温排水、危险化学品、放射性物质等海洋生态污损灾害的危险源普查，划定海洋生态灾害高风险区，明确区内开发活动类别、规模及相关要求。

推进大型工程风险排查，建立大型涉海工程的海洋生态灾害风险评价体系，对规划、建设、使用中的大型涉海工程进行风险预判、评价与排查，制定相应对策，启用"断链减灾模式"降低海洋生态环境灾害的风险隐患。加大海洋赤潮（绿潮）及其他生态灾害、海水淡化、危险化学品事故和海上溢油应急处置等技术攻关投入，加强海洋生态灾害风险动态监管能力建设，建立健全应急响应技术支撑体系，提升海岛地区灾害监测预警、防灾减灾、应急处置、灾害救助、恢复重建的能力和水平。根据区域海洋生态环境突发事件风险特征，落实风险防控措施，制定和完善突发事件处置应急预案，建立健全陆海统筹的应急响应机制和跨部门信息通报制度，明确预警预报与响应程序、应急处置及保障措施等内容，依法及时公布事故信息。

2）海洋监测预警能力

加快实施海洋生态环境保护大数据工程，将"全球海洋立体观测网"纳入"海洋重大工程"，完善国家海洋环境监测网络，建成由我国自主建设，主要覆盖我国管辖海域的国家海洋立体监（观）测系统，形成覆盖我国 300×10^4 km² 主张管辖海域的高密度、多要素、全天候、全自动的海洋立体监（观）测能力，推动"互联网+""海洋生态+"与海洋环境监测监管的有效融合与创新发展，形成国家—省—市—县海洋环境立体监测"一张网"，国家地方行业"一盘棋"，数据信息监控"一幅图"的海洋生态环境监测新局面。以海洋综合管理和可持续发展战略需求为牵引，分区分类规划岸基、近岸和近海海域、大洋极地、南海岛礁等监测业务。统筹兼顾，一站多能，实现监测与排污监督、开发监管、海洋灾害、生态环境、产业调控、风险预警等的协同联动，增加对海平面上升、海水中二氧化碳、海水入侵、土壤盐渍化、河口海水倒灌等与气候变化紧密相关要素的监视监测工作，全面掌握气候变化对海洋的影响。

3）海洋科技创新能力

实施"科技兴海"战略，强化科技创新对海洋生态文明建设的引领作用。围绕国家战略需求，加强海洋应对气候变化的能力，把握气候变化及其影响规律，深化有关气候变化的海洋基础研究，在一批重大基础科学上取得突破，发展海洋战略性前瞻技术，着力突破一批重点行业、生态关键核心技术，推动海洋科学整体水平的提高，重点开展海平面上升对我国海洋动力环境的影响，气候变化对我国近海平面变化机制和预测研究，沿海及近海区域对气候变化的响应与对策研究等重大前沿问题研究；加强海洋监测和预报预警技术、海洋生态保护技术和海岸带管理技术、海洋生态系统的保护和恢复技术研究；开展近海固碳能力、碳捕获和碳埋藏技术的研发；基于卫星遥感的海洋碳循环监测系统的研制等。

推进海洋科技成果转化和产业化，加强海洋科技投融资平台建设，积极推进产学研协同创新，发挥企业在成果转化中的主体作用，推动形成区域海洋科技产业联盟。支持海洋产业技术研发转化中心和孵化基地建设，推进海洋工程技术（研究）中心、海洋技术成果转化和高新技术产业化基地、海洋技术推广中心建设，引导海洋新兴产业等领域科研成果加快转化。

4.4.4　国际合作

1）引导应对全球气候变化

我国将继续引导应对气候变化国际合作，成为全球生态文明建设的重要参与者、贡献者和引领者。加强海洋领域应对气候变化的能力建设和法制建设，通过增加海洋碳汇等手段，提高海洋适应气候变化特别是应对极端天气和气候事件能力。建立气候变化影响调查评估体系和业务化监测体系，在我国管辖海域、临近大洋和两极地区开展海洋关键气候要素长期观测，加强监测、预警和预防，提高对未来气候变化的预测水平，提高独立开展区域和全球气候变化科学事实评估、海洋对气候变化影响评估的能力，开展海平面上升、海洋生态系统退化等对我国沿海经济社会影响的监测调查和趋势分析工作。积极应对海平面上升，在制定国家与地方发展规划和决策时，应该将应对海平面上升提到社会经济可持续发展的战略高度，从保障海洋经济发展、促进海洋生态文明建设、参与全球海洋治理等方面做好相关工作。加强在海洋防灾减灾体系、区域经济发展规划、市政工程建设和海上划界等活动中对海平面上升因素的考虑，增强沿海地区应对气候变化的能力。提高对厄尔尼诺等全球气候变率现象及其区域响应的预测、预报水平。

全面掌握我国管辖海域的二氧化碳源汇分布格局，在全国近海生态系统开展海洋酸化风险普查，识别沿岸上升流、富营养化和河流冲淡水等因素对海洋酸化现象的强化作用，确定中国近海受海洋酸化影响的敏感区域和主要影响因素，提高应对海洋酸化的环境风险评估和预警能力，增强海洋生态系统适应气候变化的能力，在海洋领域为国家应对气候变化战略做出应有的贡献，服务于我国的沿海经济社会发展、防灾减灾和参与国际气候变化谈判工作。大力推进国际海洋交流与合作，进一步发挥我国在国际双边、多边海洋治理中的主导作用，积极开展自然环境与社会经济影响的多学科合作研究，共同应对海平面上升影响。与易受到海平面上升直接影响的小岛屿国家联合开展观测预测、风险评估和科学应对工作，构建基于海洋合作和面向未来的蓝色伙伴关系，共同减轻海洋灾害风险，共建海洋发展利益共同体。

2）积极参与全球海洋治理

当前，全球海洋面临着海洋酸化、海洋污染、海洋防灾减灾、海洋生物多样性降低等诸多挑战。海洋问题的频发和海洋问题的广泛性与复杂性，迫切需要全球海洋治理加以应对。为此我国应积极参与全球海洋治理，共同推进蓝色经济发展和"一带一路"海上合作，着力解决突出的海洋环境问题，构建政府为主导、企业为主体、社会组织和公众共同参与的海洋治理体系。积极参与落实《联合国2030年可持续发展议程》目标的第14项"可持续使用海洋和海洋资源"的有关工作。加强与各国的合作联动，构建蓝色伙伴关系，加强沟通、经验分享与能力建设，共同应对我们在海洋领域面临的挑战。

聚焦海洋合作机制建设，建立稳定的对话磋商机制，进一步拓展合作领域，加强资源共享，打造多元平台，积极推进蓝色经济、海洋垃圾（微塑料）、防灾减灾、国家管辖海域外生物多样性养护、海洋酸化、海洋脱氧和蓝碳等重大国际议题的研究。要立足实际，加强全球海洋治理的本土化以及中国参与全球海洋治理的路径研究，积极参与全球海洋环境制度、全球海洋安全制度与全球海洋法律制度的设计与重构，进一步加强我国海洋制度与国际海洋制度接轨，增强我国在全球海洋事务中的话语权，扩大我国的国际影响力，提升我国在全球海洋治理中的地位，有效维护和拓展国家在蓝色经济、极地、国际海底、公海保护区、海洋垃圾、地球工程等领域的合法权益。在全球治理支撑体系上，加强智库建设，依托业务专项，选划南极特别区域，推动北极航道利用，更加积极、主动地参与极地国际治理，为极地治理提供中国方案、贡献中国智慧。

参考文献

于思浩 . 2013. 海洋强国战略背景下我国海洋管理体制改革 . 山东大学学报（哲学社会科学版），
　　6:153–160.

马彩华，赵志远，游奎 . 2010. 略论海洋生态文明建设与公众参与 . 中国软科学增刊（上），
　　(S1):172–177.

中国海洋可持续发展的生态环境问题与政策研究课题组 . 2013. 中国海洋可持续发展的生态环境问
　　题与政策研究 . 北京：中国环境出版社 .

毛惠萍，何璇，何佳 . 2013. 生态示范创建回顾及生态文明建设模式初探 . 应用生态学报，24(4):
　　1177–1182.

方春洪，刘堃，王昌森 . 2017. 生态文明建设下海洋空间规划体系的构建研究 . 海洋开发与管理，12:
　　89–93.

中共中央文献研究室 . 2017. 习近平关于社会主义生态文明建设论述摘编 . 北京：中央文献出版社 .

孔昊，彭本荣，刘容子，等 . 2018. 气候变化对中国海洋经济可持续发展的影响 . 海洋环境科学，
　　37(1):116–124.

张青年 . 1998. 中国海岸带的资源环境及可持续发展 . 湖北大学学报（自然科学版），20(3):302–307.

刘家沂 . 2007. 构建海洋生态文明的战略思考 . 今日中国论坛，36(12)：44–46.

许妍，梁斌，马明辉，等 . 2016. 我国海洋生态文明建设重大问题探讨 . 海洋开发与管理，33(8):
　　26–30.

初建松 . 2011. 基于生态系统方法的大海洋生态系管理 . 应用生态学报，22(9):2464–2470.

刘慧，苏纪兰 . 2014. 基于生态系统的海洋管理理论与实践 . 地球科学进展，29(2)：275–284.

刘健 . 2014. 浅谈我国海洋生态文明建设基本问题 . 中国海洋大学学报（社会科学版），2: 29–31.

杨平 . 2013. 着力加强生态文明制度建设 . 辽宁行政学院学报，15(11): 109–113.

谷树忠，胡咏君，周洪 . 2013. 生态文明建设的科学内涵与基本路径 . 资源科学，35(1): 2–13.

何越，蔡怡，陈幸荣，等 . 2017. 海洋气候变化预估及研究方法综述 . 海洋预报，34(6):89–98.

周宏春 . 2013. 生态文明建设的路线图与制度保障 . 中国科学院院刊，28(2):157–162.

国家海洋局 . 2014. 2013 年中国海洋经济统计公报 .

国家海洋局 . 2007—2016. 2006—2015 年中国海洋环境质量公报 .

国家海洋局 . 2014. 2013 年中国海洋灾害公报 .

国家海洋局 . 2016. 2015 年中国海平面公报 .

国家海洋局 . 2016. 2015 年海域使用管理公报 .

国家海洋局 . 2016. 国家海洋局海洋生态文明建设实施方案 .

国家海洋局第三海洋研究所 . 2013. 中国海洋生物多样性保护战略与行动计划研究报告（2013—
　　2030）.

赵景柱 . 2013. 关于生态文明建设与评价的理论思考 . 生态学报，33(15): 4552–4555.

徐春 . 2010. 对生态文明概念的理论阐释 . 北京大学学报（哲学社会科学版），1：61–63.

徐胜 . 2011. 我国战略性海洋新兴产业发展阶段及基本思路初探 . 海洋经济，(1): 6–11.

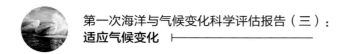

袁红英,李广杰.2014.海洋生态文明建设研究.济南:山东人民出版社.

贾卫列,杨永岗,朱明双,等.2013.生态文明建设概论.北京:中央编译出版社.

曹忠祥,高国力.2015.我国陆海统筹发展研究.北京:经济科学出版社.

黄勤,曾元,江琴.2015.中国推进生态文明建设的研究进展.中国人口.资源与环境,2(25):111-120.

European Commission. 2013. EU biodiversity strategy to 2020-Towards implementation, http://ec.europa.eu/environment/nature/biodiversity/comm2006/2020.htm.

Ki-Moon B. 2014. The Road to Dignity by 2030: Ending Poverty, Transforming All Lives and Protecting the Planet. Synthesis Report of the Secretary-General on the Post-2015 Agenda, New York: United Nations.

Lu Y L，Nakicenovic N，Visbeck M et al., 2015. Five priorities for the UN sustainable development goals. Nature, 520(7548) : 432-433.

第5章
沿海重大城市群适应气候变化[*]

近几十年来，中国沿海城市化进程使得沿海城市成为人口、经济、社会的核心区域，但是，由于沿海城市的特殊地理位置使其极易遭受海洋灾害的侵袭，而气候变化加剧了海洋灾害的影响，尤其是京津冀、长江三角洲、珠江三角洲等沿海重大城市群，更易形成灾害链、灾害群的复合影响，成为容易遭受灾害侵袭并造成重大损失的高风险区。本章以风暴潮、海平面变化、咸潮等为关注点，系统、扼要分析中国沿海重大城市群面临的主要海洋风险，适应气候变化所面临的挑战，分析了三大沿海城市群区域内的应对气候变化行动，全面评估了目前中国沿海城市为应对气候变化所采取的措施及效果产出，在此基础上查找目前沿海城市群适应气候变化所存在的问题与差距，针对中国沿海重大城市群适应气候变化在今后工作中应重点关注的方面和领域，提出了未来发展方向。

  *   首席作者：董剑希[1] 李涛[1] 于福江[1] 宋翔洲[2,3]

（1. 国家海洋环境预报中心 北京 100081；2. 自然资源部国土空间规划局 北京 100812；3. 河海大学 南京 210098）

5.1 引言

城市是由社会、经济、资源、环境与灾害等要素通过相互作用、相互依赖、相互制约所构成的复杂动态地域系统（徐志胜等，2004）。沿海城市作为人口聚集、国民经济、社会发展重要区域和战略中心，自然灾害特别是海洋灾害带来的损失是剧烈的、致命的，尤其是沿海集中连片城市的人口、产业、基础设施高度集中，使得海洋灾害的致灾程度增强，引发灾害链、灾害群的可能性也增大，气候变化则更进一步加大了影响，沿海城市成为容易遭受灾害侵袭并造成重大损失的高风险区。改革开放以来，我国经历了世界历史上规模最大、速度最快的城市化进展，特别是广大沿海城市，迅速集聚了大量的人口、产业和财富。中国沿海地区以全球陆域面积的1%，承载了全球人口总量的8%，创造了全球经济总量的9%，产生了国际贸易总量的7%，其中沿海城市的贡献不容小觑，在我国社会经济发展中举足轻重。

在特定的区域范围内云集相当数量的不同性质、类型和等级规模的城市，以一个或两个特大城市为中心，依托一定的自然环境和交通条件，城市之间的内在联系不断加强，共同构成一个相对完整的城市"集合体"，称之为城市群。目前，在我国的沿海地区，从北至南已经形成了京津冀（北京、天津及河北地区）、"长三角"（上海、杭州）、粤港澳大湾区（广州、深圳、珠海、香港、澳门）3个特大型的城市群。这三大沿海城市群在我国经济总量和发展中占据着主导地位，并将在未来很长一段时间内引领中国经济的发展。

近年来，受全球气候变化以及极端气候事件频发的影响，我国沿海地区各类海洋灾害发生的频率和影响不断加大，给沿海地区造成了严重的经济损失和人员伤亡（图5.1），根据《中国海洋灾害公报》，近5年（2013—2017年）海洋灾害造成年均115.52亿元的直接经济损失。沿海城市受风暴潮、海平面上升、咸潮等海洋灾害的威胁与日俱增，需要深入开展在气候变化条件下如何减缓海洋灾害对沿海城市，尤其是沿海重大城市群海洋灾害风险，提高适应性和韧性，快速有效地实现灾前预防、灾中应急、灾后恢复，提高城市安全和保障能力，从而实现沿海城市的和谐发展。

目前，我国城市适应气候变化的研究和实践处于起步阶段。通过对全球401个大型城市适应气候变化能力进行的评价，我国入选的城市大部分处于无适应措施或适应措施不足的情况（Araos et al.，2016）。近几年，我国对气候变化的适应越来越关注和重视，先后发布了《国家适应气候变化战略》（2013）、《城市适应气候变化行动方案》（2016）以及《关于推进城市安全发展的意见》（2018），并在2016年启动了以全国28个城市作为第一批入选城市的气候适应性城市建设试点。这些战略、方案的出台和气候适应型城市试点建设，对我国气候变化适应，尤其是城市适应气候变化提出了战略性、指导性的框架和对策，极大地提升了对气候变化适应的认识和重视程度，有效地推动了沿海城市的气候适应能力建设。但总的来说，目前我国沿海城市，尤其是沿海重大城市群适应气候变化工作还处在初始探索的阶段，还没有形成针对气候变化的区域性特征和具体沿海城市实际的有系统性、科学性的城市适应气候变化能力建设对策体系。由于本报告主旨为海洋领域的气候变化适应，因此，本章主要阐述海洋灾害的影响及适应。为加强我国沿海重大城市群在海洋领域适应气候变化能力，本章聚焦于我国沿海的 3 个重大城市群，以沿海城市面临的风暴潮、海平面上升和咸潮等主要海洋灾害为切入点，详细介绍我国沿海重大城市群气候变化条件下面临的灾害影响、适应气候变化所面临的挑战、已经采取的适应措施及效果评估、目前仍存在的问题及差距，以及在上述综合分析的基础上未来的适应措施与建议。

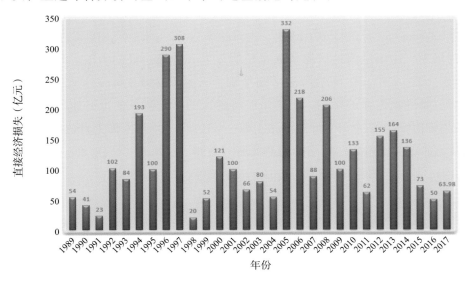

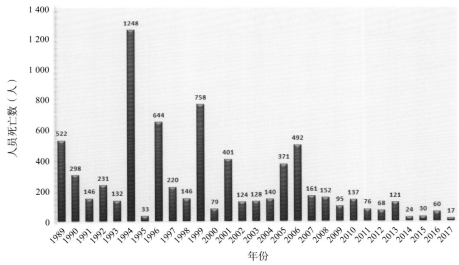

图5.1　1989—2017年海洋灾害造成的直接经济损失和人员死亡数

利用历年《中国海洋灾害公报》数据整理

5.2　海洋灾害影响及带来的挑战

我国沿海城市面临的主要海洋灾害包括风暴潮、海浪、咸潮等，同时海平面上升也是不容忽视的，在气候变化的影响下，海平面上升，风暴潮、巨浪的发生频率和强度增加，海岸侵蚀、海水入侵和土地盐碱化加剧，同时沿海城市聚集着大量的人口与密集的产业，使得中国沿海城市面临着巨大的灾害风险。

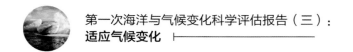

5.2.1 沿海城市面临的海洋灾害风险

1）海平面高度持续上升，加剧了沿海城市海洋灾害影响

19世纪中叶以来，全球海平面上升速率高于过去2000年的平均速率，1901—2010年，全球平均海平面上升了0.19 m；同期，全球平均海平面上升速率为1.7 mm·a⁻¹；1971—2010年，上升速率为2.0 mm·a⁻¹；1993—2010年，上升速率为3.2 mm·a⁻¹（IPCC，2013）。在全球气候变暖的背景下，中国沿海地区海平面也呈明显上升趋势。根据中国沿海海平面监测数据显示，1980—2017年，中国沿海海平面平均上升速率为3.3 mm·a⁻¹，高于全球平均水平（图5.2）。受局地因素的影响，中国沿海各地区的平均海平面上升速率有明显的区域性差异。分析中国沿海107个海平面监测站1980—2015年平均海平面上升速率分布情况可以发现，上升最为显著的岸段由北到南分别是黄河三角洲、莱州湾、长江三角洲、珠江三角洲和海南东部沿海，平均上升速率超过4 mm·a⁻¹（李响等，2016）。

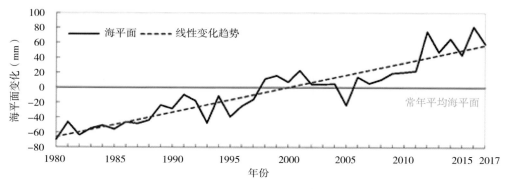

图5.2 1980—2017年中国沿海海平面变化
引自《2017年中国海平面公报》

何霄嘉等（2012）研究表明，海平面上升对沿海地区最直接的影响是高水位时可能淹没范围扩大。中国海岸带海拔高度普遍偏低，尤其是长江三角洲、珠江三角洲、环渤海周边地区，海平面小幅度地上升将导致陆地大面积存在受淹风险。预计海平面上升1 m，长江三角洲海拔2 m以下的1 500 km²的低洼地将受到严重的影响或淹没；海平面上升0.7 m，珠江三角洲海拔0.4 m以下的1 500 km²的低洼地将全部被淹没（李平日等，1993）；海平面上升0.3 m，渤海湾西岸可能的淹没面积将达10 000 km²（夏东兴等，1994），天津全市面积的44％将低于高潮海面，其中塘沽、汉沽全境几乎都处于淹没风险范围（韩慕康等，1994）。

海平面上升大大加剧了海洋灾害的危险性。我国易受海平面上升影响的海洋灾害主要有风暴潮（含近岸浪）、咸潮、海岸侵蚀、海水入侵和土地盐渍化等。海平面上升直接导致风暴潮淹没范围急剧扩大，在渤海湾西岸的沿海低洼地区，海平面上升0.5 m，风暴潮淹没面积将增加50%，海平面上升的同时还使得平均海平面及各种特征潮位相应增高，水深增大，近岸波浪作用增强，进一步加强风暴潮和近岸浪的强度；海平面上升使得咸潮上溯增强，咸界范围将逐年上升，尤其在珠江三角洲城市群，将严重影响居民生活用水，农业用水和城市工业生产等；我国目前海岸侵蚀长度约为3 708 km，海平面上升将导致海岸侵蚀不可逆以及重塑海岸剖面，破坏海岸工程，削弱海岸综合防护能力。

2）风暴潮影响仍居首位，加大了城市低洼地区海水倒灌风险

沿海城市由于其特殊的地理位置和密集的城市群建设决定了主要的气候风险因子来自海洋，而风暴潮灾害是威胁沿海经济发展的海洋灾害之首（图5.3）。西北太平洋和南海海域是全球台风最为活跃的海域，全球约有30%的热带气旋在这里生成，因此，我国沿岸是包括北大西洋西部和印度洋北部在内的三大台风风暴潮高发区，随着沿海城市社会经济的迅猛发展，风暴潮灾害造成的经济损失和社会影响呈不断增加的趋势。2013—2017年，中国沿海的风暴潮灾害就造成了年均102.08亿元的直接经济损失（国家海洋局，2014—2018），1989年至今，海洋灾害造成的直接经济损失呈缓慢上升趋势，其中风暴潮造成损失约占90%以上（图5.3），单是1713"天鸽"台风风暴潮就造成广东省直接警戒损失51.54亿元（国家海洋局，2018）。沿海城市防范风暴潮灾害是海洋防灾减灾工作的重中之重。

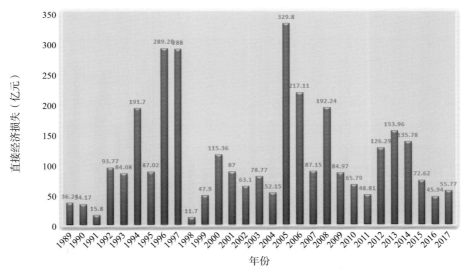

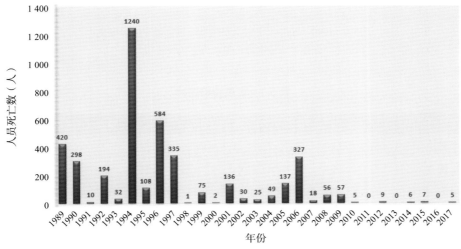

图5.3　1989—2017年风暴潮灾害造成的直接经济损失和人员死亡数

利用历年《中国海洋灾害公报》数据整理

国际上一般认为，海拔 5.0 m 以下的海岸区域为易受海平面上升、风暴潮灾害影响的脆弱区和危险区（沈文周，2006），而包括天津、上海和广州在内的大城市频临海岸，海拔普遍较低，大部分仅 2.0 ~ 3.0 m，沿海城市低洼地区面临被风暴潮倒灌的巨大风险（董锁成等，2010）。气候变化所导致的温度上升、海平面升高、地面沉降等将会加剧风暴潮灾害对沿海城市的影响，过去 30 年间，西北太平洋的台风潜在破坏力增加了约 75 %（Emanuel，2005；雷小途等，2009）。图 5.4 表明，我国沿海超警戒（高潮位超过当地警戒潮位）风暴潮年代际变化呈现明显的上升趋势（于福江等，2015），特别是在 80 年代前期至 90 年代中期，上升幅度较大，之后小幅震荡起伏。超警戒潮位反映了风暴潮强度以及和天文潮位的叠加情况，因此超警戒潮位的发生主要取决于两方面因素：一是风暴潮强度；二是天文潮位高度。气候变化从这两个方面均可影响沿海超警戒风暴潮变化。近 10 年，在西北太平洋和我国南海生成的热带气旋较常年显著减少，但超强台风的比例和登陆台风的比例增加较为明显，特别是强台风及以上级别登陆的比例明显增加（表 5.1），表明由台风引发的风暴潮和巨浪等海洋灾害呈增加趋势，沿海城市的风暴潮灾害风险也显著增加。

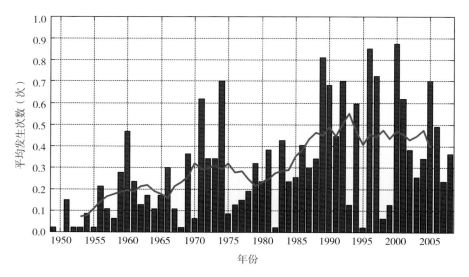

图5.4　1949—2008年中国沿海风暴潮超警戒年代际变化

引自《风暴潮对我国沿海影响评价》

表 5.1　台风资料统计

统计因子	近 10 年（2009—2018 年）	常年（1951—2008 年）
台风生成个数	24.4	27.2
超强台风比例	25%	21.8%
登陆我国个数	7.7	7.8
登陆比例	31.6%	28.6%
最强登陆强度（m·s⁻¹）	70 m·s⁻¹（1409 号"威马逊"）	60 m·s⁻¹（0608 号"桑美"）
强台风及以上登陆比例	30.7%	12.9%

中国沿海的三大城市群均是位于河口附近，是受风暴潮灾害威胁最为严重的区域之一（图5.5），而根据《2017年中国地级以上城市房地产开发投资吸引力研究报告》（莫天全等，2017）统计，沿海三大重大城市群的经济总量占全国达到了39％，风暴潮所引发的海水倒灌风险对沿海城市群的经济影响不容小觑。

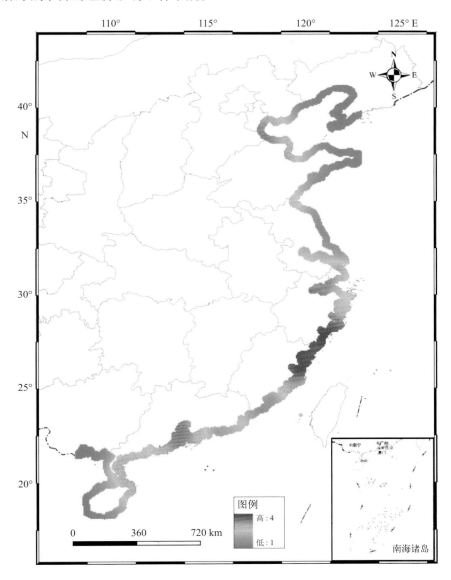

图5.5　中国沿海风暴潮灾害危险性分布

引自《风暴潮对我国沿海影响评价》

3）河口区咸潮影响持续，影响了沿海城市用水安全

长三角和珠三角等沿海大型城市群所在河口地区是海洋与河流的交互带，其水资源几乎完全依赖于上游来水，这种由淡咸水交互作用的河口水资源生态与经济服务功能，受所谓入海径流与潮汐双重作用的制约，变化非常敏感。咸潮过度入侵威胁水生生物的生存繁殖、正常供水

等，尤其是沿海城市区域，一旦遭遇咸潮入侵的影响，必将带来生态与经济损失，如2007—2008年珠江口强咸潮事件影响了广州地区和珠海各水厂的供水（罗琳等，2010）、2004年珠江口持续了近5个月的海水倒灌影响了1 000万人的饮用水（孔兰等，2011）等。由于水资源利用程度的提高，许多河流入海径流在减少，尤其是枯水季节低水流量持续时间增大，河口水文情势的改变致使长期形成的咸潮入侵平衡状态受到破坏，咸潮上溯区域扩大、发生机率增大、持续时间增加、咸潮危害加重，如2017年钱塘江口所发生的4次咸潮入侵过程就严重影响了杭州南星水厂的取水，其中，两次造成取水停止时间分别超过了28 h和44 h（国家海洋局，2018b）。此外，咸潮还会造成地下水和土壤中的盐度升高，给沿海城市的生态环境和植物生存造成严重的影响，如水的限度超过0.4%，则农作物饮用后半个月后就会停止生长，就会死掉。

4）海岸侵蚀局部影响大，持续威胁港口—河道航运

随着海平面上升和台风、风暴潮等海洋灾害加剧，沿海城市海岸侵蚀加剧，使海滩、码头、护岸堤坝、防护林受到破坏和威胁。海平面上升导致潮位上升、强潮频率增多、潮差加大，海岸侵蚀加剧，河北秦皇岛北戴河新区岸段2014—2017年累计侵蚀距离4.9 m，其中2017年平均侵蚀距离1.3 m（国家海洋局，2018b）。海平面上升也破坏海岸区侵蚀堆积的动态平衡，改变海岸附近沙堆的分布，或导致泥沙的堆积逐渐占优，引起航道淤塞，使海港水深降低，妨碍功能的正常发挥，甚至使其报废。此外，随着海平面上升，长江、珠江等河面上升，河上桥洞净空减少，可能导致不能通航大型船舶，影响河道航运。港口和河道航运是沿海城市群发展的生命线，其受到威胁，会造成沿海城市对外交通联系减弱，对沿海城市群发展将产生严重影响（董锁成等，2010）。

5.2.2　气候变化对沿海城市造成的挑战

中国沿海重大城市群不但是中国城镇化进程的重要区域，也是未来城市人口的重要承载区。随着要素、人口、产业不断向沿海城市集中，未来中国沿海城市也将成为高密度、规模庞大的承灾体。中国沿海城市因临近海洋、地势低平、受气候变化带来的海平面上升、海洋灾害等影响逐步增加，更容易成为海洋灾害风险巨大、遭受损失严重的高风险区，同时气候变化加剧了海洋灾害对沿海城市带来的日益严峻的挑战。

1）城市暴露程度持续增高

暴露度是指人员、生计、环境服务和各种资源、基础设施，以及经济、社会或文化资产处在有可能受到不利影响的位置（郑菲等，2012），通常运用暴露元素来说明危险地区的暴露程度。暴露程度不仅与致灾因子本身的特征有关，如海洋灾害的频率、强度和持续时间，也同时与组成部分的特征有关，如城市布局、经济水平和防护能力等有直接的联系。随着人口产业向沿海城市的高度聚集，暴露性持续增高，中国沿海地区以全球陆域面积的1%，承载了全球人口总量的8%。庞大的经济、人口聚居体使得沿海城市的暴露度日益加强，脆弱性也不断加强。

2）海洋灾害危险性增强

沿海城市受到全球气候变暖的直接影响，气温持续升高、海平面不断波动上升，风暴潮、巨浪等自然灾害呈现增强的趋势。统计数据表明，近 10 年（2009—2018 年）超强台风比例为 25%，常年（1951—2008 年）为 21.8%；强台风及以上强度登陆我国沿海地区的比例为 30.7%，而常年这一比例为 12.9%；近 10 年的最强台风登陆时风速为 70 m·s^{-1}，常年为 60 m·s^{-1}。这一组数据表明由台风引发的风暴潮和巨浪等海洋灾害呈增加趋势，沿海城市的风暴潮灾害危险性呈现显著增加趋势，潮位观测数据也表明这一特征。2017"天鸽"与 2018 年"山竹"风暴潮影响珠海、深圳等沿海城市后，沿海潮位重现期发生明显变化。位于珠江口西岸的横门站潮位重现期由 200 年一遇降为 50 年一遇，三灶站潮位重现期由 100 年一遇降为 50 年一遇；珠江口东岸的赤湾站潮位重现期由 100 年一遇降为 50 年一遇。

3）海洋灾害风险加剧

尽管近年来我国沿海城市适应气候变化的政策、举措和行动不断付诸实施，但由于对适应气候变化的认知是一个过程，同时我国沿海城市群近些年的建设却是日新月异，部分城市的建设速度远远超前于规划。沿海城市群虽有开展了部分适应气候变化工作，但是由于脆弱性的不断增加、海洋灾害危险性的增强，沿海城市承受的海洋灾害风险也不断加剧。这给沿海城市群适应气候变化的能力提出了更高的要求。

5.3　全国沿海城市开展的工作与成效评估

沿海城市适应气候变化下的海洋灾害风险是一项复杂系统的工程。一般而言，适应的方法有制度性适应、技术性适应和工程性适应。针对不同的海洋灾害风险类型、不同的海洋灾害风险区域以及不同的涉海产业，可以根据适应需求选择不同的适应手段。

制度性适应是指通过政策、立法、行政、税收、管理等制度化建设，促进沿海城市增强适应海洋灾害的能力，如借助灾害保险、教育培训、科普宣传等领域的政策激励措施，为增强适应能力提供制度保障。

技术性适应是指通过科学研究、技术创新等手段，增强适应能力，例如，开展海洋灾害风险评估，研发海洋灾害监测预警技术，开发沿海城市海岸带适应技术等。

工程性适应是指采用工程建设措施，增加社会经济系统在物资资本方面的适应能力，包括修建海防堤坝、环境基础设施、海洋灾害监测台站等。

三种类型适应手段需要相互之间配合使用，促进沿海城市更好地适应气候变化。近年来，在国家相关政策的支持下，沿海城市开展了很多卓有成效的工作，提升了应对海洋灾害的能力，也提升了应对气候变化影响下海洋灾害的能力。

1）开展涉海法律法规建设，沿海城市综合减灾顶层设计得以加强

我国逐步加强沿海城市适应气候变化方面的法律法规建设。2016 年 2 月，为积极应对全球气候变化，落实《国家适应气候变化战略》的要求，有效提升我国城市的适应气候变化

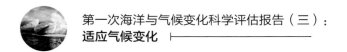

能力，国家发展和改革委员会、住房城乡建设部印发《城市适应气候变化行动方案》即启动气候适应性城市建设试点。2012年3月1日国务院发布《海洋观测预报减灾条例》。该条例为加强海洋观测预报管理，规范海洋观测预报活动，防御和减轻海洋灾害，为经济建设、国防建设和社会发展服务而制定。

沿海城市防灾减灾救灾体制建设也在逐渐完善。为了保障沿海地区人民生命财产和沿海、海上生产活动的安全，我国从20世纪60年代中期起建立了海洋灾害观测预报和防灾减灾体系，半个多世纪以来，对减轻海洋灾害损失发挥了较好的作用。近年来，随着海洋灾害观测预报技术的发展和海洋灾害重点防御区的划定与建设，海洋防灾减灾工作取得了长足的进步。2016年12月19日，中共中央、国务院印发《关于推进防灾减灾救灾体制机制改革的意见》（以下简称《意见》），提出要坚持以防为主，防抗救相结合，坚持常态减灾和非常态救灾相统一，努力实现从注重灾后救助向注重灾前预防转变，从应对单一灾种向综合减灾转变，从减少灾害损失向减轻灾害风险转变。《意见》着眼当前我国防灾减灾救灾工作中机制体制方面的制约因素，提出了一系列举措，如探索建立京津冀、长江经济带、珠江三角洲在灾情信息、救灾物资、救援力量等方面的区域协同联动机制，与其他文件共同形成了沿海重大城市群加强灾害风险管理、综合减灾工作和适应气候变化的顶层设计和纲领性文件。

2017年7月，国家海洋局印发《贯彻落实〈中共中央 国务院关于推进防灾减灾救灾体制机制改革的意见〉工作方案》（以下简称《方案》）。该《方案》以党中央对我国综合防灾减灾救灾的最新决策部署为指引，制定了海洋防灾减灾体制机制改革发展的总体目标，从完善法规制度、健全体制机制、提升综合减灾能力、加强组织领导等方面对做好新时期海洋防灾减灾工作做出全面部署，形成了"4大板块＋16项任务"的总体改革框架，对推动建立"央地结合、综合协调、有法可依、广泛参与、布局完整、支撑有力"的海洋防灾减灾业务体系具有重要意义。

2018年10月10日，习近平总书记在中央财经委员会第三次会议上发表重要讲话时强调，加强自然灾害防治关系国计民生，要建立高效科学的自然灾害防治体系，提高全社会自然灾害防治能力，为保护人民群众生命财产安全和国家安全提供有力保障。会议也指出，要针对关键领域和薄弱环节，推动建设九大重点工程，其中之一为实施海岸带保护修复工程，建设生态海堤，提升抵御台风、风暴潮等海洋灾害能力。上述法律法规和重要讲话，为沿海城市适应气候变化和做好防灾减灾工作提供了思想和行动的指南。

2）构建多级海洋预报体系，预报与减灾能力逐步提高

目前，我国已经形成了包括1个国家级、3个海区级、11个沿海省级的三级海洋预报体系，部分地市级海洋预报台，尤其是一些沿海大城市如上海、广州等也具备了基本满足当地需要的海洋灾害预警报业务能力，并在"十二五"期间推动并组建了国家海洋局海啸预警中心开展中国海区海啸预警工作。各级预报机构服务于管辖海域内的政府机构和涉海企业，为海洋预警预报和防灾减灾做出了贡献，目前，海洋预报服务方式由单一要素预报警报向目标综合性预报综合保障转变，服务领域由物理海洋学向环境海洋学及生态海洋学拓展。近些年来，通过持续不断的投入，目前，全国沿海已经实现了海洋预报远程视频会商制度，覆盖国家、海区、省级、市（县）及海洋预报机构，海洋预报人机交互工作平台投入使用，保证在海洋灾害影响期间，提前预判、按时预警、持续滚动地发布海洋灾害的预警预报服务，为沿海应对海洋灾害提供预警预报和决策信息支持，海洋预报产品的影响力也在不断增强。

在海洋预报机构系统日渐成熟的同时，为提高海洋灾害风险管理和防范能力，完善中国海洋防灾减灾工作，2011 年底，国家海洋局海洋减灾中心成立，负责国家海洋减灾业务系统的建设和运行管理，开展海洋灾害公共服务和决策服务等工作，随后，省级减灾机构如山东省海洋预报减灾中心等也相继成立，为沿海省市的海洋防灾减灾工作提供产品服务和技术保障。随着海洋减灾机构体系的完善和海洋减灾工作的开展，海洋预报减灾的人员队伍不断增加，人才结构也得以不断优化，为我国的海洋预报和防灾减灾工作持续健康开展奠定了坚实基础，也为沿海城市开展适应气候变化工作创造了条件。

3）完善海洋灾害应急管理能力，涉海综合管理水平逐步增强

灾害应急管理是体现国家或地方政府灾害应对能力和管理水平，维护社会稳定，减少国家财产损失，保障人民群众生命财产安全的重要措施。为有效应对海洋灾害，最大限度地减少海洋灾害对沿海城市带来的损失，近年来我国不断加强海洋灾害应急管理工作，逐步完善海洋灾害应急管理的机构体系、法制、体制、机制以及预案体系，建立了统一领导、综合协调、分类管理、分级负责、属地为主的海洋灾害应急管理体制，与国家减灾委员会、国家防汛抗旱总指挥部、国家防震减灾委员会和国家海上搜救部际联席会议建立了有效衔接机制，成为国家防汛决策服务的"三驾马车"之一。同时，初步具备海洋灾害应急管理的法律依据，在海洋灾害应急管理方面，我国现行有关法律法规有《海洋观测预报管理条例》《海洋环境保护法》《海上交通安全法》《防治海岸工程建设项目污染损害海洋环境管理条例》等 10 多部有关海洋灾害应急管理方面的法律法规。制订了主要海洋灾害的应急预案，在国家层面，自然资源部先后发布了《全国海洋石油勘探开发重大海上溢油应急计划》《赤潮灾害应急预案》以及《风暴潮、海啸、海冰灾害应急预案》等。在地方层面，天津、河北、山东、江苏等大部分沿海省、市都编制了有关风暴潮、海浪、海冰以及应对海洋石油污染的应急预案，如浙江省先后出台了《浙江省海洋灾害应急预案》《海洋自然灾害海上预防和处置应急预案》等文件，确定领导机构及职责，明确不同等级海洋灾害的应急响应程序和行动，确保沿海地区应对海洋灾害时有法可依，落到实处。

海洋灾害应急管理能力的提高，有效提升了海洋灾害应对能力，妥善应对 1323 号"菲特"、1409 号"威马逊"、1713 号"天鸽"和 1822 号"山竹"等台风过程引起的海洋灾害，积极做好 2013 年西沙特大渔船海难事故、2015 年天津港特别重大火灾爆炸事故等海上突发事件的应急处置保障工作，最大限度降低了海洋灾害造成的危害，减轻海洋灾害对沿海城市的影响。

4）构建海洋环境立体观测体系，海洋观测监测能力有效提高

为满足海洋预警预报、防灾减灾以及科学研究等需要，从自然资源部到沿海省（自治区、直辖市）加密布局海洋观测设施，提高海洋观测与监测能力。尤其是 2012 年 6 月颁布实施的《海洋观测预报条例》更是从法律上明确了海洋观测的重要性，其中更是提出了"应当将沿海城市和人口密集区、产业园区、滨海重大工程所在区、海上灾害易发区和海上其他重要区域作为规划的重点"，在此条例和《全国海洋观测网规划（2014—2020 年）》的大力推动下，近

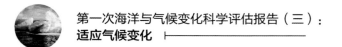

些年来，观测监测能力逐年得到提升。海洋观测要素日益丰富，目前已经实现常态化观测的要素包括潮位、温盐、波浪、海冰、海流等，观测手段也逐渐完备，观测仪器更加多样化，在最初的潮位站观测的基础上增加了浮标、岸基雷达、综合平台、飞机、卫星等观测手段；观测密度逐渐加大，观测站点大幅增加，布放的浮标也在有序增加，综合观测平台数量也在增多。

经过持续的建设，涵盖岸基海洋观测系统、离岸海洋观测系统以及天基观测能力的全国海洋观测网（图 5.6）初具规模，已初步建成由各类浮标、潜标、船舶、岸基（岛屿）观测站点、雷达、飞机、卫星构成的海—陆—空—天立体化监测系统。其中，岸基观测站点数量增加到140 余个，雷达 40 余套，近海水文气象浮标 30 余个，岸基观测自动化水平较之以前大幅提高，海洋环境监测能力建设得到长足发展，确保对海洋环境的持续有效观测监测，为沿海城市的海洋灾害防御提供了重要的数据支持。

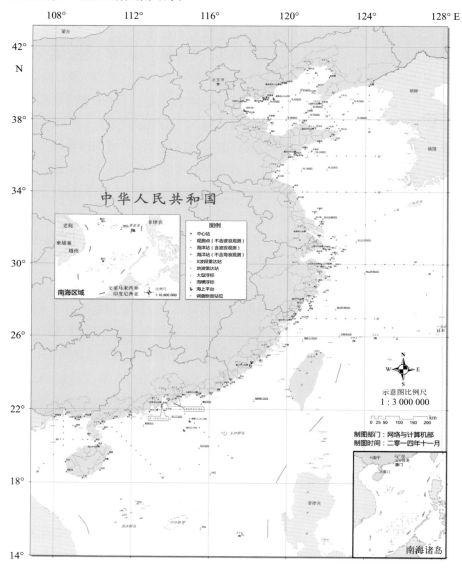

图5.6　全国海洋观测现状能力分布

5）发展海洋灾害预报警报技术，海洋灾害预警能力得以提升

在国家科技攻关项目等的大力支持下，海洋灾害的预警报特别是海洋灾害数值预报等取得了可喜的进展和长足的进步，风暴潮、海冰、海浪和咸潮等数值预报精细化程度和准确度不断提高。在风暴潮方面，国家海洋环境预报中心自主研发了台风风暴潮和温带风暴潮数值预报系统在 2003 年已经实现了业务化运行，为沿海城市防范风暴潮灾害提供数值预报结果。近年来，通过在集合预报、浪潮耦合、网格划分等方面持续不断的研究，精细化程度由数公里提升至百米甚至数十米（图 5.7），预报准确率和预报时效也不断提高，我国台风风暴潮的潮位预报误差均低于 45 cm，在风暴潮防灾减灾中发挥了关键的作用，很大程度上减轻了灾害损失。海洋预报产品的针对性也在有效提高，逐步发展了风暴潮漫堤预报与风暴潮漫滩预报，为海洋防灾减灾提供更具针对性的辅助决策产品（图 5.8），沿海省、区、市各级海洋预报机构的海洋预警报服务能力明显提高。预报产品种类也不断增加，涵盖从海洋灾害预警报、海洋环境预报和海上突发事件应急预报等方面，实现预报要素和预报范围的无缝覆盖。常规预报产品时效现在已经普遍可达 5 天，厄尔尼诺和海洋气候、海平面上升等长期预测产品事件尺度可达 1 ~ 3 个月，此外，可以提供紧急海洋事件发生时的环境要素保障，能为沿海重大城市群提供专项海洋预报服务产品。

图5.7 精细化风暴潮预报增水示例

以珠江口为例，彩色代表风暴增水，颜色越深，增水约大

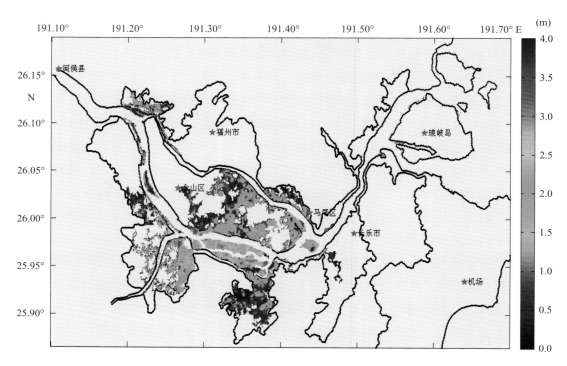

图5.8 福州市风暴潮漫滩预报
颜色区域代表漫滩范围，颜色越深，漫滩水深越深

　　伴随着海洋预报精准度的不断发展，目前的灾害预报已从定性预报、描述性预报向数字化、网格化、智能化预报转变。国务院于2017年7月8日印发了《新一代人工智能发展规划的通知》，推动利用人工智能提升公共安全保障能力，加强人工智能对自然灾害的有效监测，围绕海洋等灾害构建智能化监测预报与预警综合应对平台。为满足沿海城市海洋防灾减灾精细化预报的需要，从2015年起，国家海洋局就启动了"海洋智能网格预报技术研发"，以海面风、浪要素开展相关实验，并于2016年开始通过国家海洋环境预报中心依托全国海洋渔业生产安全环境保障服务系统向沿海省、市发送风、浪、海温要素格点预报产品。此外，2017年开始，在原有的风暴潮预警产品的基础上，首次将经验预报和数值预报结果相结合，开展沿海城市重点潮位站的实时综合潮位预报，为沿海城市提供逐时的潮高预报，为沿海城市防潮减灾提供更精细化的预报产品。

　　海洋预警报产品有力地支持了我国沿海地区的海洋防灾减灾工作。我国于1969年开始发展海洋灾害预警报，自此由海洋灾害造成的死亡人数大幅减少，由1969年之前的动辄数万人（1922年，发生在广东汕头的特大风暴潮致使7万人死亡）、数千人死亡到目前每年死亡百人、十人或更少，这其中海洋灾害预警报发挥了重要的作用。例如：2003年10月11日发生在渤海的特强温带风暴潮由于当时没有数值预报导致漏报，造成了严重损失（直接经济损失13.1亿元，死亡1人），但是发生在2007年3月3—5日的渤、黄海特大温带风暴潮，影响范围更广，包括渤海湾、莱州湾，特别是山东半岛北岸深受影响，且正值中国传统的元宵佳节，由于数值预报提前72小时就预报出此次过程，预报人员据此及时做出了海洋灾害预警报，为防灾减灾赢得了宝贵的时间，时任国务院总理温家宝同志接到风暴潮预警报后亲自作出批示，快速、准确的预警报与防灾措施的实施大幅减轻了人员伤亡和经济损失（经济损失仅为 40.65 亿元，死亡 7 人；与此次风暴潮灾害相当的 9216 风暴潮经济损失 48.7 亿元，死亡 144 人）。

6）改善城市现有工程防护能力，应对灾害影响能力得以抬升

我国沿海城市应对气候变化采取的主要措施包括工程措施与非工程措施。工程措施中最重要的是海堤的建设。海堤是防御风暴潮等海洋灾害、保护沿海城市的第一道防线，海堤建设对于保障沿海城市地区经济社会发展和人民群众生命财产安全具有重要作用。新中国成立以来，经过多年持续建设，我国海堤保有量不断增长，达标率不断提高，防潮减灾能力大幅提升，为抗御风暴潮等海洋灾害提供了重要保障，为沿海城市的安全发挥了重要作用。截至 2015 年底，我国已建成海堤 1.45×10^4 km，沿海主要城市基本形成了防御 20 年一遇以上台风风暴潮的抗灾保障体系，上海市防潮标准达到了 100 年至 200 年一遇，其他沿海城市重点堤段防御标准达到 50 年至 100 年一遇以上，其余大部分地区防潮标准仍不足 20 年一遇（国家发展和改革委员会 水利部，2017）。

海堤作为沿海城市防潮安保体系的第一道屏障，对保卫人民的生命财产安排、减少城市经济发展的不稳定性具有重要意义。以影响浙江的台风为例，2004 年"云娜"和 1956 年的第 12 号台风相比，台风的量级、时间、破坏力接近，但死亡人数却从 1956 年的 4 945 人减少到 19 人。同时，海堤建设已不再仅仅局限于单纯的防御功能，而是开始逐步兼具"民生线""经济线""生态线"等其他重要特征，通过海堤围垦等增加海域资源利用、缓解土地供需矛盾、拓展城市发展空间，社会效益、经济效益突出（俞元洪和成迪龙，2010）。海堤工程的实施，可减轻沿海地区水土流失、提高海岸抗冲刷能力，有效遏制海岸侵蚀现象，为城市社会安定、人民乐居创造良好的生存环境。海堤建设可保护沿海土地、植被等自然资源，为动植物的生长和繁衍创造有利条件，对促进区域生态环境改善具有积极作用。海堤工程有利于保护海岸滩涂，可通过加强造林绿化、扩大植被覆盖面积，结合公路、林网建设，形成"带、网、片"结合的立体防护体系，使城市海岸形成一定宽度的防风固沙绿色屏障。

7）开展海洋灾害风险评估区划，海洋灾害风险控制能力稳步提升

当前减灾战略做出了重大调整：从减轻灾害损失调整为"减轻灾害风险"，从单纯减灾调整为把"减灾与可持续发展相结合"。这一调整主要目的是强化灾害的风险管理，将减轻灾害风险纳入政府尤其是沿海城市的各项规划中。海洋灾害风险评估与区划是实现这一目的的具体措施之一，国家海洋局 2016 年 6 月印发了《关于开展海洋灾害风险评估与区划工作的指导意见》，明确海洋灾害风险评估与区划要以保障沿海经济和社会可持续发展为目的，统筹考虑各领域海洋灾害风险防控和治理需求，"十三五"期间完成辖区内风暴潮、海啸灾害易发、多发县（市）的风险评估和区划工作，形成一批实用化的区划成果应用和决策服务产品，为沿海城市的规划和风险提供服务。

目前，我国沿海逐步在风暴潮、海啸灾害影响严重区域开展了海洋灾害风险评估与区划工作，福建省、浙江省大部分沿海县（市）、上海市以及全国沿海省级尺度的风险评估和区域

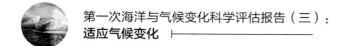

均完成了相关工作，制作了风暴潮、海啸、海平面上升等海洋灾害危险性等级图、风险等级图、应急疏散图等图件（图5.9），提出相关海洋灾害风险管理对策分析，为沿海城市海洋经济建设布局、海洋资源开发与利用规划、海洋灾害防御以及沿海大型工程设防等提供决策支撑，发挥了较好的作用，有效提升了沿海城市海洋灾害风险防控水平和风险管理能力。

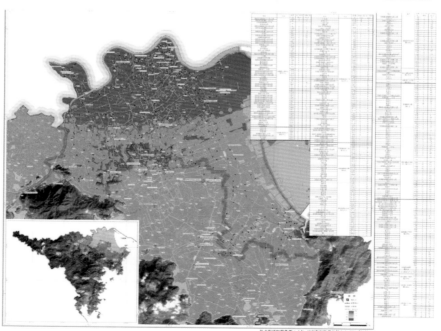

图5.9　浙江省苍南县台风风暴潮灾害风险等级分布图（上）与苍南县龙港镇应急疏散图（下）

8）排查城市涉海工程灾害风险，城市环境安全风险隐患降低

2011年3月11日，日本东北部海域发生9.0级特大地震并引发海啸导致福岛核电站泄漏，造成重大人员伤亡和财产损失。"3·11"海啸灾难引起世界范围内广泛关注，很多国家对本国沿海重大工程的安全性重新评估，确保工程安全的同时保障沿海城市的安全。在我国，党中央、国务院高度重视，迅速研究部署沿海大型工程海洋灾害风险排查。2011年7月，按照国务院批示的要求，在形成风险排查规程、摸清了重点领域部分典型工程的海洋灾害风险状况的基础上，逐步开展了我国沿海大型工程海洋灾害风险排查试点工作。

我国沿海区域多是经济发达地区，改革开放40多年来，沿海经济快速发展，建设了大量的核电厂、重化工和储油储气基地等大型工程，各类工业园区蓬勃发展，不少工业园本身就隶属于沿海城市，是沿海城市不可分割的一部分。但是，在这些大型工程建设过程中，除了核电厂综合考虑了风暴潮、海浪、海冰和潜在的海啸等海洋灾害的作用和影响，大部分重化工、储油基地和化工园区均没有考虑气候变化对设计标准的影响，没有考虑潜在海啸的影响，也没有定期重新评估制度。相关的建设标准也未对此提出明确要求，一旦发生危化品漏露等事故，将对城市安全造成极大威胁。开展沿海大型工程海洋灾害风险排查，有助于提高城市环境安全风险防范能力。

沿海大型工程海洋灾害风险排查试点历时6年，分3期完成了9个代表性项目的试点工作，覆盖了沿海核电、海洋石油、滨海旅游、石化炼化、城镇防护、港口等行业，风暴潮、海浪、海冰和地震海啸（情景模拟）4个灾种。试点项目分布于我国的北海、东海和南海3个海区以及辽宁、山东、浙江、福建、广东、广西和海南7个省（自治区），具有行业、区域和灾种的典型性。通过风险排查试点工作，完善了风险排查技术规程，初步完成了排查数据库建设，搭建了排查信息平台框架，为后续工作的开展打下了良好基础，也为沿海城市摸清自身大型工程海洋风险提供了可靠信息。

9）建设海洋减灾综合示范区域，城市综合减灾能力得以增强

我国大陆海岸线约18 000 km，沿海城市社会经济发展、海洋灾害防御能力、防灾减灾需求等差异较大，为了推动沿海城市能够行之有效的应对海洋防灾减灾工作，2014年起，国家海洋局启动"海洋减灾综合示范区"建设试点工作，广东大亚湾、福建连江、浙江温州和山东寿光为国家首批4个海洋减灾综合示范区，其中广东大亚湾主要关注于沿海石化及核电工程，福建连江以近岸养殖为主要落脚点，浙江温州和山东寿光则分别是受台风风暴潮和温带风暴潮影响比较严重的区域。海洋防灾减灾示范区重点在于依据各自现有条件及需求落实海洋灾害防御体制机制建设、海洋灾害风险评估与区划和海洋灾害风险辅助决策等，重点解决海洋防灾减灾"最后一公里"问题，并使示范区建设经验可持续、可复制、可推广，真正为地方海洋防灾减灾工作树立标杆。此外，按照2017年度颁布的《警戒潮位核定方法》（国标）的要求，完成了全国沿海共259个岸段的四色警戒潮位核定工作。

国家海洋减灾综合示范区建设是推进全国海洋减灾工作的重要举措，旨在深化海洋减灾业务体系建设，推进海洋防灾减灾业务成果的集成与应用，提升区域提升海洋综合减灾能力。

各示范区通过引进先进理念、优化体制机制、集成成熟技术、整合优质资源，为全国沿海地区因地制宜做好海洋减灾工作提供了宝贵的经验。国家海洋局 2017 年印发了《海洋观测预报和防灾减灾"十三五"规划》，要求在首批海洋减灾综合示范区建设经验基础上，选择有代表性的县（市）建设 6 个海洋减灾综合示范区，开展海洋防灾减灾业务产品集成与应用示范，这些减灾综合示范区为今后沿海城市更好地适应气候变化，协调可持续发展提供了很好的参考。

10）提升数值计算以数据存储能力，预报减灾业务发展得以支撑

海洋环境和海洋灾害的预警预报服务需要使用超级计算机进行数值模拟提供未来预测结果，以利于沿海城市更好地开展海洋防灾减灾工作及科学合理地进行城市规划。随着预报要素的多样化、预报模型的复杂化以及预报精度的精细化，都对超级计算和存储提出了现实的要求，仅由分辨率的提升就可使得相对计算量增加数百乃至上千倍。借助超级计算机进行灾害模拟和气候预测，可以减轻极端天气给沿海城市带来的伤害。利用超级计算机，可以提供有关发生可能性低但破坏性大的海洋灾害事件的预警，对沿海城市可以及时提供预警报服务。得益于国家近些年来的大力推动，超级计算机在我国海洋领域应用广阔，预算速度和存储能力不断得到提升，如国家海洋环境预报中心 2008 年部署的"神威"高性能计算机峰值计算能力为 26 万亿次 / 秒，存储能力 100 TB，而 2017 年计算能力提升至 320 万亿次 / 秒，存储能力达到 1 000 TB，10 年的时间预算速度和存储能力也提升了 10 倍以上（图 5.10），自然资源部北海、东海、南海局以及沿海省级预报台均根据各自需要购置了高性能计算机。目前，国家海洋环境预报中心的各类海洋环境和要素的数值模拟任务均利用超级计算机进行运算和储存，确保了相关的预报产品可以及时进行制作从而分发给沿海城市。此外，沿海各省市也根据自身的需要建立了配套的超级计算机系统，部分沿海城市如深圳市还通过购买国家超级计算深圳中心的计算服务来满足自己的业务工作需要。数据运算和存储能力的提升确保了海洋防灾减灾的需要。

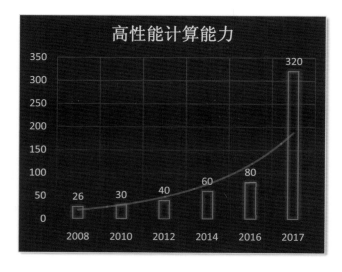

图5.10　国家海洋环境预报中心高性能计算能力随时间发展

11）增加新媒体大数据智能应用，公共服务内容水平得以增强

当前，海洋服务在沿海社会经济发展中的地位逐年得到提高，作用也越来越突出，海洋预报产品的要素和内容丰富的同时，保证沿海城市可以及时准确地收到海洋预警报产品就成为沿海城市应对海洋灾害的"最后一公里"。近些年来，我国在预警报服务产品的分发手段和范围不断拓展，海洋预报公共服务方式从最初的直送、邮寄、电话、电报、传真逐步向广播、电视、网站、微博、微信等全媒体平台拓展，2015年7月，国家海洋环境预报中心的高清虚拟演播室正式投入业务运行，海洋预报已经全面覆盖中央"三大台"，即中央电视台、中央人民广播电台和中国国际广播电台；海洋预报也登陆凤凰卫视，服务全球华人。此外，电视播出平台还有旅游卫视、中国教育台共4个频道、7档节目。海洋预警报产品增加新媒体的投入，加强视频原创，增加包括预警会商视频、实况视频、专家解读视频等受众关心内容，也积极运用新媒体进行发布，据2017年统计，国家海洋预报台的官方微博上共发布海洋预警报、海浪实况等内容1 100余条，新浪微博总阅读量超过160万，微信公众号订阅数超过1.6万，共推送预警文章45条，总阅读量近5万，微信微博的文章得到了许多媒体、相关单位和知名人士的关注和转发。此外，基于云架构，国家海洋环境预报中心从2018年开始尝试建立国家—海区—省联动定时制作，国家级为主的逐时滚动更新，共同组成中国近海智能网格预报业务产品系统，利用大数据智能同化等主客观融合的网格化预报手段，实现产品流程的全程自动更正，此外，自然资源部北海局、东海局、南海局以及江苏、浙江、福建等省级预报机构也配套建设了专门的电视声像产品制作部门，每天定时为公众提供海洋预警预报和防灾减灾信息发布服务。这些举措的推出都有力地推动海洋预报产品受灾的范围和频次的增加，支持沿海城市海洋防灾减灾工作。

12）扎实开展应对气候变化工作，沿海城市适应能力得以提高

近年来，沿海城市逐步认识到气候变化对其的影响，最为直接的影响之一变化便是海平面上升。海平面上升是由全球气候变暖引起的缓发性海洋灾害，对人类社会的生存和发展带来严重挑战，是当今国际社会普遍关注的全球性热点问题。中国沿海地区经济发达、人口众多，是易受海平面上升影响的脆弱区。自然资源部组织开展了海洋预报减灾领域应对气候变化的一系列工作以逐步适应并减缓气候变化的影响，包括整合集成历史海洋观测数据，建立中国近海海洋环境要素数据集。持续开展气候变化监测预测工作，编制完成《中国近海气候变化监测报告》，定期发布《厄尔尼诺监测月报》和《海洋与中国气候展望》等海洋气候监测和预测产品。开展了全国海平面变化影响评估工作和海岸侵蚀监测与评价试点，定期发布《中国海平面公报》，编制完成《海平面上升影响评估专题报告》。积极开展海洋领域应对气候变化宣传工作，建立了"海洋与气候变化"专题网站，编发了《海洋领域应对气候变化工作通讯》，有效提高了公众认知度。同时，积极开展海平面变化领域国际合作，陆续与泰国、印度尼西亚、马来西亚等国家的海洋研究机构建立了密切的合作关系，联合开展了"海平面上升背景下海岸带地区海洋灾害评估及应对"等合作研究，提高各方应对海平面上升和海洋灾害的能力。

适应与减缓气候变化对沿海城市的影响是任重而道远的，上述工作的研究成果展现了气候变化的影响程度与影响因素，也为开展气候变化对沿海影响研究提供了重要的资料基础。

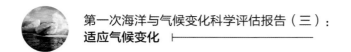
5.4 三大沿海城市群采取的适应措施与成效评估

5.4.1 京津冀沿海区域采取的适应措施与成效评估

1）京津冀沿海区域海洋灾害影响

京津冀沿海城市面临的主要海洋灾害是风暴潮灾害，不仅有台风风暴潮的影响，同时也是遭受温带风暴潮的影响的主要区域之一。与地处中纬度的英国和美国东海岸相比，我国沿海的温带风暴潮最频繁、最严重，主要特点一是次数多，1950—2016 年，渤海湾共发生441 次风暴增水 100 cm 以上温带风暴潮，平均每年 6.6 次；二是影响时间长，渤海湾一年四季均会发生温带风暴潮，10 月至翌年 2 月为温带风暴潮多发期。从图 5.11 中可以看出，虽然温带风暴潮发生天数不同、年代间有着较为明显的波动，但总体呈现上升趋势。

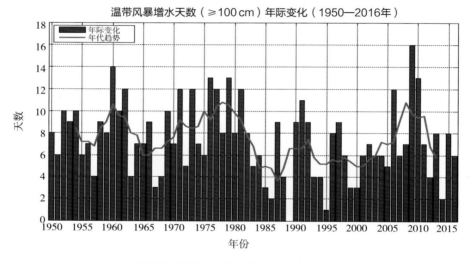

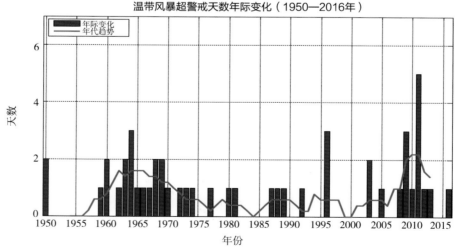

图5.11 京津冀沿海的塘沽潮位站1950—2016年温带风暴潮增水和超警戒年际变化
引自《中国温带风暴潮灾害史料集》

京津冀沿海区域历史上曾发生过严重的风暴潮灾害。7203 台风风暴潮导致河北省乐亭、昌黎、秦皇岛等地 69 个生产大队遭海水侵袭，直接经济损失 160 万元；天津市塘沽海水涌上陆地，淹没大片盐田和农田，并造成土地盐碱化。发生在 2003 年 10 月 11 日的温带风暴潮来势猛、强度强、持续时间长，河北省、天津市、山东省均受灾严重，天津市 1 人失踪，直接经济损失 1.13 亿元；河北省直接经济损失 5.84 亿元；山东省直接经济损失 6.13 亿元。

同时，海平面上升加剧了风暴潮灾害的影响程度，已经严重威胁京津冀沿海经济社会的可持续发展。李响等（2014）选取由危险性、暴露性、脆弱性、防灾减灾能力所延伸的 11 个指标来描述海平面上升分析，进而评估津冀地区海平面上升的风险。结果表明，天津滨海新区、河北黄骅市等地面临的海平面上升风险较高，加剧当地的风暴潮、海岸侵蚀、海水入侵、土地盐渍化等海洋灾害影响，在沿海发展规划和重大工程建设中应充分考虑海平面上升因素。

2）京津冀沿海区域适应气候变化面临的挑战

京津冀城市所在的海岸带地理环境特殊，地面沉降是沿海城市面临的顽症，由此导致的相对海平面上升问题尤为突出，2016 年，滨海新区平均地面沉降为 21 mm。天津沿海围填海规模较大，地面沉降增加海平面相对上升风险，预计未来 30 年，天津沿海海平面将上升 80 ~ 180 mm。同时，京津冀沿海区域面临的海洋灾害较为突出，既遭受台风风暴潮影响也受温带风暴潮影响，海平面上升加剧了风暴潮的影响程度，对海洋灾害的防御能力提出了更高的要求。与其他沿海城市相比，京津冀沿海城市防御能力较差，截至 2015 年，河北、天津已建海堤长度 642.6 km，达标长度仅为 64.8 km，达标率远低于其他沿海城市。但是沿海城市却承担着重要的经济发展角色，天津市滨海新区，是国家级新区和国家综合配套改革试验区，国务院批准的第一个国家综合改革创新区。如何提高京津冀沿海城市的适应气候变化的能力，为城市经济、文化建设提供良好的环境尤为重要。

3）京津冀沿海区域采取的措施与成效评估

京津冀沿海城市采取了系列措施提高海洋灾害的防御能力，包括完善应急预案、开展警戒潮位核定、提升海洋灾害预警报能力等。

（1）完善海洋灾害应急预案

应急预案是政府应对重大自然灾害整体的紧急行动方案，预案的制定和实施是规范灾害应急管理，提高灾害紧急响应能力的关键措施，在历次的海洋灾害应急响应中均按照应急预案要求有序开展各项行动，能够做到妥善应对及合理处置。依据实际需求，沿海城市逐步完善海洋灾害应急预案，包括《河北省海洋灾害应急预案》《唐山市海洋灾害应急预案》《天津市海洋灾害应急预案》等，并通过开展海洋灾害应急处置演练，检验应急预案的合理性与有效性。

（2）继续完善警戒潮位核定工作

警戒潮位是沿海省、市海洋预报部门发布风暴潮警报的重要技术指标，是各级政府海洋防灾减灾的基础数据和指挥决策的重要依据。随着沿海经济社会的发展，京津冀沿海区域的

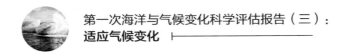

的经济社会要素布局、堤防设施等级和海岸地形地貌已经发生了明显的改变；同时，海洋灾害发生的规律也出现了新的变化。原有的警戒潮位值已不能满足现有的海洋防灾减灾需求的情况，河北省、天津市组织开展了警戒潮位核定工作，颁布实施新的警戒潮位值。并在沿海区域设立了警戒潮位标志物，便于相关部门直观决策和公众认知，有助于减轻海洋灾害造成的损失。

5.4.2 "长三角"区域采取的适应措施与成效评估

1）"长三角"区域海洋灾害影响

"长三角"城市群易受由台风带来的强降水引发的风暴潮、洪水、近岸浪等海洋灾害的影响，给城市基础设施和海洋养殖业带来了严重的经济损失。1949—2007 年，以上海为中心的 550 km 范围内经过并影响到该市的台风约 200 个，且带来大风、暴雨、风暴潮等灾害。上海的风暴潮灾多为台风风暴潮灾，多发生在出现年天文大潮的 8—10 月。2005 年 8—9 月，上海沿海连遭 0509 "麦莎"和 0515 "卡奴"热带气旋袭击，累计直接经济损失达 17.4 亿元，直接经济损失在当年受到影响的多个沿海省市中居第四位。此外，"长三角"沿海城市易受咸潮入侵影响，据《中国海洋灾害公报》，2015 年和 2016 年长江口均监测到咸潮入侵过程 3 次，其中持续时间最长为 7 天。

中国东海在气候变化的影响下海平面处于持续上升的趋势，对长江三角洲及其毗邻地区的生态、环境安全带了巨大的威胁。1993—2009 年中国东海海平面平均上升速率为 3.9 mm·a^{-1}（王国栋等，2011），高于全球及中国沿海海平面平均变化速率。程和琴等（2015）依据 1912—2000 年吴淞验潮站年平均潮位资料，结合已公布的构造沉降和城市地面沉降、流域水土保持和大型水利工程及人工挖沙导致的河口河槽冲刷、河口围海造地和深水航道及跨江跨海大桥导致水位抬升等叠加效应及其变化趋势，预测 2030 年上海市相对海平面上升 10 ~ 16 cm。

2）"长三角"区域适应气候变化面临的挑战

长江三角洲地处我国海岸带的中部，扼据我国第一大河、世界第三大河的入海口门，构成了典型的河口城市及河口海岸地区。这里既是我国最大的经济中心城市上海之所在，同时也是人地关系最为复杂、生态系统最为脆弱、对全球气候变化的影响最为敏感和社会经济的波及效应、放大效应最为突出的城市化地区。风暴潮、海浪、咸潮等海洋灾害均会影响长江三角洲区域。9711 风暴潮影响期间，上海市多处堤防出现险情，奉贤县长约 22.6 km 的堤防全线漫溢；松江区沿江有 35 处长约 14 km 的堤防出现潮水漫溢，13 处长约 158 m 的堤防溃决，严重威胁当地群众生命、财产安全。咸潮在该区域也时有发生，长江口 2014 年全年共监测到咸潮入侵 7 次，其中一次持续 23 天，是 1993 年以来持续时间最长的一次咸潮过程，对当地居民饮水产生很大影响。沉降也是"长三角"区域面临的较大挑战。位于"长三角"区域内的上海市是我国地面沉降发生最早的区域，到 20 世纪 60 年代地面沉降已相当严重，2009 年调查与监测结果显示，上海中心城区最大累计沉降量超过 2 500 mm。经过多年的地面沉降防治，上海市年沉降量已基本控制在 10 mm 以下。虽然地面沉降减缓，但是继续恶化的趋势还没有得到有效控制，但是地面沉降仍然是该区域面临的较大挑战，值得关注的是，地面沉降降低了海洋灾害防御工程的标准，加剧了海洋灾害的危险性。因此，深入开展全球气候变化对"长三角"沿海地区的海洋灾害影响适应研究，对上海及"长三角"城市群的防灾减灾、转型发展及可持续发展有着十分重要的理论和实践意义。

3）"长三角"区域采取的措施与成效评估

（1）建设完善海洋立体观测网

通过建设海洋观测站、雷达站、浮标观测点、综合观测平台、海况视频监控点等，建成了沿海省、市级海洋观测数据与信息交换平台，初步形成了信息共享、运行稳定、自动化程度较高的业务化海洋灾害观测网，为当地防灾减灾提供数据支持。

（2）逐步提高海洋灾害预警报水平

沿海各地级市成立了海洋预报台，并独立发布海洋预报，初步形成了以省市海洋预报机构为主、县级海洋观测站为辅的海洋灾害预警报业务体系，开展了风暴潮、海浪等海洋灾害预警报。近年来随着沿海防汛要求的不断发展变化，提供更有科学、更具针对性的预警产品成为海洋预报部门的重要任务。台风引起的风暴潮和近岸浪共同作用常常引起海水漫堤，导致海堤损毁，开展风暴潮漫堤预报是对传统风暴潮预报的一个重要补充，2013 年起，国家海洋环境预报中心开展了风暴潮漫堤预报业务化试运行。对于沿海城市，开展风暴潮漫堤预报更有针对性，直接服务于当地政府决策部门，更有辅助决策意义。长江三角洲沿海城市逐步开展了风暴潮漫堤预报系统建设，在风暴潮漫堤预报方面做出了有益尝试，使得应急措施更具针对性与有效性，达到更好的应急效果。

（3）开展海洋灾害风险评估与区划

长江三角洲沿海城市系统的开展了以县域为单位的海洋灾害风险评估与区划，分别绘制了沿海各县风暴潮、海啸灾害淹没图、风险等级图、应急疏散图等风险区划图件，成果能更切实有效地为沿海城市海洋防灾减灾提供相关数据支撑，同时也为城市经济发展与建设布局提供决策依据。政府管理部门、社会公众通过风暴潮与海啸淹没范围图、风险等级图、疏散路线图等图册，可以直观、清楚地知晓灾害发生时应采取的避灾方式与疏散路径等，同时，设立了避难所，完善了相关设施，沿路设置了指示路牌，并向民众进行了科普宣传，定期开展海洋灾害实战演习，全面提升海洋防灾减灾应急管理能力与民众自助自救能力。

（4）开展海洋灾害风险调查和隐患排查

随着海洋经济高速发展，长江三角洲沿海区域新增了大量的石化、电力、能源、工业区、港口等重大工程，临海人口也急剧增加，沿海地区经济建设和人类活动的聚集效应势必进一步加剧该区域的海洋灾害的潜在风险。为有效降低海洋灾害风险，沿海城市开展了海洋灾害承灾体调查和重大目标隐患排查等防灾减灾基础性工作，包括沿海地区受风暴潮、海浪、海啸等主要海洋灾害威胁的承灾体分布状况及其特征调查；通过综合分析，确定存在较大隐患

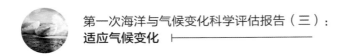

的重点目标。通过此项工作，明确海洋灾害的风险区域、承灾体和隐患目标的分布状况，系统掌握海洋灾害承载能力，为沿海地区经济发展布局规划、海洋灾害风险评估与区划等提供基础信息，也为有效、有序、科学应对海洋灾害提供基础信息支撑。

5.4.3 "珠三角"区域采取的适应措施与成效评估

1）"长三角"区域海洋灾害影响

"珠三角"区域以汕头、珠江口、阳江和雷州半岛东部沿海为风暴潮频发区，在这些区域中，风暴潮发生次数以雷州半岛东岸最多，平均 2.6 次／年，其次为珠江三角洲，平均 1.5 次／年（于福江，2015）。随着全球变暖，风暴潮频率与强度有所增加，2017 年"天鸽"风暴潮期间，最大增水与当地较高的天文潮叠加，致使"珠三角"地区遭受了 1949 年有统计数据以来最严重的风暴潮灾害，沿岸深圳市、珠海市和澳门等多地出现海水迅速倒灌现象，香港尖鼻咀站观测到的最大风暴潮达到 2.42 m，澳门观测到 5.5 m 的高水位，淹没了澳门境内近三成的陆地（刘秋兴，2018）。风暴潮成为威胁"珠三角"城市群的主要海洋灾害之一。

咸潮入侵是该区域的另一种海洋灾害，每年冬季河水干枯时，海洋咸水就沿着稠密的水道网深入内陆，而天旱和海平面上升等则使咸潮灾害加重，沿海沿江的农田受咸潮影响范围广，程度较深。夏季雨水多，内河淡水实力较强，向外移，受咸区域缩小（韩喜彬等，2010）。

依据 1957—2006 年全球气温和珠江口验潮站平均潮位资料分析全球气候变暖与珠江口平均海平面上升的关系表明，珠江口海平面正在加速上升。至 2030 年，珠江口平均海平面将比 1980—1999 年高 13 ~ 17 cm（陈固特等，2008），甚至上升幅度可以达到 20 ~ 25 cm（黄振国和张伟强，2004）；而若考虑地面沉降以及波动值，时小军等（2008）则预估到该时间点珠江口部分岸段相对海平面将可能上升 30 cm，至 2050 年则可能上升 50 cm。

2）"珠三角"区域适应气候变化面临的挑战

风暴潮是影响"珠三角"区域最严重的海洋灾害，随着气候变化的影响，"珠三角"区域台风风暴潮灾害时空分布逐渐发生变化，影响频率与影响强度都会发生变化，而海平面上升推波助澜，加剧了风暴潮、咸潮等海洋灾害的影响程度，此外不容忽视的是该区域面临海啸灾害的潜在影响。2017 年"天鸽"风暴潮造成广东省因灾死亡（含失踪）6 人，直接经济损失 51.54 亿元；澳门地区遭受了 1953 年以来最严重的风暴潮灾害，对当地居民生命财产安全、社会生产生活秩序均受到很大影响，10 人因灾遇难，其中 7 人因海水倒灌溺亡，此外，受海水倒灌影响，澳门低洼街区和地下停车场水浸十分严重，水浸导致 220 个中压客户变电站水浸受损，供水设施也受影响无法正常运转，灾害发生 6 天后，生产及生活供水才全面恢复正常。

进入 21 世纪后，珠江三角洲地区咸潮出现如下特点：咸潮活动越来越频繁、持续时间增加、上溯影响范围越来越大、强度趋于严重。1999—2000 年、2000—2001 年、2003—2004 年、2004—2005 年、2005—2006 年、2006—2007 年均发生较严重的咸潮上溯，直接当地居民生活、农田灌溉、企业生产等的淡水供给，咸潮入侵不仅制约社会经济快速发展，还会影响到植被生态群落，破坏三角洲湿地的营养结构并影响湿地恢复。

珠江三角洲如何适应气候变化的挑战，减缓影响程度，既能保证城市的健康发展，又保证民生的幸福生活，是需要重点考虑与解决的问题。

3) 珠江三角洲区域采取的措施与成效评估

完善具有地方特殊的海洋防灾减灾体系建设，完善减灾工作机制。为了提高沿海城市的防灾减灾能力，各市均与省海洋与渔业厅建立减灾合作联络机制，加强组织建设，强化责任落实和依法管理，认真履行海洋防灾减灾工作职能，不断提升工作地位，初步形成了主管部门与地方政府全力协作、群策群力的运行机制，为全省体制机制改革和建设做出探索，进一步夯实海洋防灾减灾工作基础。通过实践和创新，逐步完善了政府主导的地方海洋减灾工作机制，使海洋综合减灾工作更加贴近城市安全发展实际，重点任务和新增项目持续增多且落地到"最后一公里"。这些措施与工作，强化了沿海城市的海洋减灾应急工作地位，提升了海洋灾害应急能力，更有利于保障最大限度减轻海洋灾害对居民的生产生活的影响。

举行海啸实战演习提高海洋灾害应对能力。海啸是由海底地震等因素引发的并在海洋中快速传播的一系列具有超长波长的水波。其对滨海地区的致灾表现为海水陡涨，形似水墙冲向陆地，淹没并摧毁陆地上的建筑，给沿海城镇造成巨大损失。虽然海啸为突发性灾害，且在海洋中以快速的重力波运动为主，但是，近年来，太平洋地区地震海啸频发，而粤港澳大湾区地处太平洋西岸、濒临南海，是中国未来应对突发性海啸灾害的代表地区之一，在惠州大亚湾区开展了海啸实战演习。该区域毗邻深圳大亚湾核电站，且惠州港是目前华南地区船载危险货物最大集散地，占广东省海岸线 5.4% 的惠州海岸现排列着中海壳牌南海石化 80×10^4 t 乙烯项目、中国海油惠州 $1\,200 \times 10^4$ t 炼油项目、广州石化华德油库项目、国家石油储备惠州油库、泽华油库等多家炼油、石油化工、成品油储运企业，这些企业的安全运转对惠州大亚湾区乃至粤港澳大湾区的环境安全至关重要。通过海啸实战演习，全面检验了海啸预警、信息发布和部门联动的防灾减灾工作机制，为应对潜在海啸风险做好全面准备。

多措并举提升海洋预报减灾能力。粤港澳大湾区通过优化海洋观测网、核定沿海警戒潮位、设立海洋减灾综合示范区等方法提升海洋预报减灾能力。广东省对外发布了《广东省海洋观测网建设规划（2016—2020 年）》，标志着广东省将启动新一轮的海洋观测能力提升行动，广州、惠州、中山、东莞、江门等地也先后完成了区域海洋观测设施调整计划的编制。近年来，广东省先后完成多个海洋站的调整建设，布放了大亚湾等水文气象浮标设备，整体优化海洋观测网建设布局。完成了沿海 58 个重点岸段的警戒潮位核定，在 17 个岸段配套建设了警戒潮位标志物。设置了惠州市大亚湾区海洋减灾综合示范区，以创建示范区为契机，充分发挥地方政府和企业主体优势，把石油化工等涉海企业作为主要的服务对象，探索建立县区级海洋减灾应急指挥机制，建立与地方经济社会发展相适应的海洋综合减灾工作体系。

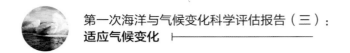
5.5 存在的问题与差距

虽然沿海城市针对海洋灾害影响、气候变化影响等开展了大量的工作，也取得了很好的成效，但是气候变化影响下海洋灾害的不确定性仍然是很大的挑战，对于沿海城市目前存在亟待解决的问题，主要为以下几方面。

1）海洋领域法律法规建设任重道远，政策制定仍需与时俱进

尽管我国防灾减灾救灾工作取得重大成就，但应当看到，我国面临的自然灾害形势仍然复杂严峻，当前防灾减灾救灾体制机制有待完善。《中共中央、国务院关于推进防灾减灾救灾体制机制改革的意见》明确提出要"发挥气象、水文、地震、地质、林业、海洋等防灾减灾部门作用，提升灾害风险预警能力，加强灾害风险评估、隐患排查治理"，同时提出要"根据形势发展，加强综合立法研究，及时修订有关法律法规和预案，科学合理调整应急响应启动标准。加快形成以专项防灾减灾法律法规为骨干、相关应急预案和技术标准配套为辅助的防灾减灾法规体系。"按照文件的精神，海洋灾害防御工作就需要从建立健全统筹协调机制、健全属地管理体制、完善社会力量参与机制、全面提升综合减灾能力入手，对海洋灾害防御工作定机构、定编制、定职能，明确从中央到地方由哪些政府部门、哪些机构人员负责，以及负责哪些具体的海洋灾害防御工作。沿海重大城市群作为海洋社会经济的高发展区和海洋灾害高危险区，海洋灾害风险尤为突出，如何协调沿海城市经济发展与海洋灾害风险的矛盾，规范涉海行为，保证经济平稳发展、社会和谐进步，法制建设是必不可少的。诸多事件反映出我国在海洋防灾减灾法制建设方面比较薄弱，在可能引发重大海洋灾害的涉海活动中相应的法律法规尚有欠缺，例如，沿海重大工程可行性论证阶段未充分考虑海洋灾害的影响，一旦受海洋灾害影响，不但工程本身可能处于危险状态，甚至会波及周边城市。受 2011 年第 10 号台风"梅花"风暴潮及海浪影响，大连福佳大化石油化工 70×10^4 t 芳烃项目 2 段防波堤发生垮塌，一度出现较大险情。

适应气候变化对于中国沿海城市来说是更现实而紧迫的任务，适应气候变化政策的制定和实施是沿海城市恰当进行适应工作的重要组成部分，是确保沿海城市可持续发展得以有效落实的重要保障。目前，我国初步形成了自上而下的适应气候变化政策体系，包括 100 多项国家和部门层面适应相关的政策，几十个省级适应行动方案和省级适应规划，这其中沿海城市适应工作方面均在其中有所体现。虽然专门适应政策较少，但与气候变化密切相关的行业和部门的政策中，越来越多的考虑适应气候变化的需要，适应政策主流化趋势明显；地方适应政策考虑气候变化的影响以及现有的适应能力存在差异，在政策原则、目标和优先领域等方面基本能够因地制宜。但同时沿海城市现有适应政策的制定和实施中也存在不少的问题，包括：国家和部门适应政策组成要素不够完善，具体的适应政策的目标与对应的适应能力和适应资源不匹配；适应政策决策因素考虑得仍不够完整；适应政策监督不足，适应成效评估较弱。其次，随着政策中心下移，地方政府对适应气候变化工作重要性的认知水平以及制定气候变化适应政策的能力存在明显局限。最后，适应气候变化政策的科学基础仍相当薄弱。

我国有关海洋灾害防御的法律法规也有待健全，在法律层面缺乏直接相关的规定；在行政法规层面，只有一部2012年通过的《海洋观测预报管理条例》（以下简称《条例》），这是目前进行海洋预报减灾工作的主要依据。但是该《条例》仅在第二十七条和第二十八条提到了有关海洋灾害防御的问题，第二十七条讲的是在海洋灾害易发区建立海洋灾害重点防御区，第二十八条明确了沿海省级人民政府的海洋主管部门有义务核定沿海警戒潮位，报本级人民政府批准后公布。而对具体的海洋灾害防御措施和工作职责划分等关键问题，该《条例》没有提及。由于整个海洋防灾减灾工作的法制保障基础十分薄弱，导致很多海洋灾害管理中的执法活动无法可依、无从入手，海洋灾害重点防御区建设等重要工作缺乏规范、推进困难，严重制约了海洋防灾减灾能力的提升，影响了海洋经济发展战略的顺利实施。

至于应急管理领域的基本法《突发事件应对法》，该法适用于包括自然灾害在内的全部四大类突发事件的应对工作，内容偏于原则、抽象，主要发挥的是指导性、兜底性的作用。对于一个具体灾种的管理工作来说，这部法律很难作为直接执法依据。而且，海洋灾害防御重在风险评估与风险管理，这恰恰是《突发事件应对法》规定得十分单薄的环节，只有个别零星条款。而专门用于调整自然灾害防治的一般性、综合性立法如"防灾减灾法"目前还付诸阙如。事实是，截至目前，其他主要的自然灾害种类都已经有了单行的法律、法规，海洋灾害已经成了唯一一个没有专门立法的主要灾种。

此外，常常被误解为可以适用于海洋灾害领域的《气象灾害防御条例》实际上与海洋灾害基本无关。该条例第二条第二款规定："水旱灾害、地质灾害、海洋灾害、森林草原火灾等因气象因素引发的衍生、次生灾害的防御工作，适用有关法律、行政法规的规定。"这已经明确将海洋灾害排除在其调整范围之外了。原因在于，海洋灾害的致灾因子并不只有气象活动，还包括海底地质活动、海洋水体活动、海洋生物等。即使是那些因气象活动而起的海洋灾害，也并非因气象活动直接致灾，而是由气象活动作用于海洋水体，使后者再作用于承灾体后致灾，即气象活动充其量只是部分海洋灾害的间接致灾因子。因此，海洋领域的法律法规和政策仍有很长的路需要走。

2）沿海海堤建设参差不齐，生态海堤等工程性防御措施有待完善

海堤是沿海城市防御海洋灾害重要的工程性措施，经过多年努力，我国沿海已建1.45×10^4 km海堤，在防御风暴潮中发挥了重要的作用，但随着沿海地区对防潮减灾要求的不断提高，海堤建设标准较低的问题比较明显。已建1.45×10^4 km海堤中，达标率仅有42.5%，海堤建设标准和建设治理参差不齐，一些海堤存在堤身单薄、护坡质量较差等问题，有的海堤存在沉降、渗漏、变形及涵闸损坏等安全隐患。一些海堤工程安全监测、通信设施等非工程措施不完善。部分海堤工程管护主体和日常运行管理、维修保养经费及责任不落实，影响工程长期发挥效益。

此外，部分已建海堤的涉及和施工方案偏重传统的单一工程措施，对周边环境协调性、生态友好性等方面综合考虑不足，未充分考虑与植物护岸、湿地等生态措施协同，工程建设甚至对湿地、滩涂、红树林保护等造成了一定影响。作为防御海洋灾害的"海岸卫士"，具有

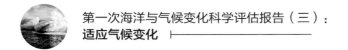
防风消浪、保护堤岸、促淤造陆、净化环境、改善生态状况等多种功能的红树林，也从 20 世纪 50 年代开始，在自然因素和人为干扰的双重驱动下，遭受了较大的破坏，2002 年统计数据表明，我国近 50% 的红树林已经消失，是红树林面积最少的时期。广东红树林原有面积居全国之最，早期在广东省沿海各地均有广泛分布且类型较多，约占全国红树林总面积的一半，但沿海地区由于城镇用地迅速扩张和养殖业所进行的围垦工程，造成大批的红树林迅速消失，尤其珠江三角洲的河口海湾地区的红树林受到的破坏较为严重。

红树林作为国际上生物多样性保护和湿地生态保护的主要对象，具有重要的生态价值，能够在防御海洋灾害中发挥重要的作用，被誉为"海岸卫士"，具有防风消浪、保护堤岸、促淤造陆、净化环境、改善生态状况等多种功能，红树林湿地已成为国际上湿地生态保护和生物多样性保护的重要对象，国际海岸侵蚀控制联合会的生态学家们通过实验证明，具有红树林、珊瑚礁等滨海湿地自然生态系统的地区在面临同样的海洋灾害时，90% 的试验区海岸都因为有严密的防护而得以挽救，反之，没有这一生态工程保护的沿海村镇则损失殆尽。

近年来，在气候持续变化和极端天气频发的影响下，我国沿海风暴潮等海洋灾害呈现增强增多的趋势，气候变化导致的海平面上升将抬升风暴潮发生时的基础潮位，使得超设计潮位可能性增加，进一步加剧风暴潮的致灾程度。在沿海地区新建和布局各类重大经济项目及基础设施时，需充分考虑海平面上升和风暴潮灾害增强等因素，提高海堤工程标准，加强海堤建设的同时注重生态防护的作用，实施人工造林等方式增加红树林面积，提升抗御风暴潮冲刷和破坏的能力。

3）海洋观测预警及服务能力尚有不足，有待进一步提高

目前，我国初步建立了国家、海区、省、市（县）四级预报体系，其中国家级预报机构 1 个，海区预报机构 3 个，省级预报机构 11 个，3 个海区预报机构共下辖 17 个中心站，省级预报机构下辖多个市级预报机构。随着各级预报机构的拓展，海洋预报的分工更加精细，以数值预报为核心的预报技术不断强化，预报产品的分辨能力和精度不断提升。但与需求相比，我国的海洋预报业务体系仍然有待完善。目前，各级海洋预报机构在预报职责方面的关系不够清晰，在海洋预报中没有实现逐级预报的关系，海洋预报内容的重复性问题较为严重，在灾害发生时，涉海单位重复收到各级预报机构提供的内容相似的预报产品，为更好地满足各级防灾减灾部门的需求，海洋预报体系有待进一步加强与完善。

我国的海洋观测和海洋预警能力近些年来较之以前有了长足的进步，沿海的海洋观测站点的密度和观测能力也得到了较大的提高，近海浮标等也组成了可以基本覆盖中国近海的观测系统。但同时，我们也应该注意到，我国沿海幅员辽阔，分布着众多的沿海城市，目前的沿岸观测系统尚不能完全满足每个沿海县一个潮位站的布局，观测站点的密度远远达不到精细化预报的要求；同时，部分要素的观测较为欠缺，风暴潮漫堤与风暴潮漫滩观测仍然是难点；部分区域海浪仍然需要人工观测，观测设备的自动化率与普及率需要提高，今后应加大海洋要素观测站的建设力度，真正实现全方位立体综合观测网络系统。

海洋预报产品的丰富和发布渠道的多样使得越来越多的沿海城市可以接收到海洋环境和海洋灾害预警预报产品，虽然目前超级计算、智能预报等技术正逐步应用到海洋预报中，但

是目前预报产品的预报精细化、时效性和可用性仍需要一个较大的提高。针对不同的承灾体发布精细化、针对性较强的预报产品逐步被提上日程；单一要素预报警报和向目标型综合预报保障能力发展也有待于进一步提高。

预报服务能力也有待进一步完善。目前的预报产品针对决策部门、社会公众等不同使用者没有明显区别，致使预报产品缺乏针对性，限制了预报产品的进一步发展空间，也不能很好地满足不同用户的需求。例如对于决策部门，预报产品的综合决策服务内容偏少，针对性的防灾减灾具体建议较为欠缺，不能完全满足沿海城市的海洋灾害防御决策部门的要求；对于社会公众，内容较为专业，易读性欠缺。此外，随着信息化的发展，预报产品发布手段需要进一步完善，实现发布速度快、覆盖面广、获取渠道多等目标。

4）沿海城市灾害补偿机制不健全，灾害保险制度尚待完善

我国是世界上自然灾害最严重的国家之一，居民及企业个体抵御自然灾害的能力不强，沿海居民"多年致富、一灾致贫"的现象比较突出。党和政府在灾害防御中起到非常重要的作用，长期以来，在灾害应对及管理方面投入大量人力、物力和财力，也承担了巨大压力。党的十八届三中全会明确提出"完善保险经济补偿机制，建立巨灾保险制度"。当前，我国巨灾保险工作已经迈出实质性步伐，取得阶段性进展，保险公司等逐步开展巨灾风险保险业务，如"5·12"汶川地震的财产赔付接近70亿元。但是海洋灾害保险工作进展较为缓慢，海洋渔业互保协会仅开展渔船保险以及渔工保险等，险种以及保险标的等范围狭窄，严重制约了保险的经济补偿功能在补偿海洋灾害损失中的发挥。

保险制度在推进过程中存在很多需要亟待破解的现实困难，一是保险补偿基金的来源，尽管近年来我国财产保险市场发展较为迅速，但与经济发达国家相比，我国财产保险的保险密度（人均保费）与保险深度（保费收入占GDP的比重）依然有巨大差距；二是缺乏具体的法律规范指导巨灾保险制度的设计与布局；三是灾害风险数据不足导致灾害风险评估难度大，同时灾害的不确定性使得评估技术难度大，较精确灾害风险信息的缺乏使保险公司对灾害保险保持谨慎的态度，而不愿轻易承保；四是民众巨灾风险意识较为淡薄。与一般灾害事故相比，巨灾发生频率较低，也难以预测，因此，民众的巨灾风险意识及对巨灾保险的意识较为薄弱。为了充分发挥巨灾保险的作用，结合国际经验与我国实际，建立合理的海洋灾害保险制度已成为应对海洋灾害的当务之急，是理论界和实务界迫切需要解决的重大问题。

5.6　未来方向

在沿海城市目前已经采取的措施、取得的成效以及存在问题的基础上，为进一步提高应对气候变化的能力，建议开展下述工作。

1）继续开展法律法规建设，完善城市涉海法规规划顶层设计

世界上大多数沿海国家都面临着海洋灾害的威胁，海洋大国的海洋灾害应急管理体系都是一个从无到有、不断完善的过程。例如，美国和日本既是海洋大国，也是灾害大国，两国

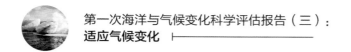

在海洋灾害应急领域都建立了较为完备的法律体系，规定了专门的应急管理机构，形成了完备的海洋灾害应急预警体系，规定了紧急状态的启动等法律程序。而我国在海洋防灾减灾方面的立法目前几乎空白，与我们发展海洋产业、建设海洋大国、推进"一带一路"倡议的目标定位很不相称。

党的十八大报告指出，"提高海洋资源开发能力，发展海洋经济，保护海洋生态环境，坚决维护国家海洋权益，建设海洋强国。"这自然离不开法治的保障，既是"全面依法治国"的需要，也是"全面深化改革"的需要。我国现有的涉海法律体系是在缺乏统一规划的情况下，由各个政府职能部门在不同的历史时期分别立法所自然形成的法律体系，近些年来，国务院发布了《海洋观测预报条例》，沿海城市也纷纷出台了具有地方特色的《应对气候变化"十三五"规划》等法律法规。这一法律体系为沿海城市适应气候变化提供了不少的法律法规依据，但受制于传统的陆权思维，造成我国涉海法律边缘性和从属性，缺乏体系性和科学性，在国家提出"海陆统筹"的大战略背景下，需要重新审视涉海法律体系，进一步理清涉海法律关系，以适应新时代特征的精神近些沿海城市适应气候变化的法律法规建设。此外，应加快完善中央和地方相结合的沿海城市海洋防灾减灾体系建设，推进沿海城市海洋减灾立法工作，推动沿海城市将海洋防灾减灾工作纳入当地社会经济发展规划，为沿海城市适应气候变化的法规规划顶层设计创造条件。

继续开展沿海城市适应气候变化方面的法规规划建设，在城市产业规划、生态文明建设、能源发展战略、城市规划等各种发展策略的制定要考虑到气候变化下海洋灾害的影响因素。以往的城市发展的规划，往往是以经济发展作为最重要的目标，很多行动措施在某些程度上是临时根据短期可预见行动进行的可行性选择的。沿海城市应将气候变化目标以及对气候变化长期风险的认识全面整合到城市发展的规划中，从而促进气候变化行动的有效性得到改善。例如，城市建设应考虑海洋灾害的影响，预留建设城市灾害监测预警设施的土地规划空间，以及建设城市防灾减灾的公共防御场所的空间；对大型工程的布点与规划应考虑海洋灾害可能引起的次生灾害的应对；对城市的供水安全的保障应考虑到河口海岸地区盐水入侵的风险，合理的利用保护地下水资源，从水源地安全、供水安全、防洪安全等层面综合确保沿海城市供水安全。同时也应保障涉及城市正常运转的给水、排水、电力、电信、煤气、公共交通等基础设施的安全，提升抗击气候变化风险的能力，以及灾后中断的快速修复。

总之，建立完善的海洋防灾减灾法律体系，实现对海洋灾害事件的有效预防、严密监测、及早发现确认、准确预报预警，降低海洋灾害对人民生命财产安全的威胁和对国民经济的破坏性影响，意义重大，时间紧迫。当下最紧迫的任务是推动《海洋减灾防御条例》和《海岸带保护与利用管理条例》这两部法律法规的制定和出台，完善沿海地区尤其是沿海城市涉海法律法规的顶层设计，为沿海城市的防灾减灾和发展规划提供法律依据。

2）制定海岸建设退缩线制度，发挥生态海堤防灾减灾作用

目前，沿海城市防御海洋灾害最重要的工程性措施便是海堤建设，但是城市防御海洋灾害不能完全依靠修建高标准的海堤，更重要的是，各级政府相关部门应脚踏实地保护好沿海

地区原生态自然系统，始终坚持"保护优先、适度干预"的策略，实施海岸带保护修复工程，尽可能将受到破坏的沿海自然生态系统进行恢复。大力推进生态海堤建设，加大红树林等能有效保护和减少灾害侵蚀的生态系统群落的建设，在合理规划沿海经济活动的同时，争取达到自然防护和人工防护的和谐统一。因此，沿海城市应建立海岸建设退缩线制度，强化自然岸线保护与修复，在建设涉海工程时必须先期开展海洋影响评估，在同等效能的条件下，优先使用非工程措施如栽种植被等实现沿海城市的防护，修建海堤等工程措施也需尽可能少地减少对海岸带的影响，以最低程度改变原有的生态系统和海洋环流系统为前提。

针对我国沿海不同区域，防御海洋灾害和岸线保护要取得平衡，既通过高标准海堤来保护城市安全，也要依据实际情况建设红树林等生态系统提高海洋灾害的防御能力。京津冀沿海城市海堤建设达标率低，地面沉降较为明显，应提高城市和重大工程设施的防护标准，一方面应因地制宜，加强海岸防护工程的投入，通过高标准海堤的建设，阻挡风暴潮带来的风浪侵袭造成的土地淹没；另一方面加强人口分布规划和经济产业、市政设施的规划，对于人口暴露度较高的地区应保持低密度的人口政策，对于人口脆弱性较高的地区应实施积极的适应政策，加强城市内涝的防治，适当鼓励人口的导出，并严格实施海岸建设退缩线制度。长江口沿海城市位于河口区域，人口与经济要素高度聚集，目前海堤建设标准高，但是对城市排洪构成威胁，对此应在黄浦江修筑闸门，既能防御海洋灾害也可及时行洪。珠三角区域河网密集，应同时发展海堤建设和修复红树林。珠江口历史上曾是城市华南红树林分布的重要区域，但由于自然和人类的干扰，红树林丧失严重，虽然开展了修复工作，但是任重道远，因此应加大力度，更好地保护、恢复或重建红树林生态系统。应尽快开展生态海堤的可行性论证和示范工程建设，提升和谐统一的沿海城市海洋灾害防灾减灾能力。

3）持续提升观测预警能力，全面提高海洋防灾减灾能力

进一步完善海洋预报体系，加强沿海市（县）级预报减灾能力。完善海洋预报业务体系，着重加强市、县加海洋预报机构的建设，形成完整、链条式、全覆盖的海洋预报体系。明确各级预报机构职责定位与分工，按照管辖海区的范围和区域特征提供符合自身定位的海洋预报产品，并根据分级负责的原理，提供给对应的政府部门和涉海单位，避免"上下一般粗"的情况出现。服务于精细化海洋预报的需要，要加强沿海市级尤其是诸如上海市、广州市等城市预报机构的建设，要将市级预报机构纳入全国海洋预报体系中，接入和使用全国海洋预报产品数据库、数值预报产品分发云平台和预报门户网站等，全国海洋视频会商系统也应覆盖至本级，真正实现预报的上下业务指导作用，针对服务对象侧重发展预报体系中各级预报机构的作用。城市预报机构定位应进一步清晰，应依据需求着力提高海洋防灾决策服务的能力，并能满足沿海城市在城市重点旅游区、危化品码头、石化基地以及市级重点保障目标等所需的精细化海洋预报的需求。

优化海洋观测系统布局，加强海洋观测能力。建立国家海洋立体观（监）测系统，整合和建设海洋观测能力，综合应用岸基、海基、海床基、空基和天基观测手段，形成立体化、网络化、（准）实时、"一站多能"的业务化海洋综合观测、监测和海洋环境保障能力，实现"透明中国海"的目标。针对沿海城市重点海洋灾害高发、易发区和沿海重点保障目标建设海

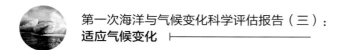
洋观测站（点），鼓励和支持涉海重大工程运营企业建设海洋观测设施，引导社会力量参与海洋观测事业，实现对海洋观测网的有效补充。同时应增强观测系统运维能力，建立完善海洋观测仪器设备状态监控系统和备品备件库，提升对观测仪器设备故障的快速诊断和修复能力。建设海洋观测数据实时质量控制系统，开展台站观测质量考核工作，提高海洋观测数据质量。

提升海洋预报水平。突破海洋预报关键技术。加强风暴潮、近岸浪等海洋灾害的发生机理和发展规律研究，持续研发自主高分辨率海洋模式；提升海洋灾害精细化预报水平，提高海洋灾害频发区、重要港湾、沿海重要基础设施、关键经济目标和典型人口密集区的近岸、近海精细化数值预报水平和综合预警能力。着力发挥人工智能在海洋预报领域的应用，提高预报的时间精度和空间精度以满足需求，提高预报准确率。提升海洋预报服务水平。完善海洋灾害和突发事件应急决策服务工作，逐步健全面向地市级政府的应急决策服务工作。创新海洋预报公众服务理念，开发更多贴近公众生产生活的指数预报产品。拓宽海洋预报服务渠道，充分利用各类政府和社会信息传播资源，扩大海洋预报产品的社会覆盖面。

夯实海洋减灾工作基础，提高海洋防灾减灾能力。推进海洋减灾立法工作，推动地方政府将海洋防灾减灾工作纳入当地社会经济发展规划。完善海洋防灾减灾制度标准，动态修订海洋灾害应急预案，定期组织开展海洋灾害应急演练。提升海洋减灾工作水平。继续在我国沿海海洋灾害高发、易发区开展海洋灾害风险评估和区划、重点防御区划定等工作。重点推进沿海警戒潮位核定、海洋灾害承灾体调查等基础性工作及区域海洋减灾能力综合评估、沿海大型工程海洋灾害风险排查试点工作成果应用。继续开展海洋减灾综合示范区建设，并推广海洋防灾减灾业务产品集成与应用示范。

4）完善海洋灾害补偿机制，发挥金融市场巨灾保险作用

推进巨灾保险制度，充分发挥巨灾保险的作用。依据海洋灾害现状以及变化趋势，加强海洋保险产品的研发和制度设计，出台等风暴潮、海浪等多灾因的巨灾保险产品，逐步形成包含主要灾害的综合性巨灾保险制度。积极推动商业性巨灾保险，作为基本巨灾保险的补充，根据当地实际情况，拓展地区巨灾保险业务，充分满足地区差异化保障需求。建立巨灾危险性和风险数据库，发展巨灾风险评估技术，为巨灾保险提供数据支持和技术支持。

推动巨灾保险立法尽快出台。通过立法，明确各方权利义务和职责，明确巨灾保险制度的产品形态和业务范围，规范运营流程和操作行为，明确政策支持形式和内容。另外，通过立法以强制或半强制的形式确定巨灾保险，是国家提高灾害治理水平和社会风险管理意识采取的有效措施。

提高公众的巨灾保险意识，强化对巨灾风险的自主防御。提高参保率是巨灾保险顺利运行的关键因素之一，为了更好地达到大数法则的作用，实现风险的充分分散，提高全民保险意识是切实之需。因此，需要政府、保险监管机构、行业协会对居民和企业加强引导和宣传，让防灾、减灾和保险防范深入人心，增强公众对巨灾风险采取主动防范措施的能力。

5）加强防灾减灾宣传教育，提高公众认知水平

随着海洋事业的蓬勃发展，海洋意识宣传教育和文化建设力度应不断加大。多层次开展

沿海城市居民海洋意识社会教育，将海洋意识教育作为公民终身教育来开展，积极融入社会教育体系建设。根据沿海城市的区域特点，采用各种侧重的宣传内容和方式，组织海洋政策进机关、海洋科普进社区等主题宣传活动，促进人海和谐。

建设全民防灾减灾教育系统。建立"幼儿园—小学—初中—高中—大学"纵向的学校减灾教育体系，选择符合各阶段的教育内容和方式，逐步将学生对减灾教育的认知水平由初级的灾害知识和基本逃生技能掌握升华为公民减灾能力与意识的培养，实现减灾教育的目标。加强高校防灾减灾重点学科建设，逐步满足国家对防灾减灾专业人才的需求。建立灾害应急演练的国家标准，保证应急演练效果，以国家标准的形式对各学校、单位、社区等举行的灾害应急进行规范和改善，形成完整的灾害应急演练机制，使得不同阶段、不同领域相互衔接，为公众提供循序渐进、全面覆盖的灾害应急技能培养环境。

建立综合防灾减灾宣传系统。组织多部门合作，多主体参与防灾减灾宣传，实现企事业单位、政府机构、社会组织等公共参与的氛围，保证宣传的系统性与广泛性。加强媒体综合防灾减灾宣传力度，增加防灾减灾主题类图书，增加各级电视台防灾减灾专题频道、专题宣传节目，充分发挥城市公共场合媒体对防灾减灾的宣传。加强日常与集中宣传相结合，全面宣传防灾减灾知识，提高公众对自然灾害的认识、防灾减灾意识、防灾抗灾能力等。

5.7 结论

中国沿海地区以全球陆域面积的1%，承载了全球人口总量的8%，创造了全球经济总量的9%，产生了国际贸易总量的7%，其中沿海城市的贡献不容小觑，在我国社会经济发展中举足轻重。近年来，受全球气候变化以及极端气候事件频发的影响，我国沿海地区各类海洋灾害发生的频率和影响不断加大，给沿海地区造成了严重的经济损失和人员伤亡，根据《中国海洋灾害公报》，近5年（2013—2017年）海洋灾害造成每年年均115.52亿元的直接经济损失。气候变化影响下中国沿海城市暴露程度持续增高、海洋灾害危险性不断增强，从而导致海洋灾害风险加剧。

近年来，在国家相关政策的支持下，沿海城市开展了系列卓有成效的工作，提升了应对海洋灾害的能力，也提升了应对气候变化影响下海洋灾害的能力。取得的成效包括：开展涉海法律法规建设，沿海城市综合减灾顶层设计得以加强；构建多级海洋预报体系，预报与减灾能力逐步提高；完善海洋灾害应急管理能力，涉海综合管理水平逐步增强；构建海洋环境立体观测体系，海洋观测监测能力有效提高；发展海洋灾害预报警报技术，海洋灾害预警能力得以提升；改善城市现有工程防护能力，应对灾害影响能力得以抬升；开展海洋灾害风险评估区划，海洋灾害风险控制能力稳步提升等。

虽然沿海城市开展了大量的工作，也取得了很好的成效，但是气候变化影响下海洋灾害的不确定性仍然是很大的挑战，沿海城市目前仍然存在亟待解决的问题，主要为：海洋领域法律法规完善任重道远，政策制定仍需与时俱进；沿海海堤建设参差不齐，生态海堤等工程性防御措施仍待完善；海洋观测预警及服务能力尚有不足，有待进一步提高；沿海城市灾害补偿机制不健全，灾害保险制度尚待需完善。

在沿海城市目前已经采取的措施、取得的成效以及存在问题的基础上，为进一步提高应对气候变化的能力，建议开展下述工作：继续开展法律法规建设，完善城市涉海法规规划顶层设计；制定海岸建设退缩线制度，发挥生态海堤防灾减灾作用；持续提升观测预警能力，全面提高海洋防灾减灾能力；完善海洋灾害补偿机制，发挥金融市场巨灾保险作用；加强防灾减灾宣传教育，提高公众认知水平。

参考文献

程和琴, 王冬梅, 陈吉余. 2015. 2030 年上海地区相对海平面变化趋势的研究和预测 [J]. 气候变化研究进展, 11(4): 231–238.

董锁成, 陶澍, 杨旺舟, 等. 2010. 气候变化对中国沿海地区城市群的影响 [J]. 气候变化研究进展, 6(4): 284–289.

何霄嘉, 张九天, 仇天宇, 等. 2012. 海平面上升对我国沿海地区的影响及其适应对策 [J]. 海洋预报, 29(6): 84–91.

孔兰, 陈晓宏, 刘斌, 等. 2011. 咸潮影响下磨刀门水道取淡时机初探 [J]. 水资源保护, 27(6): 24–27.

罗琳, 陈举, 杨威, 等. 2010. 2007—2008 年冬季珠江三角洲强咸潮事件 [J]. 热带海洋学报, 29(6): 22–28.

纪文睿. 2017. 浅析沿海海洋污染问题及其对策 [J]. 科技经济导刊, 2: 113.

雷小途, 徐明, 任福民. 2009. 全球变暖对台风活动影响的研究进展 [J]. 气象学报, 67(5): 678–688.

李阔, 李国胜. 2017. 气候变化影响下 2050 年广东沿海地区风暴潮风险评估 [J]. 气候导报, 35(5): 89–95.

李平日, 方国祥, 黄光庆. 1993. 海平面上升对珠江三角洲经济建设的可能影响及对策 [J]. 地理学报, 48(6): 527–534.

李响, 段晓峰, 刘克修, 等. 2014. 津冀沿海地区海平面上升的风险评估研究 [J]. 灾害学, 29(3): 108–114.

李响, 段晓峰, 张增健, 等. 2016. 中国沿海地区海平面上升脆弱性区划 [J]. 灾害学, 31(4): 103–109.

李勇, 田立柱, 裴艳东, 等. 2016, 渤海湾西部风暴潮漫滩数值模拟 [J]. 地球通报, 35(10): 1638–1645

刘秋兴, 傅赐福, 李明杰, 等. 2018. "天鸽" 台风风暴潮预报及数值研究 [J]. 海洋预报, 35(1): 29–36.

沈文周. 2006. 中国近海空间地理 [M]. 北京: 海洋出版社, 370–398.

时小军, 陈固特, 余克服. 2008. 近 40 年来珠江口的海平面变化 [J]. 海洋地质与第四纪地质, 28(1): 127–134.

王国栋, 康建成, Han G. Q, 等. 2011. 中国东海海平面变化多尺度周期分析与预测 [J]. 地球科学进展, 26(6): 104–110.

夏东兴, 刘振夏, 王德邻, 等. 1994. 海面上升对渤海湾西岸的影响与对策 [J]. 海洋学报, 16(1): 61–67.

徐志胜, 冯凯, 白国强, 等. 2004. 关于城市公共课可持续发展理论的初步研究 [J]. 中国安全科学学报, 14(1): 3–6.

于福江, 董剑希, 李涛, 等. 2015. 风暴潮对我国沿海影响评价 [M]. 北京: 海洋出版社.

于福江, 董剑希, 叶琳, 等. 2015. 中国风暴潮灾害史料集 [M]. 北京: 海洋出版社.

但新球, 廖宝文, 吴照柏, 等. 2016. 中国红树林湿地资源、保护现状和主要威胁 [J]. 生态环境学报, 25(7):1237–1243.

王树功, 郑耀辉, 彭逸生, 等. 2010. 珠江口淇澳岛红树林湿地生态系统健康评价 [J]. 应用生态学报,

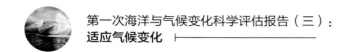
21(2):391–398.

王树功，黎夏，周永章，等 . 2005. 珠江口淇澳岛红树林湿地变化及调控对策研究 [J]. 湿地科学，3(1):13–20.

黎夏，刘凯，王树功 . 2006. 珠江口红树林湿地演变的遥感分析 [J]. 地理学报 ,61(1):26–34.

俞元洪，成迪龙 . 2010. 浅谈海堤建设对我国经济社会发展的作用 [C]. 中国水利学会滩涂湿地保护与利用专业委员会学术年会，220–225.

郑菲，孙诚，李建平 . 2012. 从气候变化的新视角理解灾害风险、暴露度、脆弱性和恢复力 [J]. 气候变化研究进展，8(2): 79–83.

王静爱，董晓萍，苏筠，等 . 2014. 我国综合防灾减灾教育现状评估与对策研究民俗典籍文字研究辑刊 [J].

莫天全，黄瑜，葛海峰，等 . 2017. 中国地级以上城市房地产开发投资吸引力报告 [R]. 北京 : 中国指数研究院 .

于福江，董剑希，李明杰，等 . 2018. 中国温带风暴潮灾害史料集 [M]. 北京 : 海洋出版社 .

韩慕康，三村信男，细川恭史，等 . 1994. 渤海西岸平均海平面上升危害性评估 [J]. 地理学报，49(2): 107–116.

国土资源部、水利部 . 2012. 全国地面沉降防治规划（2011—2020 年）[EB/OL].2014–03–02. http://www.mlr.gov.cn/zwgk/zytz/201207/t20120706_1118659.html.

国家海洋局 . 2014. 2013 年中国海洋灾害公报 [EB/OL]. 2014–03–19. http://gc.mnr.gov.cn/201806/t20180619_1798017.html.

国家海洋局 . 2015. 2014 年中国海洋灾害公报 [EB/OL]. 2015–03–03. http://gc.mnr.gov.cn/201806/t20180619_1798018.html.

国家海洋局 . 2016. 2015 年中国海洋灾害公报 [EB/OL]. 2016–03–24. http://gc.mnr.gov.cn/201806/t20180619_1798019.html.

国家海洋局 . 2016. 关于开展海洋灾害风险评估与区划工作的指导意见 [EB/OL].2016–06–21. http://gc.mnr.gov.cn/201806/t20180615_1796987.html.

国家海洋局 . 2016. 海洋观测预报和防灾减灾"十三五"规划 [EB/OL].2016–12–09.http://gc.mnr.gov.cn/201806/t20180615_1796988.html.

中共中央国务院 . 2016. 中共中央 国务院关于推进防灾减灾救灾体制机制改革的意见 [EB/OL]. 2016–12–19. http://www.gov.cn/zhengce/2017–01/10/content_5158595.htm.

国家海洋局 . 2017. 2016 年中国海洋灾害公报 [EB/OL]. 2017–03–22. http://gc.mnr.gov.cn/201806/t20180619_1798020.html.

国家发展改革委员会、水利部 . 2017b. 全国海堤建设方案 [EB/OL]. 2017–08–21. http:// http://www.gov.cn/xinwen/2017–08/21/content_5219341.htm.

广东省海洋渔业局 . 2017. 广东省海洋观测网建设规划（2016—2020）[EB/OL].2017–12. http://www.gdofa.gov.cn/GDOFA_RESOURCES/42c81c536597406576d8ac403a89e66b.pdf.

国家海洋局 . 2017b. 2016 年中国海洋环境状况公报 [EB/OL]. 2017–12–04. http://gc.mnr.gov.cn/201806/t20180619_1797645.html.

国家海洋局 . 2018. 2017 年中国海洋灾害公报 [EB/OL]. 2018–04–23. http://gc.mnr.gov.cn/201806/

t20180619_1798021.html.

国家海洋局 . 2018b. 2017 年中国海平面公报 [EB/OL]. 2018–04–23. http://gc.mnr.gov.cn/201806/t20180619_ 1798298.html.

韩喜彬 , 龙江平 , 李家彪 , 等 . 2010. 珠江三角洲脆弱性研究进展 [J]. 热带地理 , 30(1): 1–7.

Araos M, Berrang-Ford L, Ford J D, et al, 2016. Climate Change adaptation planning in large cities: a systematic global assessment[J], Envorionmental Science & Policy, 66: 375–382.

Emanuel K. 2005. Increasing destructiveness of tropical cyclones over the past 30 years. Nature, 436(7051): 686–688.

Intergovernmental Panel on Climate Change (IPCC). Climate Change 2013: The Physical Science Basis. Contribution of Working Group I to the Fifth Assessment Report of the Intergovernmental Panel on Climate Change[M]. Cambridge University Press, Cambridge, United Kingdom and New York, NY, USA, 2013.

第6章
沿海重大工程适应气候变化*

沿海重大工程是易受气候变化影响的重要领域之一。为了提高沿海重大工程适应气候变化的能力，保证海洋资源开发对社会经济发展的持续支撑，就必须采取以沿海重大工程可持续发展为准则的适应性对策。本章针对气候变化引起的海平面上升、极端气候事件频发、温度升高、海洋酸化等灾害为关注点，详细分析了滨海核电厂、滨海石油化工厂、滨海机场、重大港口工程、岛礁工程和海洋油气平台六类沿海重大工程所面临的主要挑战，评估了目前中国沿海重大工程应对气候变化所采取的措施及其成效，并在此基础上分析了现阶段沿海重大工程适应气候变化所存在共性问题和个性问题，提出了未来中国沿海重大工程适应气候变化的具体措施建议和综合建议。

---
* 首席作者：董国海[1] 邵守良[2]
  贡献作者：许条建[1] 马小舟[1] 马玉祥[1] 唐鸣夫[1] 卓玉生[2]
  （1. 大连理工大学 大连 116024；2. 中交第一航务工程勘察设计院有限公司 天津 300222）

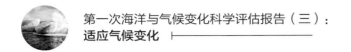
　　沿海重大工程涉及交通运输、水利、电力、石油、船厂等众多行业，涉及国家或地区国计民生，意义重大，一旦失事，将造成不可估量的社会、经济损失和人身生命安全问题。近几十年来，我国沿海重大工程建设的数量和规模不断增加，受气候变化引起的海平面上升、极端气候事件频发、海洋温度升高、海洋酸化等灾害的威胁十分突出。气候变化引起的极端灾害和次生灾害会通过影响沿海重大工程的设施本身、辅助设备以及所处的环境，进一步影响工程的安全性、耐久性和可靠性，并影响着工程的运行效率和经济效益；气候变化还影响沿海重大工程的技术标准和工程措施（陈鲜艳等，2015）。过去几十年来，气候变化对沿海重大工程的影响已经显现出来，在未来气候变化背景下对工程会有进一步影响，进而会影响到经济的可持续发展和重要基础设施的安全。

　　目前，沿海国家所采取的适应气候变化的适应对策，一般有 3 种选择，即后退、顺应和防护，并以顺应和防护为主。我国关于沿海重大工程适应气候变化的研究和实践处于起步阶段，先后发布了《中国应对气候变化国家方案》（国发〔2007〕17 号）、《中国应对气候变化的政策与行动》（2011）、《国家适应气候变化战略》（发改气候〔2013〕2252 号）、《中国应对气候变化的政策与行动 2017 年度报告》以及《关于推进城市安全发展的意见》（2018），极大地提升了我国对沿海重大工程适应气候变化的认识和重视程度，探讨了气候变化适应的重要内容和关键问题，对沿海重大工程适应气候变化提出了战略性、指导性的框架和对策。但就目前而言，我国还没有形成针对气候变化对具体沿海重大工程适应不同气候影响特点的有针对性、系统性、科学性的对策体系。因此，本章详细阐述了气候变化下我国已采取的沿海重大工程适应对策所面临的挑战和不足，并在综合分析的基础上对未来的适应措施提出建议。

6.1　沿海重大工程基本情况

　　目前，沿海重大工程的设计与施工已经根据现行相关技术标准考虑了多种风险要素，但是随着全球气候变化、极端气候事件频发，以及现行相关技术标准升版滞后和工程的设计建造年代逐渐久远，自然灾害给这些重大工程带来了新的挑战和安全隐患。

6.1.1　滨海核电厂

　　滨海核电厂能够为沿海地区工业高速发展提供稳定电力支持，同时在我国能源结构调整中具有重要的战略意义。但是核电厂的安全一直是国际社会关注的重点，因为一旦发生核泄漏，将对人类社会及自然环境造成无法挽回的损失。2011 年 3 月发生在日本东北部海域 9.0级大地震引发特大海啸，导致福岛县两座滨海核电厂反应堆发生故障，其中第一核电厂中一座反应堆震后发生异常导致核蒸汽泄漏，日本经济产业省原子能安全保安院将这一重大滨海核电厂事故的严重程度评定为最严重的 7 级，与 1986 年苏联切尔诺贝利核灾难并列为人类历史上最严重的核事故（宋祖荣等，2012）。2011 年福岛核事故之后，中国暂停了所有核电项目的审批，包括福清核电厂、阳江核电厂在内的多个内陆核电项目的建设推迟。但是核电是一种清洁、高效的能源形式，是目前可以实现工业化生产的主要新能源，对于解决能源短缺、优化产业结构、推动地区经济发展起着重要的作用（赵小辉，2012）。国际上石油等化石能源日益减少及价格不断攀升、核电与核安全技术不断发展和成熟、全球气候变化影响等因素共同决定了核能的发展将不可遏制（Srinivasan & Rethinaraj，2013）。在 2016 年 12 月印发的《能源发展"十三五"规划》（发改能源〔2016〕2744 号）给核电设立了一个高发展目标，提出"到 2020 年运行核电装机力争达到 $5\,800\times10^4$ kW，在建核电装机达到 $3\,000\times10^4$ kW 以上"；要求"在采用我国和国际最新核安全标准、确保万无一失的前提下，在沿海地区开工建设一批先进三代压水堆核电项目"。按此计算，在未来的 4 年内，我国每年将投产核电 600×10^4 kW，开工 6 台以上核电机组。在"十三五"电力供需总体宽松的大环境下，要求核电阔步前行，显示了我国对能源发展清洁转型的决心。预计到 2025 年，核发电量将占总发电量的约 1/3，核电将成为电力工业的支柱（武宏波，2012）。

我国东部沿海经济社会发展迅速，在全国经济社会发展中发挥着不可替代的引领作用。但是，人口不断集中、经济社会持续快速发展，对能源供应也提出了重大挑战，总体上决定了我国已建和在建核电厂全部位于沿海区域的基本特征（侯西勇等，2014）。受全球气候变化影响，海平面上升将使得我国滨海核电厂的设计水位需要明显提高。另外，海平面上升对我国滨海核电厂的影响是不均匀的，呈现出南大北小的趋势。浙江、福建和海南沿岸较为显著，工程设计标准将需要提高 15 ~ 25 cm；黄海、渤海沿岸将需要提高 10 ~ 18 cm。气候变化引起的降雨强度的改变，加大风暴潮和海平面上升的耦合；受此影响，我国滨海核电厂的排水和防洪等设计标准将出现降低的问题（丁一汇和杜祥琬，2016）。同时，受气候变化引起的滨海地区海水酸化和盐度变化的共同影响，海水对滨海核电厂海水冷却系统的设备腐蚀进一步增强，有可能导致滨海核电厂的海水管道和冷凝器等与海水直接接触的设备腐蚀穿孔。同时受气候变化影响，登陆我国的强台风显著增多增强，可能会引发核电厂通信中断、报警设备损坏、厂外电力供应中断等问题。受区域性气温升高和核电工程温排水的共同影响，与水环境升温有关的生态灾难将持续增加，从而对滨海核电厂附近的生态环境安全造成显著影响；此外，根据卡诺循环原理，随着气温和海水温度的升高，进入反应堆的冷却水温度升高，核电厂的发电效率将会降低（Yannick，2013）。

6.1.2　滨海石油化工厂

石油化工行业是国家经济发展的重要支撑力量，与民众生活息息相关。近年来，我国的石油和化学工业不论是经济总量还是年均增长速度都保持了世界领先的发展地位。滨海石油化工厂作为滨海工业的重要组成部分，是我国石化产业维持强劲、绿色增长的重要动力。"十三五"期间，根据《石化产业规划布局方案》（发改产业〔2015〕1047 号），国家将重点建设包括大连长兴岛（西中岛）、河北曹妃甸、江苏连云港、上海漕泾、浙江宁波、广东惠州和福建古雷等七大石化产业基地。作为中国最大石化项目—广州惠州大亚湾基地，2017 年 10 月，中国海油惠州炼化二期项目炼油工程试车成功，加上正式投产的中海壳牌化工二期乙烯项目，大亚湾石化区已形成 $2\,200\times10^4$ t·a^{-1} 炼油、220×10^4 t·a^{-1} 乙烯的产业规模，正以高标准打造世界级生态石化基地。

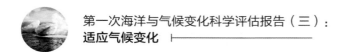
但石油化工行业同样也极具危险性，尤其是滨海石油化工厂。其一，石化产品自身运输、储存而存在的爆炸、火灾、漏露等危险，尤其石油化工在生产加工过程中，废气的排出不可避免且极具危害性，如果不加以处理，势必会对大气造成污染，长此以往将会对人类生存造成了很大的威胁；其二，沿海自然灾害对其的影响也尤其突出，尤其是在全球气候变暖的背景下，海平面升高、风暴潮及极端波浪频发、气温和海水温度的升高，导致石油化工厂在极端气候影响下出现漏露、爆炸等事故，甚至污染临近海域，危及附近海域海洋生物。储存和运输作为石油化工厂的辅助生产设施，在整个滨海石油化工厂工艺生产系统中起到"承上启下"的重要作用。在储罐中，储存的物料的量较大，这些物料大多易燃易爆，一旦发生海平面升高、风暴潮及极端波浪，影响到石油化工产品储存区，极易发生油品泄漏、火灾爆炸，轻则影响装置安全生产，重则造成人员伤亡的严重后果（李伟，2010）。在世界范围内，包括储运安全技术和管理模式比较先进的国家，化学危险品储罐、大型油轮、码头油库的火灾爆炸事故也时有发生，而且由于生产规模和储运规模的大型化，高压、超高压容器的普遍使用，每次火灾爆炸事故所造成的经济损失和对环境的污染都十分严重。因此，提出滨海石油化工厂应对全球气候变化的研究，有利于事故预测、制定对策、采取有效的防范措施，最大限度地减少火灾爆炸事故可能造成的损失；在石化产品的运输过程中，气候变化对其产生的影响尤为突出，气候变化促使极端高温的出现及海平面的升高，导致风暴潮、强风、强降水等的频繁出现，破坏石化产品运输装卸设施，而这些可能直接导致石油化工产品在装卸、运输过程中出现火灾、爆炸、漏油、化工产品漏露（特别是苯酚类高毒物）等一系列高危事故，更影响临近水域的安全，这不仅造成大量的人员伤亡及经济损失，更会大面积污染海域，危及附近海域的海洋生物，进而影响海洋环境。

6.1.3　滨海机场

滨海机场作为滨海城市的大型运输枢纽，能够满足沿海城市日益增长的航空客运物流需求，并且由于海陆交通便捷，使机场成了理想的货运及速递中心；据不完全统计，澳门国际机场每年可处理 600 万乘客及 16×10^4 t 货物。滨海机场地理位置临近海域，在全球气候急剧变化的背景下，容易受到台风、风暴潮、大浪、强降雨等极端海洋灾害频发、高温热浪频发等气候变化带来的负面影响，易出现海洋灾害下海水漫过海堤淹没机场、高温情况下飞机飞行困难、大量人群滞留机场等情况，影响滨海机场运营甚至造成机场瘫痪。例如，2018 年9 月 4 日台风"飞燕"造成日本第二大国际机场——关西国际机场的两条跑道中，一条遭水淹没；一座航站楼的地下室积水，部分飞机甚至发动机进水，机场全面瘫痪；同时受强台风影响，油轮"宝运丸"撞断连接机场和陆地的栈桥，致使机场内大约 3 000 人受困孤岛。根据《中国民用航空发展第十三个五年规划》（民航发〔2016〕138 号），到 2020 年，我国要基本建成安全、便捷、高效、绿色的现代民用航空系统，满足国家全面建成小康社会的需要。为保障运输能力，至 2020 年，将完善华北、东北、华东、中南、西南、西北六大机场群，新增布局一批运输机场，建成机场超过 50 个，运输机场总数达到 260 个左右，年起降架次保障能力达到 300 万次，基本建成布局合理、功能完善、安全高效的机场网络。

在全球气候变化的背景下，海平面的上升对滨海机场的安全运行及使用寿命都将产生重要的影响。海平面的上升将增大滨海机场在极端海洋灾害下机场被海水淹没的风险，缩短机场的使用寿命。同时，滨海机场普遍存在地面沉降问题，使得机场高程逐渐下降，进一步恶化了海平面上升带来的影响。例如，日本关西国际机场自 1994 年开港之际就不停处于沉降之中，相关专家预测，如果不加处理，关西国际机场 1 号人工岛和 2 号人工岛将分别于 2067 年之前和 2058—2100 年沉降至海平面（Funk，2013）。另外，在全球气候变化的背景下，极端海洋灾害频发对机场紧急情况下人员疏散机制提出了更高的要求，一旦应急机制不合理，很可能导致大量人群滞留机场，造成较大的经济损失和不良的社会影响；如 2015 年 8 月 24 日，台风导致的强暴雨使上海浦东机场大量航班取消和延误，致使大量旅客滞留机场。同时，在气候变化下，高温天气出现频率增加，高温增加了飞机的起飞难度，也加快了对机场道面的破坏，增加了飞机滑行偏离轨道的危险。2011 年，首都国际机场多次出现因机场道面高温变形较大而导致飞机受困跑道的安全事故，不仅给机场安全运营带来重大隐患，同时也造成了恶劣的社会影响（王海朋，2015）。

6.1.4　重大港口工程

沿海港口工程是我国对外开放不可或缺的重要基础设施，是水路交通运输的重要基地，在社会经济发展过程中发挥着巨大作用，不仅能够促进沿海地区经济的高速发展，而且具有极其重要的战略意义，随着经济的不断发展，水路运输量不断增大，大型轮船的运输越来越频繁，这对港口码头的整体性能和使用质量提出了更高的要求。同时，包括 LNG 码头在内的石化码头也是我国能源工程中的重要一环，根据《天然气发展"十三五"规划》（发改能源〔2016〕2743 号），"十三五"是我国天然气管道网建设的重要发展期，要完善天然气进口通道，其中依托港口建设的海上进口通道要重点加快 LNG 接收站配套管网建设。在此背景下，沿海港口将得到大力地发展，同时，LNG 码头等重大港口一旦发生破坏，将引起巨大的经济损失，并造成恶劣的社会影响。

由于沿海港口主要建在海陆交界处，如长江三角洲港口区、珠江三角洲港口群和环渤海地区港口群（吴喜德和纪龙，2013），极易受到沿海区域气候变化影响，一旦发生事故，将造成不可挽回的损失。据国家海洋局统计，2017 年"天鸽"（1713 号）强台风在广东省珠海市沿海登陆，在风暴潮和近岸波浪的共同影响，广东省因灾死亡 6 人，引起政府和社会的广泛关注。因此，沿海重大港口工程在气候变化影响下的安全性尤为重要。在全球气候变化的背景下，将不可避免地受到气候变化带来的海平面上升、极端海洋灾害频发等影响。气候变化导致海平面上升，江河湖泊水位下降，风暴潮出现的次数增多，极端高温出现的频率增加，这些将威胁到我国港口设施的正常运营。海港工程由于高程设计标准未考虑气候变化因素，海平面上升将直接影响某些港口的适航性。同时，海平面上升还将增加港区洪水发生的概率。随着气候变化，这些港口暴露于洪水中的风险将会进一步加剧。其次，海平面升高抬升了风暴增水的基础水位，高潮位相应提高，风暴潮致灾程度加大（Frazie et al.，2010）。这些影响将破坏港口码头建筑物、防波堤、码头仓库、船舶和货物以及桥梁和港口集输运航道等设施。

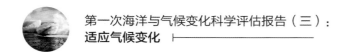

对于港区航道，海平面上升和风暴潮破坏了海岸区侵蚀堆积的动态平衡，改变了海岸附近沙堆的分布，或导致泥沙的堆积逐渐占优（曾庆国和高媛，2013），最终导致航道淤塞。这不仅增加了清淤的成本和压力，而且降低了航道水深，妨碍船舶正常进出港（朱晓东等，2001），长期如此，将给港口带来较大的经济损失。此外，气候变化引起的强风、强降水、高温等极端事件增加，也将威胁港口的正常运营（丁一汇和杜祥琬，2016）。

6.1.5 岛礁工程

岛礁工程建设是我国海洋资源开发的重点，是我国"走向深海"的必要保障，对我国具有经济、军事等多重意义。我国岛礁众多，主要分布于东海和南海，对于邻近我国海洋领土疆界的岛礁不仅为附近海域的海洋油气、渔业等自然资源的开发保护提供宝贵的陆地依托，经济效益和生态意义突出，并且由于其特殊的地缘位置，相关岛礁工程的建设更是对海上运输和国防安全意义重大，对维护我国领土主权意义非凡，具有极高的战略地位。党的十八大报告首次提出"海洋强国"战略，要求提高海洋资源开发能力，发展海洋经济，保护海洋生态环境。习近平总书记在党的十九大报告中进一步明确要求"坚持陆海统筹，加快建设海洋强国"。《全国海洋经济发展"十三五"规划》（发改地区〔2017〕861号）将我国海岛开发和保护作为海洋经济发展布局的重要组成部分，要求合理开发近岸海岛，支持边远海岛发展，加强边远海岛港口码头、机场、道路、通信、供水供电、污水处理等基础设施和学校、医院等公共服务设施建设。严格海岛资源保护和开发管理。另外，《全国岛礁工程"十三五"规划》提出，到2020年，在100个海岛实施岛礁工程，形成各具特色的岛礁建设模式、标准和长效监管机制。基本实现"生态健康、环境优美、人岛和谐、监管有效"，为海洋强国、海洋生态文明和海上丝绸之路建设提供强有力的支撑和保障。在此背景下，我国海洋开发走向深、远海是一个大的发展趋势，而岛礁的开发建设在其中发挥着重要作用。

但是，全球气候变化引发海平面上升、海水表层温度升高、极端海洋气象灾害加重等海洋环境气候问题（IPCC AR5，2014），对岛礁生态系统、工程建设产生复杂而深刻的影响。南海岛礁以珊瑚礁为主（赵焕庭，1998），珊瑚礁及其生态系统受气候变化影响最大、最明显。受全球气候变化影响，海水表层水温增加，海洋存在酸化趋势，对活珊瑚的生长产生重大威胁，如出现"白化"等生态灾害事件（Hughes，2003；Hughes，2017；Hoeghguldberg，1999），全球范围内珊瑚礁退化严重，生态系统遭到破坏，对依托于珊瑚礁生态系统的岛礁工程产生连锁、系统性的影响。活体珊瑚的消亡，导致其对波浪的消耗防护能力随之减弱，岛礁工程失去了一道天然屏障，所承受的波浪等水动力荷载增大，同时珊瑚礁海岸受侵蚀的威胁增大。气候变化导致包括南海在内的全球海平面上升，海平面上升作为一种缓发性的海洋灾害，使海岸原有的动力平衡被打破，长期的累积效应可能造成珊瑚礁海岸的侵蚀后退（Yu，2010；Chappell，1983），同时由于我国南海岛礁海拔较低，普遍在5 m以下，部分珊瑚礁低洼区域存在被淹没的危险，甚至造成珊瑚礁从海平面消失（Woodroffe，2008），岛礁工程可能遭受威胁（王国忠，2005）。另外，海平面的上升，还可能诱发珊瑚礁钙质砂结构的地质性质变化，影响其承载力，可能引起地基沉降、结构开裂等工程问题。风暴潮等极端气候事件带来的强大破坏力也会对珊瑚礁造成突发性的巨大破坏，而且考虑到珊瑚礁松散的地质，岛礁工程在极端风浪条件下可能发生移动（Sheng，2000）。气候变化还对岛礁工程的腐蚀防护产生不利影响。海洋气温、水温的增加，水体酸化，都容易造成腐蚀问题的加剧（Costa，2002; Bader，2003），进而影响工程及设施的使用寿命和可靠性。气候变化导致强降水频率增加，台风等引起的灾害损失存在增大的趋势，不仅加剧对岛礁的冲刷腐蚀作用，甚至可能摧毁岛礁，还容易干扰或中断岛礁工程的施工作业，延长工期。

6.1.6 海洋油气平台

海洋平台是钻井、采油、采气等海上作业的主要结构设施，其结构复杂，体积庞大，造价昂贵，与陆地结构相比，所处的环境恶劣，承受着波浪、海流、风、潮汐、冰等荷载，同时还受到地震作用的威胁。随着世界各国经济的迅速发展，石油的消耗量与日俱增，作为不可再生能源，许多国家陆地的石油储量濒临匮乏，因此各国纷纷将石油能源的开发转向海洋（刘洋，2017）。海洋石油能源的开发需要借助海洋油气平台，绝大多数的海洋油气平台是用钢铁建造的，大型平台的构造相当复杂，具有多种作业功能，造价也十分昂贵。这些平台一般都放置在离岸较远的海域里，易受到气候变化带来的极端海洋灾害频发、海洋内波等因素的影响；同时，海洋平台多数是固定安装的，因此，一旦发生破坏，不能像船舶那样进行坞修，维修十分困难，带来巨大的经济损失。我国海域就出现过数起由极端天气事件引发的海洋平台安全事故：1983年10月，美国"爪哇海"号钻井船在我国南海作业时遭遇16号台风袭击，翻沉海底，81名中外员工全部遇难；2010年9月，中石化胜利油田作业三号平台在渤海湾受玛瑙台风影响，平台发生倾斜（图6.1），2人失踪（朱本瑞，2014）。而根据《全国科技兴海规划（2016—2020年）》（国海发〔2016〕24号），我国提出要推动海洋工程装备制造高端化，推进深水勘探、钻探、生产和储运技术发展，发展深海空间站、海上大型结构物以及天然气

图6.1　2010年中石化胜利油田作业三号平台受玛瑙台风影响平台发生倾斜

图片摘自新华网

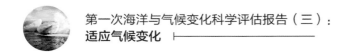

水合物开发等配套装备。《全国海洋经济发展"十三五"规划》（发改地区〔2017〕861号）也对海洋装备制造业提出了发展要求，包括"3 600 m以上超深水钻井平台等装备的研发设计和建造技术，提升海工装备设计和建造能力"，在海洋油气业上，要支持深远海油气勘探开发，到2020年，新增探明海洋油气地质储量较快增长，海洋油气产量稳步增长。在此背景下，海洋平台的活跃度无疑将大幅增加，保障海洋平台的安全运行也将更为重要。

由于近年来全球气候变化带来的极端气象事件频发，导致海洋平台结构经历传统意义上的多年一遇海洋环境条件的概率大大增加，海洋平台要经受台风、风暴潮、海浪、海流等各种极端外部荷载同时作用，使得现行的海洋平台疲劳设计偏离了实际的海洋环境条件（黄维平和刘超，2012）。与此同时，在气候变化的背景下，腐蚀、海洋生物附着、材料老化、构件缺陷和机械损伤以及疲劳和裂纹扩展的损伤累积等不利因素都将引起平台以及其上装置设备的损坏，影响平台的服役安全度。气候变化引起的海水盐、酸化在平台表面产生剧烈的电化学腐蚀，严重影响海洋平台结构材料的力学性能，尤其对近海导管架平台的立管结构性能造成影响；气候变化将引起极端风浪，其产生的表面波和内波会对深海平台的运动响应及疲劳强度造成影响，若激励频率在平台基频附近还将引起共振。极端海况引起的疲劳损伤在总的疲劳损伤的比例大大增加，甚至成为疲劳损伤的主要部分。因此，制定海洋平台应对气候变化的措施和方案，对于海洋平台乃至中国海洋装备制造业的发展都有着充分的必要性。

6.2 已采取的适应气候变化的措施及其成效

在全球变暖趋势不断加重情况下，作为成为全球生态文明建设的重要参与者、贡献者和引领者，我国对沿海重大工程建设提出了更高要求。由于部分温室效应影响不可逆转，适应也成为应对气候变化的重要组成部分。目前，我国为应对气候变化，已针对相关沿海重大工程，做出了一系列相应的对策行动。采取的这些措施和应对行动，已取得了明显的社会效益和经济效益。以下将围绕滨海核电厂、滨海石油化工厂、滨海机场、重大港口工程、岛礁工程和海洋油气平台等工程展开详述。

6.2.1 滨海核电厂

核能作为一种高效、清洁的新型能源，能在有效较低碳排放、减缓温室效应的同时，满足我国能源消费的持续增长要求。2013年，我国发布的《能源发展"十二五"规划》中明确提出要"安全高效发展核电"，加快建设现代核电产业体系，打造核电强国。2014年6月13日，习近平总书记在主持召开中央财经领导小组第六次会议时强调，在采取国际最高安全标准、确保安全的前提下，抓紧启动东部沿海地区新的核电项目建设。李克强总理在2014年政府工作报告中提到，要推动能源生产和消费方式变革，开工一批水电、核电项目。根据《核电中长期发展规划（2011—2020年）》提出的目标，2015年前我国在运核电装机达到

$4\,000 \times 10^4\,kW$，在建 $1\,800 \times 10^4\,kW$。到 2020 年我国在运核电装机达到 $5\,800 \times 10^4\,kW$，在建 $3\,000 \times 10^4\,kW$。然而气候变化带来的海平面上升和海水酸化等问题给核电厂的安全带来极大挑战。2013 年我国发布的《能源发展"十三五"规划》（国能综新司〔2015〕177 号）中明确提出要"安全高效发展核电，在采用我国和国际最新核安全标准、确保万无一失的前提下，在沿海地区开工建设一批先进三代压水堆核电项目"。为了提高核电厂整体安全性，我国加大核电安全科研力度，自主研发的三代核电"华龙一号"具有极高的安全性。同时，研发的非能动堆芯冷却系统实验装置（ACME）和数字化仪控平台（DCS），能够在事故发生时及时反应，保证反应堆安全。在稳步推进国家核与辐射安全监管技术研发基地建设的基础上，中国核安全局加强了监测能力建设，大力推动核研发基地国控监测点升级、国控自动站、东北边境地区应急监测能力、监测标准物质配置等项目，据《国家核安全 2017 年报》统计，截至 2017 年 12 月，我国已启动建设自动站 96 个，建成和升级自动站 27 个。2017 年 9 月 1 日，全国人大常委会第二十九次会议审议通过《中华人民共和国核安全法》，巩固了我国 30 年核安全监管成果，实现了核安全领域立法的重大突破。同时，国家核安全局印发了《关于加强核与辐射安全监管能力建设工作的通知》，指导省级环境保护部门加强核与辐射安全监管能力建设，保障核与辐射安全监管工作。

6.2.2　滨海石油化工厂

石油是我国能源供给的主要组成部分，为降低成本，提高石油资源周转效率，我国众多石油化工厂分布在沿海地区。受气候变化影响，极端天气频发，海平面上升，滨海石油化工厂安全受到威胁。为应对海平面上升的风险，《2015 年中国海平面公报》指出生产易燃、易爆、有毒品的工业用地和存储用地，应和海平面上升风险区保持安全距离。同时，为了让石油沿海化工厂面对气候变化导致的极端天气早做应对，《国家适应气候变化战略》（发改气候〔2013〕2252 号）要求加强对台风、风暴潮、局地强对流等灾害性、转折性重大天气气候事件的监测预警能力，做到实时监测、准确预报、及时预警、广泛发布。为应对气候变化带来的突发状况，尽量避免事故发生，我国军工研制的高性能复合材料大型双壁储油罐的一体化成型技术于 2014 年开始转民用推广，该技术具有良好的承水力、内外部抗压力、防泄漏性能，能够保证汽油产品、醇、醇—汽油混合物的安全性。为了提高石油资源利用率，在保证生产的情况下尽量降低碳排，减缓温室效应，《中国应对气候变化国家方案》（国发〔2007〕17 号）要求油气开采应用采油系统优化配置、稠油热采配套节能、注水系统优化运行、二氧化碳回注、油气密闭集输综合节能和放空天然气回收利用等技术，并优化乙烯生产原料结构，采用先进技术改造乙烯裂解炉，大型合成氨装置采用先进节能工艺、新型催化剂和高效节能设备。

6.2.3　滨海机场

我国沿海地区人口众多，滨海机场极大地方便了人们的出行，并促进了沿海城市经济的

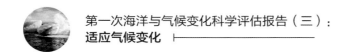
发展。然而，受气候变化影响，海平面上升，地面沉降，高温天气频发，给滨海机场的正常运行带来极大挑战。为应对气候变化带来的海平面上升和沿海地区地面沉降问题，国家海洋局发布的《2015 年中国海平面公报》指出在城市总体发展规划中，人口密集和产业密布用地应主动避开海平面上升高风险区。同时，为强化海岸带水资源管理，进一步控制沿海地区地下水超采和地面沉降，《中国应对气候变化国家方案》指出，对已出现地下水漏斗和地面沉降区进行人工回灌，采取陆地河流与水库调水、以淡压咸等措施。为了解决高温天气频率增加带来的机场跑道变形问题，天津、大连、厦门等多座沿海民航机场和诸多沿海军用机场均采用 SMA 跑道，该结构具有摩擦系数大、寿命长、抗高温、抗低温及抗油污腐蚀等特点。针对海平面上升引起的沿海地区问题，《中国应对气候变化国家方案》中提出采取护坡与护滩相结合、工程措施与生物措施相结合，提高设计坡高标准，加高加固海堤工程，强化沿海地区应对海平面上升的防护对策。

6.2.4 重大港口工程

在应对全球气候变化的新形势下，我国港口企业加强港区环境绿化，高度重视绿色环保港口建设。青岛、天津、宁波、上海、大连、广州、厦门等主要港口，都积极地开展植树造林，打造绿色港口，不仅有效降低港区污染，改善生产生活环境，为低碳交通运输体系的建设做出贡献，更为港口的可持续发展留出空间。我国的各主要港口企业投入了大量财力、人力和物力加强绿色环保港口的建设。2010—2020 年，广州港预计 10 年分期投资 10 亿元用于绿色港口建设。青岛港自 2007 年以来就生态保护、污染防治、环境风险防范等投入资金 1 亿多元，为治理粉尘污染，投资 4 000 多万元建成防风抑尘墙，港口绿化面积超过 100×10^4 m^2，实现了绿色环保发展。

同时在港口工程适应气候变化方面，交通运输系统积极响应，对原有规范进行了修订。2013 年，原《海港水文规范》（JTS145-2-2013）已首次增加了有关考虑海平面上升相关要求的内容。其相关条文为："3.1.5 根据海港工程的重要性，需考虑当地海平面上升时，工程使用期内的上升值可参照国家海洋局发布的《中国海平面公报》中的有关数值。" 2015 年，由原《内河航运工程水文规范》（JTS145-1-2011）和原《海港水文规范》（JTS145-2-2013）合并而成的《港口与航道水文规范》（JTS145-2015），除继续保留增加考虑海平面上升内容外、为客观反映由于气候变化引起的近期自然环境变化，又对分析使用的连续实测资料提出了"近期"的新要求。其相关条文为："5.5.10 根据海港工程的重要性，需考虑当地海平面上升时，工程使用期内的上升值可参照国家海洋局发布的《中国海平面公报》中的有关数值。5.1.2.1 资料具有良好的一致性时，应取近期连续的资料系列。6.4.4 进行波高或周期的频率分析时，应取近期连续的资料，年数不宜少于 20 年。"

6.2.5 岛礁工程

岛礁相关工程在资源开发，海上运输，国防安全方面有重大意义，其中岛礁工程更是严守生态红线的重要一环。而全球气候变化引发的诸多海洋环境气候问题，对岛礁生态系统、工程建设带来更多挑战。为此，《国家适应气候变化战略》（发改气候〔2013〕2252号），在岛礁建设方面，指出要针对海岸带侵蚀、海洋灾害频发、海岸生态系统脆弱等问题开展岛礁试点示范工程，以海洋生态修复、灾害防御工程建设和沿岸土地治理为重点，组织海岸带脆弱性评估，积极开展海岛生态修复，着力于保护和修复红树林、珊瑚礁、海草床等生态系统；针对海岛开展防御风暴潮设施系统建设，完善海洋灾害观测系统，健全海岛防风、防浪、防潮工程，加强避风港、渔港、锚地、防波堤、海堤、护岸等设施建设；加强沿岸土地治理和海岸带土地侵蚀与盐渍化整治，阻挡海水入侵，防治海岸带土壤质量下降。为了进一步推进岛礁工程建设，国家海洋局于2016年10月批准实施《全国岛礁工程"十三五"规划》（国海岛字〔2016〕691号），明确提出到2020年，在100个海岛实施岛礁工程，形成各具特色的岛礁建设模式、标准和长效建设管理机制。根据《中国应对气候变化的政策与行动2017年度报告》，截至2017年，辽宁、浙江、福建、广东和广西等地已实施10个"岛礁工程"，有效改善了海岛防灾减灾设施，提高了海岛地区应对气候变化的能力。

6.2.6 海洋油气平台

海底油气资源的勘探开发已成为沿海国家重要的经济活动内容，而海洋油气平台建设正是海洋油气资源开发过程中的关键环节。全球气候变化导致极端风浪频发、海平面上升，对平台的安全构成严重威胁。对此，国家海洋局加强海洋减灾体系构建，开展沿海大型工程海洋灾害风险排查和风险区划工作。《中国应对气候变化的政策与行动》（2011）指出开展海洋气候观测网络建设，初步形成对全国近海和部分大洋的海洋关键气候要素的观测能力，开展海平面上升监测、调查和评估工作，对沿海94个验潮站的基准潮位进行了重新核定，开展风暴潮、海浪、海啸和海冰等海洋灾害的观测预警工作，有效降低了各类海洋灾害造成的人员伤亡和财产损失，同时，国家积极开展中国近海海洋综合调查与评价工作，系统梳理中国海洋灾害时空分布特征，发布年度《中国海洋环境状况公报》《中国海平面公报和中国海洋灾害公报》，为有效应对和防御各类海洋灾害提供支撑，提高了海洋平台的灾害应对能力。气候变化引起的海水盐、酸化导致海洋平台电化学腐蚀加剧，严重影响结构的力学性能。目前，常用的平台防腐技术包括阴极保护与防腐涂层、海洋平台热喷涂防腐技术以及海洋平台桩腿防腐套包缚技术。其中，阴极保护与防腐涂层：海洋平台由于受氧浓度的电化学作用、硫酸盐还原性细菌的作用和腐蚀酸的作用，会产生严重的局部腐蚀，因此通常采用涂层和阴极保护的组合方式以防止目标结构遭受外部腐蚀。海洋平台热喷涂防腐技术：热喷涂锌铝及其合金涂层已成为一种成熟的防腐技术，经过适当封闭的热喷锌铝涂层在常温和高温下对处于飞溅区的钢结构均表现出优良的防腐蚀性能（Fischer et al.，1995；蔡涛等，2003；李言涛等，2005）；海洋平台桩腿防腐套包缚技术：防腐套由高强度多层织物外覆以特殊聚酯层，内覆防腐触变胶3部分构成，这3层结构紧密地聚合在一起形成了单片式整体结构。这种独特的结构可以通过增加或减少套体的厚度和改变织物的构造来调整防腐套的物理特性，以适应不同的防腐要求；其多层织物本身的弹性可使防腐套以设计的张力紧密地包缚海洋平台桩腿，并

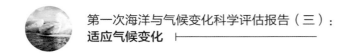
且达到水密甚至气密的密封要求，从而实现长效防腐。而由中国海洋石油集团有限公司研发构建了平台外加电流阴极保护延寿修复系统，与传统防护方法相比，该系统更为便捷高效，且使用中污染少，是一种环境友好型的阴极保护技术，该外加电流阴极保护系统已应用于多座海洋钻井平台，在腐蚀控制方面取得了良好的效果（刘福国，2015）。

6.3 沿海重大工程适应气候变化存在的问题与建议

气候变化适应建设就是针对气候变化所表现出来的局地特征和对行业领域或部门产生的具体影响，所采取的有针对性的技术措施，减轻系统的脆弱性和减小气候变化的不利影响，并尽可能地利用气候变化的有利影响所带来的机遇（李阔等，2016）。目前世界沿海国家所采取的适应气候变化的因地制宜的适应对策，一般有三种选择，即后退、顺应和防护，并以顺应和防护为主。气候变化会对现存的沿海重大工程及其适应措施产生重大影响，本节针对沿海重大工程适应气候变化存在的问题与差距进行了深入讨论，提出了相应的适应建议具体如下。

1）应对气候变化的相关科学研究尚待加强

气候变化对沿海重大工程的影响是一个复杂的系统性学科。目前，我国正在进行有关气候变化的影响研究，但是研究重点集中在农业、能源和水资源等领域，涉及沿海重大工程的研究较少，为突破沿海重大工程应对气候变化的技术瓶颈，应该加强气候变化领域的基础研究。一方面，针对海平面上升、极端气候灾害等由气候变化引起的灾害和次生灾害，其对沿海重大工程的破坏作用程度还有待评估论证，同时除本文提到的现阶段已发现的气候变化对沿海重大工程的影响外其他影响因素还有待研究；另一方面，在气候变化的条件下，海平面上升、极端气候事件发生频率增加与沿海重大工程所在区域地面沉降的综合影响体系还未建立，沿海重大工程应对气候变化的科学合理设计尚未有可靠的参考依据；另外，针对极端海洋灾害下人群疏散问题，有关沿海重大工程综合运输通道系统能力的科学研究有待加强，为合理规划沿海重大工程运输通道系统提供理论支持。除此之外，针对沿海重大工程的不同特点，沿海重大工程适应气候变化的研究关键问题应有所侧重，具体建议如下：

（1）加强气候变化对沿海重大工程设施腐蚀影响的研究

鉴于滨海地区盐度变化和海水酸化的影响，科学评估上述变化对滨海核电厂海水冷却系统腐蚀的影响，是解决核电厂冷却系统应对气候变化的前提条件。在滨海核电工程的海水系统防腐设计中，应遵循材料适应性和材料相容性原则做好防腐选材，考虑设备的几何因素即尽量减少设备连接缝隙和死角，确定设备对各环境因素的适应程度，选择合理的防腐蚀方案（刘飞华等，2007）。此外，针对滨海核电厂的防腐还需要科学研究对输水管道腐蚀行为的电化学方法检测；对热交换器附近隔离阀和疏水阀与换热器钛板的电连接进行绝缘，防止电偶腐蚀发生；加强对设备冲洗水的管理，并改进防火封堵的设计；科学选择核电厂用水系统中进水母管隔离阀及附近短管的外部防腐蚀涂料（刘飞华和晏卫国，2007）。另外，海洋油气平台不同于其他沿海重大工程，其在不同的海洋环境下，腐蚀特点会有比较大的差异，因此要对海洋平台结构在海洋环境中腐蚀区域的腐蚀情况进行分析和界定，才能有针对性地提出有效的保护措施，根据海洋环境、腐蚀特点和平均腐蚀率不同，海洋平台在海洋环境中可分为海洋大气区、飞溅区和全浸区三大区域，应根据平台不同区域独特的腐蚀特点，对不同的防护技术在气候变化条件下的适应能力做好研究和评估。

（2）加强气候变化条件下沿海重大工程的破坏机理研究

基于我国目前沿海重大工程区域水文条件监测资料尚不完整，应充分利用工程附近区域过去和现有的数据，并在此基础上结合国内外先进的方法模拟工程所在区域的未来水文环境，明确气候变化过程及影响区域（Scott et al.，2013；王琦，2012；Field et al.，2012）。同时，深化极端海洋灾害事件对沿海重大工程影响的数学模拟和物理模型试验研究，详细探究极端海洋灾害事件的内在特性和原理及加强沿海重大工程在波浪、水流和大风共同作用下的受力机理、损坏机理、结构形式、越浪等方面的研究（贾良文等，2012）。

（3）加强岛礁工程适应气候变化的相关基础研究

气候变化加大了岛礁工程所面临的困难，包括珊瑚岛礁的生态保护、钙质砂地质的工程性质、远海工程的防腐设计和抗风浪设计，对这些问题在气候变化的条件下如何发展演变仍缺乏清晰、确定的认知了解，相关科学研究的开展不够充分。对岛礁海域附近的水动力及其他环境荷载缺乏足够的认识，难以为岛礁工程的设计施工乃至优化提供坚实的理论和技术支撑。因此，需要对岛礁设计建设过程所涉及的科学技术问题展开研究，包括但不限于：南海珊瑚岛礁的生存状态及生态环境研究、岛礁风、浪、流等环境动力数据的采集技术、珊瑚礁工程地质、岛礁工程勘探技术、岛礁海域水动力环境、气象水文条件的研究分析、海洋工程混凝土和金属腐蚀防护技术以及新型材料开发如海水拌养珊瑚砂混凝土等，并着重考虑相关技术对气候变化的应对。

（4）加强气候变化对沿海重大工程地面沉降影响的相关研究

鉴于海平面上升和极端气象事件频发等由气候变化造成的影响，滨海地区出现岸线侵蚀、地下水盐化等诸多问题，这会对沿海工程的地基产生影响，造成部分工程（如滨海机场）出现地面沉降和沿海设施下沉等问题。因此，需要加强气候变化对沿海重大工程的地面沉降在设计、施工和投产等不同阶段影响的相关研究。在设计阶段，通过数值模型和物理模型实验的方法对沿海重大工程的工后沉降进行科学预测（丛斌龙，2013）；在施工阶段，在严格对沉降进行监测的基础上，针对不同的地基采用不同的施工方法，并科学设计施工工序，以减少地基均匀沉降、不均匀沉降等问题（尚金瑞，2015）；施工完成后，尽可能预留沉降稳定期，坚持进行沉降观测，定期检查护岸、大堤在潮汐、水流、波浪作用下的破损情况，防止因护岸损坏可能引起后方塌方等问题（严路易，2011）。

2）沿海重大工程的设计标准及质量评价标准有待完善

目前，我国滨海核电厂建设遵循的是美国核电规范（ASME），但完全照搬美国核电规范的做法使我国部分核电厂存在设计过于保守的现象，不能做到完全符合中国沿海工程水文特点，不能科学地平衡经济效益和工程安全性之间的关系；而我国港口工程一般采用交通运输部颁布的相应设计标准，在工程设计中没有考虑到气候变化的影响，导致设计标准偏低，不能有效防御气候变化带来的自然灾害；另外，在沿海重大工程建设选址方面，由于气候变化导致已建工程所在海域水文条件发生变化，部分地区由于海平面上升会导致遮蔽条件发生改变，影响沿海工程的寿命。因此，在全球气候变化的条件下，亟需建立及完善沿海重大工程的设计标准。针对我国滨海核电站的设计标准需要进行适应气候变化方面的论证；而港口工程受海平面上升、潮位变化及极端气象灾害影响明显，需对其设计标准进行相应加强和完善，考虑气候变化影响趋势对港口设计寿命的影响；在沿海重大工程选址时，应结合当地历史的气候条件，选择隐蔽条件好的港湾布局，主动避开受气候影响较大的区域。当隐蔽条件较好的港湾紧缺或当地缺乏这样的港湾时，充分利用天然的挡风浪条件如开敞海湾内的山地、湾外的岛屿等进行遮风避浪，能够有效减弱极端气候灾害的影响（贾良文等，2012）。

（1）合理提高重大港口工程及其防护设施的设计标准

在沿海重大工程设计中，尤其在重大港口工程、滨海机场等易受海平面上升影响的工程，一方面，通过将沿海工程所在区域的历史气候变化数据纳入设计中（Bailey，2008），综合分析海平面上升、地面沉降等多因素对工程设计的影响，以此为据合理提高沿海重大工程的设计高程、安全等级及设计波要素标准；另一方面，对于沿海重大工程的防护设施，如防波堤、护岸等，考虑气候变化大环境下极端海洋灾害的频率、范围及强度，重新确定沿海重大工程防护工程等级及划分依据，提高高风险脆弱部分的设计标准和加长防护范围，从而降低沿海重大工程的前沿波高，增加沿海设施的运行时间。另外，加强海岸防护工程强度，有针对性地修建防护堤坝，在可行范围内修建生物护岸工程等低成本高效益、无生态危害的可持续生态防御措施，达到护滩、护堤和促淤等综合海岸防护作用（冯爱青等，2016）。

（2）建立岛礁工程的施工建设标准和工程质量评价体系

我国岛礁开发建设的快速发展，但发布、实施的相关标准明显滞后，包括岛礁工程场址勘察和工程设计标准（Sheng，2000）、岛礁工程污染破坏海洋环境的管理和执法标准等大量缺失，陆上的工程规范标准并不适用岛礁这一特殊区域，另外，对岛礁工程质量的评估也缺乏统一的国家标准。岛礁独特的地质条件和水文条件，导致岛礁工程的结构设计、结构强度、抗风浪措施与腐蚀防护设计与陆上工程差异巨大（Pomar，2007），因此，亟需制定相应规范，指导岛礁工程的合理规范建设，保证岛礁工程的可靠性，同时避免经验性和试验性的施工，造成工程资源的浪费和无法挽回的环境破坏。

（3）建立考虑气候变化影响下的滨海机场评估体系

与其他沿海重大工程不同，滨海机场是一个复杂的综合系统，受气候变化影响因素众多。一方面海平面上升、极端海洋灾害频率增加不仅加大了滨海机场被海水淹没的风险，同时给机场的交通运输系统、防护系统、排水系统、电力系统等其他辅助设施系统造成危害；另一方面高温天气频率增加可能造成机场飞行困难，影响滨海机场正常运行，并且可能对其他辅助设施的安全性、稳定性、可靠性和耐久性产生影响。因此，建议对滨海机场复杂综合系统建立考虑气候变化影响下的机场评估体系。

3）沿海水文和生态环境监测系统尚待完善

我国沿海区域和岛屿附近海域的风、浪、流、潮汐等监测数据在区域覆盖范围、时间跨度、详细程度和准确性方面都严重不足，尤其是远海岛礁如南沙群岛，由于缺乏相应的海洋环境动力历史数据和地貌水深数据（Maeder，2002），对岛礁工程的设计造成困难，往往寻找最近海域的资料或依赖于一些经验公式来推断工程的环境荷载并进行设计，对工程设计的可靠性影响很大。而考虑到当前气候正发生深刻、复杂的变化，亟需完善沿海重大工程附近海域海平面的监测，积累更丰富的长期观测资料，提高海平面上升量预测的可信度，从而为沿海地区各类重大项目工程规划设计在考虑海平面上升因素时提供可靠的参考标准，同时考虑建立国家标准的数据库，规范对相关数据的管理使用。除此之外，针对部分特殊沿海重大工程给出部分具体建议如下。

（1）加强对滨海核电厂和石化工厂周围环境监测能力

受气候变化影响，海洋极端气象事件发生频率上升，导致滨海核电厂和滨海石油化工厂这类高危沿海工程发生火灾、爆炸及漏露的风险有所上升。为此，滨海核电厂和滨海石油化工厂需要加强对极端天气的监测，尽可能完善风险预测机制并定期开展工艺及设备安全检查，以提前对气象灾害做出防范。另外，对滨海核电厂和滨海石化工厂设计温排水问题，在全球气候变暖的影响下，应对排水和取水口附近海域做好海水温度监测，以此进一步论证取水、排水方案，充分评价排水口混合区的面积和受影响的水域范围，并考虑未来海温的上升趋势，科学评估气候变化对于滨海核电厂所在海域海洋环境的综合影响。

（2）加强岛礁海域和珊瑚礁海岸带生态环境监测能力

我国现有的海洋环境监测、观测标准和能力建设在应对气候变化上都有所不足，尤其是我国以往海洋活动多局限于沿海地区，而远海地区的海洋环境数据比较缺乏，如海洋水体温度、盐度及酸度的变化，标准也较为滞后，对岛礁生态系统有着密切影响。气候变化凸显珊瑚礁生态系统的脆弱，应进一步提高生态环境保护在岛礁工程中的地位，开发与保护措施并举。岛礁工程从论证、选址、设计、施工建造、建筑材料，以及建成后的运行使用，都需要考虑对生态环境的影响并做出评估。因此，在气候变化的条件下，亟需加强岛礁海域和珊瑚礁海域海岸带的生态环境监测能力，为海岛生态保护和修复提供研究基础。

4）气候变化下重大工程防灾减灾能力有待提升

由于气候变化的影响，沿海重大工程的洪水、风暴潮等设计重现期可能有所降低，因此需要补充收集近年的降雨、潮位等数据，更准确地预测未来的变化，并将这些变化纳入数据的时间序列分析中，重新分析计算不同设计频率下的潮位和洪水数据，依据这些数据重新制定各类沿海重大工程的设计标准，以保证沿海重大工程在气候变化条件下的安全运行。同时，针对气候变化的现状，研究沿海重大工程在海平面上升、风暴潮剧烈、极端大浪频发情况下的破坏过程；完善沿海重大工程在气候变化下的防潮防浪标准，建立在海平面上升情况下的潮位统计、波浪爬高与越浪量的计算方法，研究沿海重大工程设计高程与结构的适应要求，优化沿海重大工程的工程基础处理方法；加强气候变化条件下台风、风暴潮、极端大浪等自

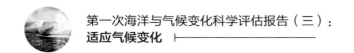

然灾害对沿海重大工程的综合评估与防灾减灾技术，为科学保障沿海重大工程的稳定性和沿海地区的安全性提供全面有力的技术支持。结合各重大沿海工程受气候变化影响的特点，给出具体改进建议如下。

（1）定期复核核电厂工程的防灾减灾能力

在全球气候变化的背景下，复核核电厂工程的防灾减灾能力迫在眉睫。针对已建核电厂工程，应充分研究已建成的滨海核电工程所在区域遭受海平面上升、风暴潮、洪水等灾害的影响程度，科学评估滨海核电厂面临上述灾害的风险，为滨海核电厂应对气候变化提供依据，并针对具体的风险评估结果，提出有针对性地减缓措施；针对在建的核电厂工程，应该充分考虑气候变化所造成的影响，对核电厂的设计高程、可能存在的最危险荷载组合等一系列设计参数，结合水文变化趋势对核电厂关键设计指标进行重新校核。

（2）提高滨海机场应对高温热浪频发的能力

针对气候变化下高温热浪频发的情况，一方面合理科学规划滨海机场飞机滑行跑道长度，利用更长时间的地面加速滑行达到起飞速度，从而解决高温天气飞机起飞动力不足问题（张朝光，1978）；另一方面建议合理科学控制极端高温下的飞机载重，建立科学的航班载重量计算方法，根据极端高温程度，合理降低飞机载重，在保障飞机起飞安全基本条件下减少机场经济损失（Coffel & Horton，2015）。同时，对于气候变化下高温对机场道面的影响，可通过合理选择材料、科学设计混合料、控制施工方法等改善高温情况下机场道面的耐高温性能（王海朋，2015）。

（3）提升气候变化背景下滨海机场辅助设施系统抗风险能力

气候变化不仅对影响滨海机场的飞机运行，同时对滨海机场中众多的机场辅助设施系统带来危害，如滨海机场输油管道系统、机场排水系统、机场电力系统等。对易受损坏系统，完善监视和关断系统，定期进行检查、维修，完备所需的附属设施，提高滨海机场辅助设施系统的可靠性与抗风险性，确保机场处于良好的工作状态，保障极端海洋灾害发生时滨海机场的正常运行（王诺等，2011）。

（4）采用主动和被动减振技术减小海洋油气平台结构动力响应

针对气候变化条件下的海洋油气平台，一方面应采用主动减震技术，通过外部能量减振，在结构受激励作用的振动过程中，通过快速计算结构动力响应，快速反馈结果，由此来计算应施加的振动控制力，通过一些装置快速施加控制力或快速改变结构的动力特性，来减少结构的动力响应；另一方面采用被动控制技术，利用某些耗能元件，通过增大结构的阻尼特性，以减小结构动力响应。如调谐液体阻尼器，将一刚性体固定于结构物上，里面盛有液体的矩形水箱，利用固定水箱中液体在晃荡中产生的动侧压力来提供减振力，通过与海洋平台自身的固有频率调谐，使海洋平台避免和周围环境载荷之间发生共振现象，实现平台结构减振（任晓亮，2010）。

5）气候变化下沿海重大工程预警能力不足

灾情预报是沿海重大工程应对气候变化的重点工作之一。为此，应加强沿海重大工程附近海域的极端天气事件的监测能力，加强潮位观测站建设，完善海洋卫星和定点测量体系，为气象预报的准确性提供数据支撑（甘申东等，2012）。同时，加强国家环境预报中心和海洋预报台的建设，从而提高风暴潮预警的同步性，实现沿海重大工程在风暴潮来临前采取封闭和警备措施，对高危区进行加固和防范，如对于电闸装防潮门与自动关闭系统，用橡胶对重要地点进行密封，防止高潮时上水。对于地处风暴潮多发区的海洋油气平台，应采用简易卫星平台加海底管线的开发方式，以求在恶劣工作环境下，保证设施和人员安全，确保油田正常生产；另外，沿海重大工程单位要加强与地方政府及科学研究组织的联系（于良巨等），尽快建设和完善极端海洋灾害事件的预测和预报系统，及时、准确了解将要面临的灾害；除此之外，对于远离大陆的岛礁，附近港口遮挡风浪能力有限，人员和设备在极端海况条件下可能需要撤回到大陆沿岸，这就对国家极端气候事件的预报提出更高的要求，既要保证有足够的预警时间以便长途撤离，同时又要保证准确性，避免无谓的防灾避险行动。

（1）建立滨海核电厂的定点精细化观测、预报系统

在滨海核电厂风险预测系统研发方面，综合应用物理海洋、地质学、海洋科学及气象学等学科理论，科学评估和判断滨海核电厂的危害性和脆弱性，结合气候变化趋势对可能最大风暴潮、海啸、假潮和陆源洪水等影响因素及其复合状况下灾害风险与损害进行科学的分析和评估，从滨海核电厂周边人口分布、城镇分布、产业发展、环境与生态可能遭受的威胁与影响角度出发设定合理的灾害应对目标，建立定点精细化观测、预报系统。

（2）建立海洋油气平台早期预警系统进行实时监测

深水钻井作业时，建立深水钻井平台应对内波流技术方案，以保障作业的安全；对于锚泊定位平台，作业前期要优化锚泊设计，对艏向、锚头和锚缆等做重点研究。监测到内波时，守护船及时接拖待命，拖船根据平台指挥适当的提高双车功率，尽量稳住平台位置；对于动力定位平台，当监测到内波时，及时调整平台艏向对准内波流方向，增加推进器功率，稳定钻井装置位置。此外，平台配备雷达来探测内波流踪迹，提前将平台艏向对准内波流方向，或者行驶到平台至井口中心，根据流速调节推进器功率；流速较大时，计算调整钻具接箍位置，关闭中闸板，悬挂钻具，尽可能顶替隔水管内的油基钻井液，调整平台艏向，如果无法顶住内波，剪切钻具，解脱井口；内波流抵达平台前 1 小时到内波离开的时间内平台停止靠船吊装作业，供应船处在平台下游处守候，水下机器人等避免入水作业（胡伟杰等，2015）。

6）应对气候变化的工程管理能力有待加强

在气候变化的条件下，对于已建和在建的沿海重大工程，应积极提高沿海重大工程管理能力，包括加强工程相关责任人对气候变化的敏感度，加强对沿海重大工程的人因事件可靠性分析，加强因气候变化引起海水设备损耗的日常性维修和调校工作，降低人因事件在系统异常事件中的发生比例，科学分析并建立人因事件可靠性分析模式，并提高操作人员的防灾意识，加强相应人员的应急响应能力（Swain and Guttmann，1983）；同时，对于重大港口工程，还要加强港航设施巡查与维护制度的落实，加强港航工程的管理、维修和养护以及维护港航工程的安全和正常运行（贾良文等，2012）。除此之外，对于部分沿海重大工程本文给出具体

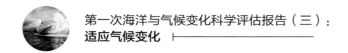
建议如下。

（1）提高气候变化背景下滨海机场的应急疏散能力

气候变化增加了极端海洋灾害发生频率，极端海洋灾害下，机场需要对人员进行紧急疏散，对滨海机场交通系统提出了更高的要求（Council National，2011）。一方面，科学合理安排机场人员疏散路线；另一方面，考虑极端海洋灾害发生下的交通需求，结合外部环境，合理提高滨海机场运输通道的输运能力，包括合理配置机场运输通道系统，如通道类型、规模、构成、建设时序及交通方式等；此外，充分发挥轨道交通运输特点，以轨道交通方式为骨架，常规公共交通方式为主体，同时发展水上运输通道系统，多种交通方式相互协调、各自发挥优势，共同提高滨海机场运输通道的输运能力。

（2）制定岛礁工程在极端天气下的应急预案

由于岛礁工程远离大陆，缺少风浪防护措施和手段，需制订在风暴潮等气象灾害引发的极端海况下的防灾避险方案，如岛礁上工程设施的防灾减灾布置，人员和设备的及时、有序、安全撤离，避免安全事故的发生并保证灾后岛上原有生活和生产等活动的尽快恢复；对于正在建设的工程，由于相应的抵御风浪的结构或性能并未完善，更需要制订应急预案，减小极端天气造成的损失，保证灾后岛礁工程施工作业的迅速恢复。

（3）加强岛礁工程在气候变化背景下的生态保护

岛上考虑配置适当的污水处理等环境保护设施，尤其是对人员相对较多、活动频繁的岛礁，更应建立相应规模的污染处理、防控设施，以三沙市为例，建设有永兴岛污水处理及管网工程、西沙群岛垃圾收集转运工程及配套的绿化工程（薛桂芳，2013）。同时，还应科学监控污染物的排放情况和各项环境参数、指标的变化，不仅可以监视岛礁生态环境的变化情况，也为岛礁工程的实施提供数据支持。

6.4 沿海重大工程适应对策的发展方向及综合建议

沿海重大工程是开发和利用海洋资源的重要基础，为我国建设海洋强国提供了有力支撑。在海洋气候变化的影响下，我国的沿海重大工程面临着海平面上升、温度升高、海洋酸化、极端气候频发和强降雨的威胁，开展沿海重大工程适应气候变化方面的研究具有重要的战略和现实意义。

对于已经建设完成的沿海重大工程，应加强对于极端海洋环境的实时监测，增强对于极端天气事件的预警能力，当海洋灾害发生时能够快速准确地进行响应。针对不满足气候变化发展要求的沿海重大工程，要科学地进行加固、加强基础和结构的稳定性，保障沿海重大工程的结构安全。对于一些已经发生了严重损坏的沿海重大工程，应该进行拆除，避免造成更严重的经济损失和人员伤亡。在工程运营过程中制订科学合理的应急预案，力争海洋灾害来临时，社会各部门能够迅速处置突发情况，最大限度地减轻灾害损失。

对于尚未建设的沿海重大工程，在规划设计过程中充利用已有的气候变化资料和相关模型进行科学的预测结果，科学评估沿海重大工程所在区域遭受海平面上升、温度升高、海洋酸化、极端气候频发和强降雨的影响程度，合理确定考虑气候变化的工程选址、工程形式和设计参数。建立气候变化下的沿海重大工程设计与评估体系，结合工程重要性、社会经济发展需要和工程受损后的严重性等多方面因素，合理进行沿海重大工程的设计和风险评估。

综合《应对气候变化领域"十三五"科技创新专项规划》的具体要求和《第三次气候变化国家评估报告》的适应对策，提出沿海重大工程应对气候变化对策的发展方向及综合建议：

1）深化沿海重大工程应对气候变化的基础研究

目前，制约气候变化对我国沿海重大工程影响及其对策研究的一个重要原因在于观测资料的缺乏。《第三次气候变化国家评估报告》指出，今后相当长的时期内仍需持续开展气候变化对我国沿海海平面变化、海水温度、盐度的长期观测研究。因此，亟需改进气候变化下工程水文观测质量，精确刻画和模拟气候变化下海洋环境变化过程及趋势，揭示中国海域气候变化机制和规律，发展预测理论和方法，形成中国海洋气候变化预测的基础理论和方法体系。

2）建立气候变化对沿海重大工程的影响评估技术体系

深化气候灾害危险性时空分布特征、变化规律和不同时间尺度气候灾害的可能影响研究，建立气候变化对沿海重大工程与区域影响的定量关系和综合评估模型，制定沿海重大工程适应区域气候变化的影响评估国家标准与可操作性评估技术规范，提升气候变化与极端事件对沿海重大工程（滨海核电厂、滨海石油化工厂、滨海机场、重大港口工程、岛礁及海洋油气平台）影响分类评估技术水平，建立国家级和区域级气候变化影响综合评估业务和服务系统。

3）建立气候变化下沿海重大工程风险预估技术体系

识别气候变化下沿海重大工程风险的主控因子与形成机制，建立气候变化风险形成、传递过程的检测指标体系、技术规范和国家标准，识别沿海重大工程在气候变化条件下的脆弱区域。从而构建考虑气候变化的灾害风险评估技术体系，评估未来气候变化可能导致的极端气象灾害风险，预估极端气象带来的沿海重大工程建设与运行风险。

4）推进沿海重大工程适应气候变化技术的研发和应用示范

基于气候变化影响和风险评估结果，分析沿海重大工程适应气候变化的能力和障碍因素，识别沿海重大工程适应气候变化的优先事项和薄弱技术。从而研发沿海重大工程适应气候变化关键技术，推动气候变化条件下极端灾害防御标准修订的及时化和常态化，评估沿海重大工程建设、运行和维护期对气候变化和极端事件的适应性及风险，提出合理的规避和应对策略。

5）增强沿海重大工程及政府人员的应对气候变化意识

沿海重大工程责任方和政府积极宣传气候变化对沿海重大工程影响的相关知识，及时跟踪气候变化对沿海重大工程影响的最新研究成果和工程运营中的适应性问题，加强沿海重大工程相关操作人员的应对气候变意识，提高政府对沿海重大工程应对气候变化的防治规划能力。

6）加快科研基地和人才队伍建设

加快建立国家应对气候变化的科学研究基地，加强科研院所及高校人才队伍中与沿海重大工程应对气候变化相关的学科和专业的建设力度，完善现有基础研究平台和我国气候变化综合观测系统，促进创新主体互动协作、创新要素优化配置，设立重大研究专项和长期研究支持机制，增强我国沿海重大工程应对气候变化的创新能力和国际影响力。

7）加强相关领域的国际科技合作

积极推进应对气候变化领域的国际科技合作，鼓励主导和参与相关国际组织及国际研究计划，重点加强基础研究、数据共享以及减缓与适应领域的国际科技合作，促进科技援助及南南科技合作，建立具有中国特色的区域性应对气候变化合作机制，形成应对气候变化领域的国际科技合作网络。

6.5　结论

近年来，我国沿海重大工程建设的数量和规模不断增加，受气候变化引起的海平面上升、温度升高、海洋酸化、极端气候频发等灾害的威胁十分突出。这些灾害会通过影响沿海重大工程的设施本身、辅助设备以及所处的环境，从而进一步影响工程的安全性、耐久性和可靠性，并影响着工程的运行效率和经济效益，气候变化还影响沿海重大工程的技术标准和工程措施。目前，我国沿海重大工程已经采取了一些措施来适应气候变化带来的不利影响，取得了一定的经济和社会效益。为了更好地适应气候变化带来的不利影响，保障沿海重大工程结构的安全，我们必须加强沿海重大工程应对气候变化的基础研究，建立完善的沿海重大工程风险预估技术体系，加强相关领域的国际科技合作。

参考文献

蔡涛, 魏忠华, 蔡秀玲. 2003. 井下安全阀的技术分析 [J]. 石油矿场机械, 32(6): 93-94.

陈鲜艳, 梅梅, 丁一汇, 等. 2015. 气候变化对我国若干重大工程的影响 [J]. 气候变化研究进展, 11(5): 337-342.

丛斌龙. 2013. 大连海上机场软基沉降计算 [D]. 大连理工大学.

丁一汇, 杜祥琬. 2016.《第三次气候变化国家评估报告》特别报告, 气候变化对我国重大工程的影响与对策研究 [M]. 北京: 科学出版社.

冯爱青, 高江波, 吴绍洪, 等. 2016. 气候变化背景下中国风暴潮灾害风险及适应对策研究进展 [J]. 地理科学进展, 35(11): 1411-1419.

甘申东, 章卫胜, 宗虎城, 等. 2012. 我国南海沿海台风风暴潮灾害分析及减灾对策 [J]. 水利水运工程学报, (6): 51-58.

侯西勇, 于良巨, 骆永明. 2014. 我国沿海核电发展态势、致灾因素分析及研究建议 [J]. 科技促进发展, (4): 101-109.

黄维平, 刘超, 2012. 极端海洋环境对海洋平台疲劳寿命的影响 [J]. 海洋工程, 30(3): 125-130.

贾良文, 谢凌峰, 罗敬思, 等. 2012. 风暴潮对广东省沿海港航设施影响及防护对策研究 [J]. 海岸工程, 31(3): 55-64.

李阔, 何霄嘉, 许吟隆, 等. 2016. 中国适应气候变化技术分类研究 [J]. 中国人口·资源与环境, 26(2): 18-26.

李伟. 2010. 浅谈石油化工厂储罐的危险有害因素与防范措施 [J]. 化学工程与装备, (8): 217-218.

李言涛, 侯保荣. 2005. 海洋环境下热喷涂锌、铝及其合金涂层防腐蚀机理研究概况 [J]. 材料保护, 38(9): 30-34.

刘福国, 尹鹏飞, 张国庆, 等. 2015. 海洋石油平台外加电流阴极保护延寿修复技术 [J]. 腐蚀与防护, 36(3):276-280.

刘飞华, 任爱, 杨帆, 等. 2007. 核电站海水冷却系统的腐蚀与防腐蚀设计 [J]. 腐蚀与防护, 28 (6): 313-316.

刘飞华, 晏卫国. 2007. 大亚湾核电站核岛重要厂用水系统 (SEC) 典型的腐蚀事件及评价 [J]. 腐蚀与防护, 28 (12): 633-636.

刘洋. 2017. 船舶与海洋平台碰撞机理及平台抗撞能力优化研究 [D]. 哈尔滨工业大学.

任晓亮, 方诗圣. 2009. 利用 TLD 和 TMD 控制高层建筑地震反应的研究 [C]. 全国土木工程研究生学术论坛.

尚金瑞. 2015. 围海造陆填土与地基处理技术及其应用研究 [D]. 中国海洋大学.

宋祖荣, 潘翔, 车树伟. 2012. 核事故与国内现役核电机组核安全措施 [J]. 中国核电, 5(3): 284-289.

王海朋. 2015. 飞机多轮荷载作用下沥青道面高温变形叠加效应研究 [D]. 哈尔滨工业大学.

王诺, 陈爽, 杨春霞, 等. 2011. 离岸式海上机场水运交通规划与布置 [J]. 中国港湾建设, (1): 74-76.

王琦. 2012. 浅析英国应对海平面上升的举措与对我国的借鉴意义 [J]. 海洋信息, (4): 58-61.

武宏波, 王智冬, 项冰. 2012. 国内外核电发展形势分析. 能源技术经济, 24(3):5-9.

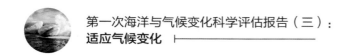
吴喜德, 纪龙 . 2013. 关于气候变化对我国港口影响及应对措施的探讨 [J]. 中国水运 , 13(10): 116–118.

薛桂芳, 张蕾 . 2013. 气候变化对南海岛礁的影响及我国的应对措施 [J]. 海南大学学报（人文社会科学版）, (6): 7–11.

严路易 . 2011. 围海大堤沉降变形原因及控制措施 [J]. 上海建设科技 , (4): 53–56.

于良巨, 王斌, 侯西勇 . 2014. 我国沿海综合灾害风险管理的新领域——海陆关联工程防灾减灾 [J]. 海洋开发与管理 , 31(9): 104–109.

曾庆国, 高媛 . 2013. 极应对气候变化努力构建生态经济城市——对未来烟台城市规划发展的思考 [C]. 中国城市规划年会 , 1–9.

张朝光 . 1978. 气温与气压对飞行的影响 [J]. 气象 (4): 31–32.

赵焕庭 . 1998. 中国现代珊瑚礁研究 [J]. 世界科技研究与发展 , (4): 98–105.

赵小辉, 邹树梁, 刘永 . 2012. 内陆核电发展形势分析 . 南华大学学报（社会科学版）,13(3):1–7.

朱晓东, 李杨帆, 桂峰 . 2001. 我国海岸带灾害成因分析及减灾对策 [J]. 自然灾害学报 ,10(4): 26–29.

朱本瑞 . 2014. 超强台风下导管架平台倒塌机理与动力灾变模拟研究 [D]. 中国石油大学 .

Bader M A. 2003. Performance of concrete in a coastal environment[J]. Cement & Concrete Composites, 25(4): 539–548.

Coffel E and Horton R. 2015. Climate Change and the Impact of Extreme Temperatures on Aviation. Wea. Climate Soc., 7, 94–102.

Council National. 2011. Adapting Transportation to the Impacts of Climate Change: State of the Practice 2011[R]. Transportation Research E-Circular.

Field C B, Barros V, Stocker T F. 2012. Managing the risks of extreme events and disasters to advance climate change adaptation. Special report of the Intergovernmental Panel on Climate Change (IPCC)[J]. Journal of Clinical Endocrinology & Metabolism, 18(6): 586–599.

Fischer K P. Thomason W H, Rosbrook T, Murali J. 1995. Performance history of thermal-sprayed aluminum coatings in offshore service[J]. Materials Performance, 34(4): 27–35.

Sheng Y P. 2000. Physical characteristics and engineering at reef sites. In: Seaman WS (ed) Artificial Reef Evaluation with Application to Natural Marine Habitats [M]. Boca Raton: CRC press:53–90.

Srinivasan T.N, Rethinaraj T.S.G. 2013. Fukushima and thereafter: Reassessment of risks of nuclear power. Energy Policy, 52(1):726–736.

Swain A D and Guttmann H E. 1983. Handbook of Human-Reliability Analysis with Emphasis on Nuclear Power Plant Applications [M]. Prepared by Sandia National Laboratories.

第7章
海洋产业适应
气候变化[*]

海洋经济在国家经济发展中的地位日益显著，同时海洋产业受海洋与气候变化的影响也十分显著。中国是世界上遭受气候变化不利影响最严重的国家之一。本章回顾了我国海洋渔业（包括海洋捕捞业和海水养殖业）、滨海旅游业和海洋交通运输业等海洋主要产业为适应气候变暖、海平面升高、海洋酸化、极端气候频发等重大海洋与气候变化所做的一系列重大努力，力求在国际视野下总结其成效与不足，并提出政策建议。一是海洋是人类赖以生存的天然粮仓，气候变化改变固有渔业生产的格局，亟需建立完善的基于生态系统的海洋综合管理体系，加大海洋生态系统保护及其技术支撑体系建设力度，促进深蓝渔业可持续发展；二是中国滨海旅游资源丰富，开发潜力巨大，气候变化改变滨海旅游资源的基本特性和分布，亟需大力推进国家海洋公园和滨海旅游脆弱区适应能力建设，促进滨海旅游业快速健康增长；三是中国是世界第三大航运运力国，气候变暖将使北极航运成为现实，加强北极航道低温环境和冰雪条件下对船舶建造和航行的影响研究，充分利用国际平台发挥我国在北极航行事务中的作用，对于促进北极海洋油气资源开发及北极航道开发意义重大。

* 首席作者：万荣[1]　李宝辉[2]

贡献作者：董云伟[3]　刘佳[3]　王安良[2]　陈爽[1]　陈新军[1]　刘宁[3]　朱玉贵[3]

（1. 国家远洋渔业工程技术研究中心/上海海洋大学 上海 201306；2. 国家海洋环境预报中心 北京 100081；3. 中国海洋大学 青岛 266003）

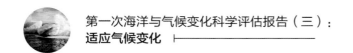

政府间气候变化专门委员会（IPCC）历次报告均指出，气候变化对全球自然生态系统和人类社会经济可持续发展产生了显著影响。直面海洋与气候变化给人类带来的风险，世界各国在《联合国气候变化框架公约》所规定的责任与义务下，按照共同但有区别的责任原则、公平原则、各自能力原则和可持续发展原则等，不断强化合作行动，取得了积极进展。

中国是世界上最大的发展中国家，也是遭受气候变化不利影响最严重的国家之一。中国《第三次气候变化国家评估报告》指出（第三次气候变化国家评估报告编写组，2015），中国海域温度升高、海平面上升、海水酸化、极端天气气候事件发生频率增加等给经济社会发展带来了严峻挑战。长期以来，中国政府把应对气候变化视作自身可持续发展的内在要求和构建人类命运共同体的责任担当，积极参与气候变化全球治理，并采取了一系列国内行动措施。例如，成立了国家气候变化对策协调小组，制订了《中国应对气候变化国家方案》（China's National Climate Change Programme）（国务院，2007）和《国家应对气候变化规划（2014—2020年）》（国家发展和改革委员会，2014），并自2009年以来每年发布《中国应对气候变化的政策与行动年度报告》，在明确自身义务、目标和任务的国家战略指引下，通过不懈努力，积极推进消费结构和产业结构调整、增强绿色碳汇、倡导低碳生活等一系列政策与举措，努力控制和降低碳排放，展示了中国政府致力推进可持续发展和绿色低碳转型发展的坚定决心和行动力。组织和支持专家学者积极关注气候变化问题研究，先后出版了《全球气候变化——人类面临的挑战》（国家气候变化对策协调小组办公室和中国21世纪议程管理中心，2004）、《中国应对气候变化科技专项行动》（科学技术部和国家发展改革委员会等，2007）、《气候变化国家评估报告》（气候变化国家评估报告编写委员会，2007）、《第二次气候变化国家评估报告》（第二次气候变化国家评估报告编写委员会，2011）和《第三次气候变化国家评估报告》（第三次气候变化国家评估报告编写委员会，2015）等，对于深化认识区域性气候变化的特征和规律，全面把握气候变化对我国国民经济和社会发展的影响，加快产业结构调整和生产、生活方式转变，增强产业发展适应气候变化的能力具有重要意义。

7.1　概述

根据《中国海洋经济统计公报》的统计口径，主要海洋产业包括滨海旅游业、海洋渔业、海洋交通运输业、海洋电力业、海洋油气业、海洋矿业、海洋盐业、海洋化工业、海洋生物医药业、海水利用业和海洋工程建筑业等。2017年，全国海洋生产总值77 611亿元，比2016年增长6.9%，海洋生产总值占国内生产总值的9.4%，占沿海地区生产总值比重接近17%。海洋第一、第二和第三产业增加值分别为3 600亿元、30 092亿元和43 919亿元，分别占海洋生产总值的4.6%、38.8%和56.6%，海洋第三产业发展势头强劲，继续发挥海洋经济稳定器的作用（国家海洋局，2018）。如图7.1所示，滨海旅游业发展规模持续扩大，海岛旅游、休闲渔业、邮轮旅游等海洋旅游新业态潜能进一步释放，全国38个国家级海洋公园重点监测的节假日接待游客同比增长28.0%，全年实现增加值14 636亿元，比上年增长16.5%，占主要海洋产业增加值的46.1%。其次，2002年货物吞吐量达到1 500×10⁴ t以上港口生产保持良好增长态势，海洋交通运输业全年实现增加值 6 312 亿元，比上年增长 9.5%，占 19.9%，位居第二。海洋渔业全年实现增加值 4 676 亿元，占主要海洋产业增加值的 14.7%，位居第三，产业加快结构调整取得新实效，近海捕捞产量首次出现大幅度下降，海洋牧场建设进程加快，养殖模式向生态集约化发展。此外，海洋电力业继续保持良好的发展势头，海上风电项目加快推进，新增装机容量近 1 200 MW，全年实现增加值 138 亿元，比上年增长 8.4%。

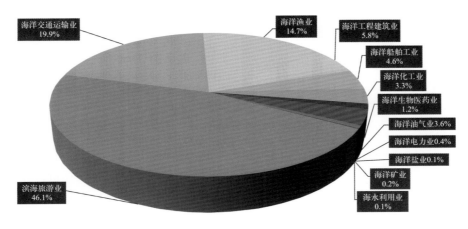

图7.1　2017年中国主要海洋产业增加值构成图
《中国海洋经济统计公报》（2018年）

　　限于篇幅并考虑产业与气候变化的关联度等原因，在概述各产业现状的基础上，本章针对海洋渔业（包括海洋捕捞业和海水养殖业）、滨海旅游业和海洋交通运输业，利用文献分析法，梳理气候变化对海洋相关产业的影响及其面临的问题，力求在国际视野下重点论述适应海洋与气候变化的重要措施、成效与不足，并提出今后适应气候变化的建议。

7.1.1　海洋渔业

　　近年来，国家和沿海地方各级政府越来越重视从陆海统筹的高度，积极建设"蓝色粮仓"，拓展粮食生产新空间，有力地保障了国民饮食结构中的动物蛋白需求。2018 年，国家科技部发布了"蓝色粮仓科技创新"国家重点研发专项，为新一轮"蓝色粮仓"建设提供了科技支撑。多年来，我国水产品总产量一直位居世界第一，其中水产养殖总产量约占世界水产养殖总产量的70%。2017 年，全国水产品总产量 6 445.33 × 10⁴ t，其中海水产品总产量 3 321.74 × 10⁴ t（含远洋捕捞），全国水产品人均占有量 46.37 kg（人口 139 008 万人）。

　　中国是全球最主要的海洋捕捞生产国之一。截至 2017 年底，全国海洋渔业机动渔船 24.47 万艘，总吨位约 899 × 10⁴ t，总功率约 1 681 × 10⁴ kW，其中海洋捕捞渔船 16.63 万艘，总功率 1 378.2 × 10⁴ kW，总吨位 764.9 × 10⁴ t。2017 年，海洋捕捞总产量 1 112.42 × 10⁴ t（不包含远洋渔业），近 10 年来首次出现较大幅度的下降（图 7.2）。其中，海洋鱼类产量 765.22 × 10⁴ t，甲壳类产量 207.60 × 10⁴ t，头足类产量 61.66 × 10⁴ t 和贝类产量 44.29 × 10⁴ t（中国渔业统计年鉴，2018）。全国远洋渔业捕捞产量 208.62×10^4 t，比上年增加 9.87×10^4 t，增幅 4.97%。

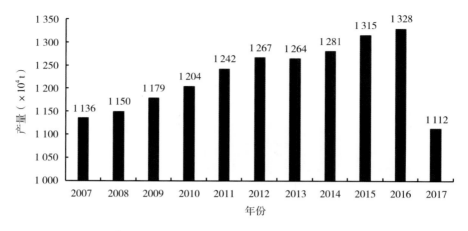

图7.2　中国近海捕捞业产量变化

《中国渔业统计年鉴》（2008—2018年）

中国是世界上最大的水产养殖国。近 10 年来，我国海水养殖产业高速发展，海水养殖业已成为我国发展农村经济和保障粮食安全的重要战略支点（图 7.3）。2017 年，我国海水养殖总产值 3 307.40 亿元，总产量首次突破 $2 000 \times 10^4$ t（中国渔业统计年鉴，2018）。其中，海水池塘养殖产量 266.52×10^4 t，普通网箱产量 56.73×10^4 t，深水网箱产量 13.50×10^4 t，筏式养殖产量 597.10×10^4 t，吊笼养殖产量 119.10×10^4 t，底播养殖产量 536.53×10^4 t，工厂化养殖产量 24.02×10^4 t。2014 年，世界水产养殖产量首次超过捕捞渔业，其中中国、印度、越南、孟加拉国和埃及等 35 个国家的水产养殖产量高于捕捞产量，这些国家的总人口超过 33 亿，占世界人口的 45%，显现出了水产养殖对于保障世界粮食安全的重要意义（FAO，2016）。

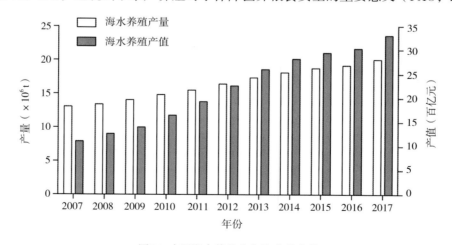

图7.3　中国海水养殖业产量/产值变化

《中国渔业统计年鉴》（2008—2018年）

据测算，随着人口增长和生活水平提高，2030 年我国水产品需求量预期将再增加 $2 000 \times 10^4$ t

（董双林，2015a；唐启升等，2014）。但是，随着对气候变化认识的逐步深入，人们已经深刻认识到温度升高和海洋热浪、海水酸化、海水层化加剧、海平面上升和极端气候事件等正在以前所未有的速度改变着海洋物理、化学和生物环境（Harley et al.，2006；Hutchings et al.，2012），导致海洋生态系统和海洋生物正面临多重的环境胁迫（Matzelle et al.，2015），影响海洋生物种群分布和数量，并可能导致某些物种减少甚至灭绝（FAO，2008），造成近海生态系统群落结构和生态、经济服务功能的严峻变化，并对海洋渔业资源的产出过程和水产养殖系统产生诸多不确定性影响（Brugere et al.，2015；Brander 2010；Cheung et al.，2009；唐启升等，2013a），从而给捕捞渔业和海水养殖业的可持续发展带来不确定性。

7.1.2　滨海旅游业

　　中国是世界海洋大国，海岸线漫长，海岛、海湾星棋罗布，滨海旅游资源丰富，具有巨大的旅游开发价值。长期以来，中国政府高度重视滨海旅游的开发、利用与管理，《中国海洋 21 世纪议程》和《全国海洋经济发展规划纲要》均把"滨海旅游"列为新兴支柱性产业予以重点发展。2009 年"滨海度假游"被确定为中国首批 12 条国家旅游线路之一。国家"十一五""十二五"和"十三五"旅游业发展规划均提出要大力发展滨海度假旅游，积极发展海岛、邮轮、游艇等专项旅游产品。在推进"海洋强国"和建设"21 世纪海上丝绸之路"国家战略的整体部署下，我国已形成由传统观光、休闲度假、海岛休闲养生、海洋文化体验、邮轮游艇、海上体育、民俗节庆等组成的滨海旅游产品综合开发体系，滨海旅游业呈现"全方位、大规模、稳增长"的特点，步入快速发展与品质提升阶段。2005—2017 年，滨海旅游业增加值占主要海洋产业增加值比重由 29.8% 上升至 46.1%（图 7.4），国内滨海旅游人次占滨海旅游总人次的比重达到 90% 以上（图 7.5），对我国海洋经济的拉动作用显著增强，已成为海洋经济发展的重要支柱产业。2017 年，我国沿海主要城市接待游客同比上升 12.1%，38 个国家级海洋公园重点监测的节假日接待游客同比增长 28.0%，邮轮市场客源量 220 万人次，继续位居全球第二，是全球最具活力和发展潜力的区域新兴市场。

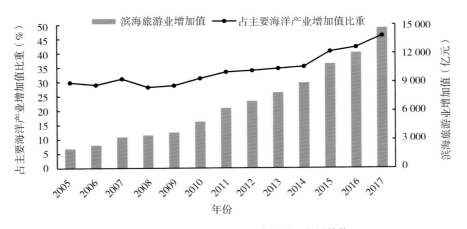

图7.4　2005—2017年中国滨海旅游业发展趋势

《中国海洋经济统计公报》（2005—2017年）

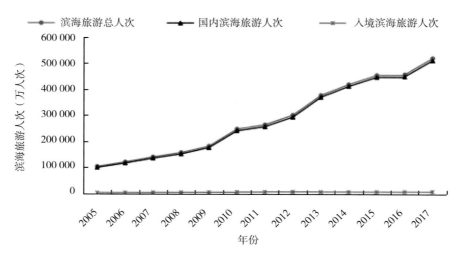

图7.5　2005—2017年中国滨海旅游市场变化态势

《中国旅游统计年鉴》（2006—2017年）以及各省、直辖市、自治区国民经济和社会发展统计公报（2018年）

　　但是，滨海旅游业是严重依赖自然、生态环境和气候条件的气候依赖产业（Amelung，2007；钟林生，2011）。气候变化影响滨海旅游景观与环境系统，从而改变游客行为与市场格局，干扰产业发展与要素运行，给滨海旅游业的供需关系、市场格局等带来较大的不确定性。与内陆旅游相比，滨海旅游环境系统相对复杂、更为脆弱，滨海旅游环境质量、目的地形象及其可持续发展对气候变化较为敏感。气候变暖、海平面上升以及极端气候事件（风暴潮、强降水和干旱等）等气候变化问题会使滨海旅游业面临沙滩面积缩小、旅游季节缩短、安全性降低等多方面的威胁（翁毅等，2011）。2008年世界旅游日主题被确定为"旅游：应对气候变化挑战"，引起了世界各国旅游业界对气候变化影响的高度关注。2008年11月，中国国家旅游局发布了《关于旅游业应对气候变化问题的若干意见》，对于增强我国旅游业适应气候变化的能力具有里程碑意义。近年来国家海洋局启动"湾长制"试点，进一步强化海洋生态保护措施，加大海洋生态环境保护与修复投入，2016—2017年，累计修复恢复岸线、沙滩面积、滨海湿地分别超过70 km、40 hm^{2}和2 100 hm^2，有效保障了滨海旅游高质量发展。

7.1.3　海洋交通运输业

　　我国拥有约18 000 km的大陆海岸线，为航运业的发展提供了得天独厚的自然条件。改革开放40多年来，我国经济总量已跃升至世界第二，为航运事业发展提供了难得的机遇和动力。随着世界经济一体化、贸易全球化和国际航运业的迅速发展，我国船队以总量2.15亿载重吨位成为希腊、日本后的第三大运力国（表7.1），对外贸易对航运业的依存度高达90%，航运承担了外贸出口货物运输的84%，航运业尤其是海上航运业在国民经济发展中发挥了巨大的作用。与此同时，为了适应船舶大型化的作业要求，我国全面加快了专业化码头建设，码头作业率达到世界领先水平，初步形成了层次清晰、功能明确的港口布局，有效地支撑了经贸快速稳定发展，在参与国际产业分工中发挥了重要作用。

表 7.1　2018 年世界主要国家（地区）拥有船队规模排行榜

排名	国家（地区）	船舶数量			吨位（×10³ t）			
		本国船旗	国外或国际船旗	总计	本国船旗	国外或国际船旗	总计	本国船旗吨位占比
1	希腊	774	3 597	4 371	64 977	265 199	33 0176	19.7
2	日本	988	2 853	3 841	38 053	185 562	223 615	17.0
3	中国	3 556	1 956	5 512	83 639	99 455	183 094	45.7
4	德国	319	2 550	2 869	11 730	95 389	107 119	11.0
5	新加坡	240	2 389	2 629	2 255	101 327	103 583	2.2
6	中国香港	95	1 497	1 592	2 411	95 396	97 806	2.2
7	韩国	801	825	1 626	14 019	63 258	77 255	18.1
8	美国	943	1 128	2 071	13 319	55 611	68 930	19.3
9	挪威	549	1 433	1 982	4 944	54 437	59 380	8.3
10	百慕大	21	473	494	1 215	53 036	54 252	2.2
11	中国台湾	164	823	987	6 732	43 690	50 422	13.4
12	英国	398	956	1 354	9 496	40 494	49 989	19.0
13	摩纳哥	16	405	421	3 856	35 467	39 323	9.8
14	丹麦	139	805	944	1 521	37 691	39 212	3.9
15	土耳其	633	889	1 522	8 034	19 207	29 241	29.5
16	印度	885	126	1 011	17 974	6 878	24 852	72.3
17	瑞典	43	368	411	1 565	23 240	24 805	6.3
18	比利时	120	152	272	12 405	11 225	23 630	52.5

注：摘自联合国《2018 世界水运报告》。

如图 7.6 所示，当前我国海上运输通道主要包括：①从波斯湾，经阿拉伯海、印度洋，环绕印度次大陆，穿越马六甲海峡，进入南中国海，抵达我国沿海港口，该航线进口石油约占我国进口石油的 50%；②从西非、东南非经好旺角、印度洋、马六甲海峡、南中国海到达中国沿海各港口，该航线进口石油约占我国进口石油的 30%。此外，还有大批运往国内的铁矿石、锰矿石和其他有色金属；③从中国沿海各港口经南中国海、南洋诸海至东南亚各国以及南太平洋国家；④中国沿海港口出第一岛链跨太平洋，到达北美、南美西海岸港口或经巴拿马运河到南美各国港口。

北极海域蕴藏着丰富的油气资源，其油气储量相当于目前世界探明原油储量的 13% 和天然气储量的 30%（Schiermeier，2012），但北极油气开发中的油气外输面临着冰区航运安全保障的问题（Badari et al.，2010）。据科学预测，气候变暖会加速北极海冰的融化，在不远的将来北极地区将出现夏季无冰的状况，这使得北极航运及其油气资源的开发利用成为现实，如图 7.6 所示。其次，由于北冰洋连接北大西洋和北太平洋，北极地区一旦通航，从鹿特丹到上海，横穿北冰洋的航线要比传统的苏伊士运河航线减少航程 31%（Badari et al.，2010），仅燃油费用降低就会带来巨大的经济价值,北极地区将凸显重要的战略价值。我国于2018年发布的《中国北极政策》白皮书指出，"在经济全球化、区域一体化不断深入的背景下，北极在战略、经济、科研、环保、航道和资源等方面的价值不断提升，受到国际社会的普遍关注"，无论北极的西北航道还是东北航道，对我国的海上运输均有着重要的战略意义和经济意义。

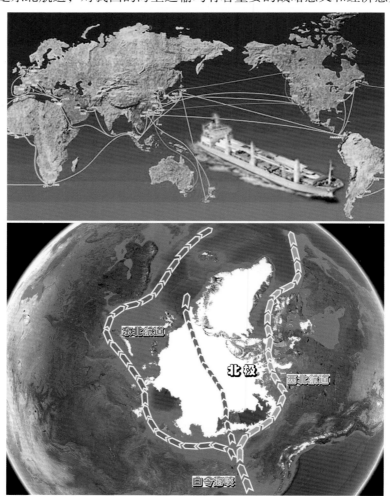

图7.6　中国对外贸易的主要海上航行线路和北极航道示意

与极地海冰融化对海运业的促进作用相比，气候变化引起的海平面升高和极端气候事件（风暴潮、极端温度等）给港口码头的基础设施、日常运营和工作环境造成了严重影响，合理应对气候变化并在经历极端环境灾害后迅速恢复运营能力也将是港口应对气候变化至关重要的一方面（Ng. et al.，2014）。

7.2　海洋产业适应气候变化的措施和成效

我国气候条件复杂，生态环境脆弱，气候变化已然对海岸带环境和生态系统产生持续性的负面影响。海平面上升增加了台风等自然灾害发生的威力，海洋酸化损害了滨海湿地、红树林和珊瑚礁等典型生态系统，对渔业、滨海旅游业和海洋交通运输业等海洋经济社会活动产生了极为不利的影响。因此，积极应对气候变化，提高适应气候变化的能力，既是我国实现可持续发展、推进生态文明建设的内在要求，也是作为负责任发展中国家的责任担当。党的十九大报告指出，我国应"引导应对气候变化国际合作，成为全球生态文明建设的重要参与者、贡献者、引领者"。《中华人民共和国国民经济和社会发展第十三个五年规划纲要》提出，要深入实施以海洋生态系统为基础的综合管理，推进海洋主体功能区建设，优化近岸海域空间布局，科学控制开发强度。

自 2007 年以来，国务院已陆续出台了中国应对气候变化的相关法规 24 项，部门及产业政策 44 项和行动计划 21 个（图 7.7），保障国家和地方适应气候变化的目标得以有效落实。其中，围绕海洋渔业、滨海旅游业和海洋交通运输业的主要政策措施包括但不限于以下方面：加强海岸带和沿海地区适应海平面上升的基础防护能力建设；合理控制海洋捕捞能力和调整水产养殖发展模式，加强近海重要渔业生态环境保护，促进渔业绿色发展等；主动减缓气候变化影响，促进滨海旅游业可持续发展等；提高港口防护设施设计标准，建立和完善保障重大基础设施正常运行的灾害监测、预警和应急系统，保障海洋交通运输业的正常运营等。

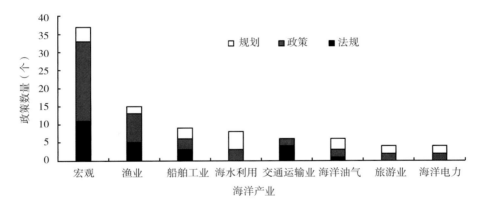

图 7.7　海洋产业适应气候变化政策数量

7.2.1　海洋渔业适应气候变化的措施和成效

长期过度捕捞和气候变化的双重压力导致我国近海的环境与生态问题不断加剧，近海捕捞与养殖业面临越来越严峻的挑战（唐议等，2009；董文静等，2017）。近年来，国家及沿海各级地方政府出台了近海重要栖息地保护、近海污染控制、渔业资源养护、渔业节能减排和促进产业结构调整等一系列政策举措，不断增强我国应对气候变化的能力。

1）近海栖息地保护

（1）围填海管理

围填海在一定程度上缓解了沿海用地紧张，为沿海基础设施建设和新兴产业聚集区、重化工基地、装备制造基地建设等提供了承载空间。但是，过度甚至是违法的围填海也给近海生物栖息地的生态环境带来了一系列问题。国家发展和改革委员会、自然资源部联合发布了《关于加强围填海规划计划管理的通知》（2009）和《围填海计划管理办法》（2015），实施了围填海总量控制与计划管理，规范了海域资源的合理开发和利用。据自然资源部数据显示，自 2013 年以来全国围填海总量下降趋势明显，至 2017 年，全国围填海年均下降 22% 左右，2017 年填海面积 5 779 hm²，比 2013 年降低 63%，与 2013 年前 5 年相比，全国填海面积降幅近 42%。2017 年，按照国务院《海洋督察方案》，自然资源部组建了第一批国家海洋督察组，进驻辽宁、河北、江苏、福建、广西、海南等地，开展了以围填海专项督察为重点的海洋督察，重点查摆、解决围填海管理方面存在的"失序、失度、失衡"等问题，2018 年国务院发布《国务院关于加强滨海湿地保护严格管控围填海的通知》（国务院，2018），要求严控新增围填海造地，加快处理围填海历史遗留问题。

（2）滨海湿地保护

滨海湿地是近海生态系统中最重要的一环，为海洋生物提供了索饵育幼与产卵繁殖的优良场所，对保护近海生态环境、养护渔业资源和维持海洋生物多样性等具有重要作用。近年来，各级地方政府陆续制定了河口海湾生态保护红线，实施了"蓝色海湾""南红北柳"等重大海洋生态修复工程，促进了红树林、珊瑚礁等重要河口滨海湿地的生态修复。据自然资源部《2017 年中国海洋生态环境状况公报》统计显示，"十二五"以来共计恢复或修复滨海湿地面积超过 4 100 hm²，使受损的滨海湿地生态系统得到初步恢复。2017 年，我国滨海湿地生物多样性与环境状况监测结果显示，我国滨海湿地生物多样性趋于丰富，浮游生物、底栖生物、鱼类、鸟类等物种基本稳定，海水和沉积物质量有所改善，滨海湿地退化趋势得到有效减缓。

（3）海洋保护区建设

为进一步健全开发与保护相协调的海洋生态保护法规制度，根据《中华人民共和国海洋环境保护法》以及国务院"三定"规定，国家海洋局先后颁布了《海洋自然保护区管理办法》和《海洋特别保护区管理办法》，农村农业部公布了《水产种质资源保护区管理暂行办法》，对于保护和恢复特定海域的生态系统及其功能，保护重要水产种质资源及其生存环境，科学合理地利用海洋空间资源和生物资源，促进海洋经济与社会可持续发展和国家生态文明建设具有重要意义。截至 2017 年，全国建立各级海洋自然保护区、海洋特别保护区 270 余个，海洋保护区规模和质量同步提升，保护区面积在 5 年内实现了翻两番，面积超过 1 200×10⁴ hm²，约占我国管辖海域总面积的 4.1%，计划到 2020 年，我国海洋保护区总面积达到我国管辖海域总面积的 5%（国家海洋局，2017 年中国海洋生态环境状况公报）；审定公布了 11 批 535 处国家级水产种质资源保护区（包括淡水水域），初步构建了分布广泛、类型多样的水产种质资源保护区网络，取得了良好的生态效益和社会效益。

2018 年 1 月，国家海洋局发布了史上最严的围填海管控等措施，并提出了具体目标要求：到 2020 年，完成不少于 66 个海湾、50 个岛礁、2 000 km 岸线和 1.8×10⁴ hm² 滨海湿地的整治与修复工程；到 2025 年，近岸海域水环境质量得到明显改善，生态功能和服务价值显著提升，生态环境整治修复能力全面提升，基本实现"水清、岸绿、滩净、湾美"的美丽海洋建设目标。

2）近海污染控制

（1）陆地污染源控制

海洋污染的 85% 以上来自陆地污染源，其中主要化学成分为需氧物质、氨氮、油类物质和磷酸盐等（王森等，2006）。这些污染物所引发的海水污染、绿潮、赤潮已造成渔业资源的严重损害和渔业经济的严重损失。近年来，我国积极响应"保护海洋环境免受陆源污染全球行动计划（GPA）"，研究出台了一系列配套法律、法规、政策和管理办法，通过推行"碧海行动计划"，实施入海排污总量控制制度和排污许可制度等措施，在一定程度上减缓了气候变化给渔业水域环境带来的压力。

（2）海洋废弃物倾倒控制

控制海洋废弃物倾倒是保护海洋环境及海洋渔业资源的一项重要措施，也是我国海洋资源保护应对气候变化的主要任务。各级政府依据《中华人民共和国海洋环境保护法》和《中华人民共和国海洋倾废管理条例》，制定了一系列监管措施，实施了海洋倾废许可证制度，建立了海洋废弃物分类管理、区分海域倾倒、海洋倾废船舶实时监控和管辖海域海洋倾废专项执法检查等一系列制度。

（3）海水养殖污染控制

2018年，我国水产养殖总产量超过 $5\,000 \times 10^4$ t，占水产品总产量的比重达78%以上。但是，由于缺乏科学统筹、监测、管理和调控，水产养殖业在为国民提供大量水产品，带来巨大经济效益的同时，也产生了大量源于养殖活动自身的污染物，加剧了水域的污染。近年来，我国积极探索基于生物能量学模型的养殖污染负荷评估方法（蔡惠文等，2014），积极实施养殖类型优化和养殖方法调整（陈一波等，2016），发布了《国务院关于促进海洋渔业持续健康发展的若干意见》（国家发展和改革委员会，2013）、《农业部关于印发《养殖水域滩涂规划编制工作规范》和《养殖水域滩涂规划编制大纲》的通知》（农业农村部，2017）、《关于加快推进水产养殖业绿色发展的若干意见》（农业农村部等，2019）等，要求全国县级以上各级政府以"生态优先、绿色发展"的理念为引领，全面做好管辖区域的《养殖水域滩涂规划》，科学合理规划养殖区、限养区、禁养区和养殖容量、主要养殖品种等，着力减少海水养殖污染负荷，使养殖生产控制在环境承载力的范围内。目前，我国贝藻类约占海水养殖总量的83%，滤食性的鲢鳙鱼类占淡水养殖总量的25%，这些养殖品种对环境有着良好的净化修复作用。中国工程院研究显示，海水贝藻类养殖每年可以移出海洋中的碳超过 120×10^4 t，具有显著的生态效益。

（4）环境监测和风险评估

为切实提高我国海洋产业抵御气候灾害的防御能力，近年来已在沿海及部分大洋海域开展了大量的海洋酸化、海洋生物多样性、海水沉积物、海洋大气等方面的监测和研究工作，重点开展了海洋溢油、危险化学品污染、海洋放射性污染、赤潮（绿潮）灾害、海水入侵和土壤盐渍化、重点岸段海岸侵蚀等的监测，并陆续开展了全国多地区海洋灾害风险评估和区划工作。基于水产养殖排污系数调查手册和渔业统计年鉴的初步估算，2012 年，我国海水养殖过程向相关海域排放 TN、TP、COD、Cu 和 Zn 分别为 17 414 t、3 146 t、55 503 t、53 t 以及 242 t，

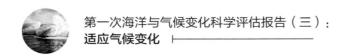
且各沿海省份污染负荷总量与养殖总产量之间存在显著线性关系（陈一波等，2016）。

3）近海捕捞强度压减

（1）渔业"双控"制度

长期以来，过度捕捞是我国近海渔业管理的主要问题，也是加剧气候变化对于渔业资源和海洋捕捞业不利影响的重要因素。自1987年以来，我国实施了长期的海洋捕捞渔船总数和功率总量的"双控"制度。2017年，《农业部关于进一步加强国内渔船管控，实施海洋渔业资源管理的通知》进一步明确了"十三五"期间我国海洋渔船"双控"的政策和任务：到2020年，计划压减海洋捕捞渔船2万艘、功率150×10^4 kW，海洋捕捞总产量（不包括远洋捕捞）将由目前的$1\ 330 \times 10^4$ t减少到$1\ 000 \times 10^4$ t以内。通过进一步压减捕捞过剩产能，在大幅减少捕捞渔船温室气体排放的同时，促进渔业产业结构调整，加强近海渔业资源养护，促进海洋捕捞业提质增效。2018年，农业农村部修订了《渔业捕捞许可管理规定》，对渔船管理和捕捞许可制度进行了重大改革，启动了渔船分类分区管理，实行以船长为标准的渔船分类方法，下放小型渔船"双控"指标制定权和管理权，明确以底拖网禁渔区线为界进行渔船分区作业管理，强化属地管理责任和渔船建造、购置、报废、船籍港管理制度。2018年中央财政安排资金40亿元用于支持减船转产，全国共完成渔船拆解1.7万余艘、压减功率超过100×10^4 kW，分别完成"十三五"压减目标的86%和69%，海洋捕捞过剩产能压减工作取得了显著成效。

（2）渔具准入制度

违规使用"绝户网""电捕鱼"和小网目渔具等进行捕捞作业生产，会进一步加大渔业资源衰退的风险。2011年，农业农村部成立了捕捞渔具专家委员会，主要职责是"审查确定捕捞渔具准禁用目录，提出意见和建议"。2013年，农业农村部发布了《关于实施海洋捕捞准用渔具和过渡渔具最小网目尺寸制度的通告》和《关于禁止使用双船单片多囊拖网等十三种渔具的通告》，设定了七大类、45种主要海洋捕捞渔具的最小网目尺、渔具规格和携带数量，规定禁止使用包括双船单片多囊拖网在内的13种不合理渔具，为渔业执法提供了执法依据。修订了《我国近海重要经济鱼类最小可捕标准及渔获物幼鱼比例的管理规定》，规定了带鱼、小黄鱼等15个品种的最小可捕规格和单航次渔获物中幼鱼的最高限制比例，并实施了史上最为严厉的伏季休渔执法检查，切实加强近海渔业资源养护。

（3）渔民转产转业

建立完善传统渔民转产转业机制是实施海洋渔业"双控"制度的重要保障措施之一，有利于降低气候变化对渔民生活的影响风险。以渔业城市舟山市为例，该市于2001年制定了渔业"二次创业"战略，提出了裁减3万渔民和6 000艘渔船的宏大目标。市政府不断加大资金扶持，鼓励捕捞渔民转产转业，从事海洋牧场、海水养殖、水产品加工和休闲渔业等。与此同时，不断健全渔民培训机制，加强渔民培训，为转产转业渔民再就业创造了良好条件。截至2015年，全市已拆减海洋捕捞渔船3 019艘，近海渔业结构调整与转型初具成效（宋立清，2007；刘雯，2017）。

（4）伏季休渔制度

自20世纪90年代以来，由于过度捕捞、气候变化、环境污染等多种压力的影响，我国近海渔业资源出现了严重衰退。1995年经国务院批准，为保护我国周边海域鱼类资源在夏季的繁殖生长，我国管辖水域的黄海、东海实施伏季休渔制度，后扩大到12°N以北的南海海域。由于休渔起止时间在不同海域相差很大和休渔类型复杂等原因，导致休渔制度管控困难，休渔效果大打折扣。2017年，我国开始在各海区施行统一的伏季休渔制度，通过强化实施伏季休渔海上执法、检查和水产品市场监管等严格的管理措施，提高了休渔对渔业资源养护的显著效果，取得了良好的生态、经济和社会效益，对于减缓气候变化对海洋渔业的影响发挥了积极作用。

4）增养殖模式改善

（1）水产养殖生态化

在工厂、池塘、滩涂、近海和深远海等不同环境下，开展基于生态系统的水产养殖和管理模式的尝试，有利于水域资源的充分利用，达到增产、节能、减排等综合效益的最大化，是未来海水养殖业应对气候变化的重要策略。同时，建立水产养殖生态系统健康综合评价体系与预警机制，可为海水养殖业生态化提供进一步的生态系统安全保证。例如，阳光工厂化养殖（Industrialized Solar Aquaculture systems，ISAs）可在工厂化养殖过程中加入大型沉水植物，充分利用阳光，达到高产、环境可控、自净和自产氧等目的，防止养殖病害发生，提高产品质量（董双林，2015；王卫平等，2015）。多营养层次综合水产养殖（Integrated Multi-Trophic Aquaculture，IMTA）是一种基于生态系统水平的水产养殖适应性管理的重要策略（唐启升等，2013a）。IMTA由具有不同功能的多重营养级生物组成，随着生物多样性的提高，系统对环境胁迫的抗性逐渐增加，成为水产养殖业应对多重压力胁迫下近海生态系统显著变化的有效途径（Clements et al.，2017；Isbell et al.，2015）。由于IMTA的有效性受到环境条件（如营养盐、食物可利用性和水动力等）、技术和养殖种类的制约，因此深入研究IMTA的生态学基础原理及其模式，对于提高水产养殖系统应对多重环境胁迫的抗性和制定有效的减缓措施具有重要意义（Bernhardt et al.，2013；Troell et al.，2009）。

（2）海洋牧场建设

海洋牧场是基于生态学和工程学原理，通过投放人工鱼礁、藻场修复、贝类底播和鱼类增殖放流等途径，利用海域自然生态条件，实现海域生态环境保护、渔业资源增殖及其可持续利用的渔业绿色发展模式。海洋牧场与水产养殖的本质区别在于，海洋牧场的管理过程不需要投饵，是利用工程学和生态学原理，通过改善栖息地生态环境和提高海域自然生产力，实现渔业资源增殖，实现海洋渔业第一、第二、第三产业的融合发展。据不完全统计，截至2016年，全国已投入海洋牧场建设资金55.8亿元，建成海洋牧场200多个，其中国家级海洋牧场示范区42个，涉及海域面积超过850 km²。据测算，已建成的海洋牧场年可产生直接经济效益319亿元、生态效益604亿元，年固碳量 19×10^4 t，可消减氮16 844 t、磷1 684 t（国家级海洋牧场示范区建设规划（2017—2025年）编写组，2017）。据《国家级海洋牧场示范

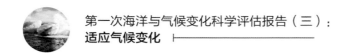
区建设规划（2017—2025 年）》（农业农村部，2017），到 2025 年，在全国创建区域代表性强、生态功能突出、具有典型示范和辐射带动作用的国家级海洋牧场示范区 178 个，形成近海"一带三区"（沿海一带；黄渤海区、东海区、南海区）的海洋牧场新格局，预期每年直接经济效益超过 150 亿元；构建全国海洋牧场监测网，实现海洋牧场环境、资源信息的监测与管理现代化。

（3）水产养殖新业态

我国是世界第一的水产养殖大国，在全球气候变化背景下，传统水产养殖业面临水资源短缺、生态环境日趋恶化、自然灾害频发等多重挑战，亟需开展新技术与新实践探索，以促进产业结构调整。盐碱水养殖、稻渔综合种养、陆基工厂化循环水养殖、深远海网箱（网围、工船）养殖等新技术研发与应用，极大地拓展了传统水产养殖业发展的新空间。净水渔业、碳汇渔业等新概念的提出和新技术的开发应用，更是拓展了传统水产养殖的功能。随着我国水产养殖创新驱动能力的不断增强，上述新技术与新业态在大幅度拓展养殖新空间的同时，有力促进了减轻养殖污染、改善生态环境、节约水资源等，为传统水产养殖业积极应对气候变化等带来的严峻挑战，实现产业结构转型和提质增效，走出了一条节水减排、集约高效、资源节约和环境友好的中国特色现代渔业发展道路。

5）海洋渔业信息化

信息化技术已经成为现代渔业可持续发展的重要支撑技术之一，正向海洋渔业深层次扩散。信息获取技术由人工获取向依靠感知网络和遥感等数字化智能技术转变，逐渐实现对海洋渔业信息的全面感知与决策支持，使海洋渔业活动更加强调和注重信息化思维和管理决策与其运作效率、效益的相互适应、促进与优化（胡金有等，2015）。基于 3S 技术和无线传感器网络技术等，可以实时监测海水中的温度、pH 值、溶解氧浓度和浊度等参数，全方位管理养殖水质、鱼类生长状况、药物使用、废水处理等（颜波等，2014；杨旭辉，2015），为渔业适应气候变化的决策与评估提供了大量的基础数据。开展渔业信息化标准体系建设，基于"互联网+"和物联网技术等，优化和整合各类渔业统计与渔业管理信息采集、渔业资源与环境监测、水产品质量安全管理、渔业应急救助指挥系统、水生动物疫病监控等信息系统，推进全国渔业基础数据库建设、渔业管理服务平台建设和渔业大数据应用服务产品开发，为现代渔业创新发展提供了有力支撑。

7.2.2 滨海旅游业适应气候变化的措施和成效

在全球气候变暖的大背景下，从资源开发、产品开发、市场拓展、环境优化和部门发展等多个视角，开展气候变化对中国滨海旅游业影响的系统研究，提高对于气候灾害的认识和理解，防患和应对极端性气象灾害事件，已成为我国科学应对气候变化对滨海旅游业影响的重要任务。

1）滨海旅游资源开发

（1）风险监测与预警

建立全面、科学的滨海旅游资源开发风险评估与预警系统，可以为滨海旅游业应对气候灾害风险提供预警保障（国家发展和改革委员会，2015），有助于促进滨海旅游与生态保护协调平衡发展。我国建立了覆盖管辖海域的海洋生态环境监测网络，以实施区域海洋资源环境承载能力综合监测与预警（国家海洋局，2015），并于 1988 年和 2013 年先后两次开展全国海岛资源综合调查，为海岛资源开发、保护与管理提供决策依据（马志华，1997；国家海洋局，2013）。

（2）科技创新与绿色发展

科技创新是滨海旅游实现绿色发展、提升滨海旅游发展质量和发展效益的根本手段。2011 年以来，我国批准设立国家级海洋特别保护区与国家级海洋公园，进一步推动遥感监测、气象观测等技术在国家海洋公园中的应用（车亮亮等，2012），2015 年《国家海洋局海洋生态文明建设实施方案》（国家海洋局，2015）明确提出以"蓝色海湾""银色海滩""南红北柳""生态海岛"为载体开展海洋生态环境治理修复（赵聪蛟等，2017），这些技术与政策旨在保障滨海、海岛与海洋生态系统的健康发展，充分挖掘和拓展滨海特色旅游功能，促进滨海旅游资源的可持续开发。

2）滨海旅游产品开发

（1）低碳旅游产品

开发低碳旅游产品，实施节能减排，已成为滨海旅游业适应气候变化的有效措施之一。《国务院关于加快发展旅游业的意见》（国发〔2009〕41 号）明确提出了要将低碳作为旅游新内涵的战略措施，通过低碳旅游产品的开发，在一定程度上减缓旅游业对气候变化的压力。

（2）滨海旅游新业态

借助优势资源、特色文化、休闲娱乐等拓展滨海旅游项目，可在一定程度上减缓气候变化带来的季节性问题，扩大市场规模。近年来，中国也不断加大海上运动、邮轮、游艇、海岛度假等新型滨海旅游产品的开发力度（曲天尧，2013；李建萍，2015）。其中，邮轮产业是漂浮在"黄金水道上的黄金产业"（孙晓东等，2012），以大连、天津、青岛、烟台、上海、舟山、厦门、深圳、广州、海口、三亚等十一大邮轮港为依托，中国已成为亚太地区最大的邮轮市场（汪泓，2017）。巨大的客源市场、密集的政策支持以及邮轮产品认知度的提高使邮轮旅游成为我国重要的旅游新业态（孙晓东等，2018）。此外，海上游艇观光、帆船体育旅游、海上游艇商务旅游等旅游产品逐步向大众消费转变（姚云浩等，2017；刘佳等，2018）。这些新型滨海旅游业态在促进市场群体和规模不断扩大的同时，可有效减缓和应对气候变化带来的旅游市场波动问题。

3）滨海旅游市场拓展

（1）旅游安全政策

游客安全感是反映旅游目的地安全状况的重要标志，是游客在旅游目的地最基本的需求（邹永广等，2014），确保游客安全是实现滨海旅游目的地可持续发展的根本保证。自 2008 年以来，我国相继出台了《关于旅游业应对气候变化问题若干意见》《旅游安全管理办法》等有关旅游业应对气候变化的政策，制定了由气候变化引起的突发性事件预防及应急措施，

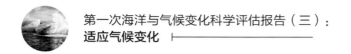
促进了我国旅游安全管理制度化、规范化发展。其中，2009 年国家旅游局颁布的《旅游者安全保障办法》中规定了滨海旅游区安全预警信息发布制度，以红、澄、黄、蓝等 4 种颜色定期向公众发布旅游预警信息（中华人民共和国中央人民政府，2009）。

（2）市场调控机制

针对气候变化引起游客减少、市场低迷等消极影响，我国制定了相关的价格机制和保险计划，提升游客的消费意愿。

（3）旅游投资政策

旅游投资是旅游市场得以正常运营的保障，为减少气候变化对旅游投资的影响，增强旅游经营者的信心，营造良好的旅游投资和经营环境至关重要。我国国务院办公厅于 2015 年发布了《关于进一步促进旅游投资和消费的若干意见》，提出实施旅游基础设施提升计划、旅游投资促进计划、旅游消费促进计划和乡村旅游提升计划，为加快旅游投资和营造良好的旅游投资环境提供了政策保障。

4）滨海旅游环境优化

海岸带综合管理（ICZM）。海岸带是海岸线向陆海两侧扩展一定宽度、连接海洋与陆地系统的带状区域。随着城市化进程不断加快和海岸带游客大量增加，海岸带受气候变化引起的气候变暖、海平面上升影响加剧，面临着海岸侵蚀、生态环境破坏、生物多样性减少等威胁（蔡锋等，2009；骆永明，2016），使得海岸带滨海旅游环境质量下降，游客体验质量降低。实施海岸带综合管理，可以完善海洋空间规划和绿色基础设施建设，保护海岸带地区滨海旅游环境，对于提高沿海地区应对气候变化影响的能力具有重要作用。2015 年我国国土资源部发布《国务院办公厅关于印发生态环境监测网络建设方案的通知》，为海洋生态文明建设和基于生态系统的海洋综合管理提供了保障（国家海洋局，2015）。各沿海省市区也相继推出了生态环境监测网络建设工作方案，山东青岛划定 59 处生态红线，构建区域生态安全空间格局，推进青岛市生态文明建设（山东省环境保护厅，2016）；海南省发布《关于修改〈海南经济特区海岸带保护与开发管理规定〉的决定》，扩大了海岸线的保护范围，明确了海岸带生态保护红线区范围和管控措施（海南省旅游局，2016）；江苏省实施《苏北苏中地区生态保护网建设实施方案》（淮安市环境保护局，2017），在苏北苏中地区建设"三纵三横三湖"生态保护网络，有效地提升了沿海地区生态环境状况指数和绿色发展指数。

5）滨海旅游部门的举措

气候变化在较大程度上影响滨海旅游的正常运营，其中滨海旅游交通、旅游景区和住宿业等受影响较大。

（1）加强应急预防

气候变化引起的气象灾害具有偶然性，提高减灾防灾工作水平，其中在遭受灾害后迅速恢复旅游基础设施，排除安全隐患，是应对气候变化的重要举措。浙江省台州市易受台风的影响，有效地开展了旅游危机管理工作，在遭受台风危机后使旅游基础设施和接待条件得到尽快恢复，努力将灾害损失减少到最低程度，有效地维护了旅游目的地形象（张永恒，

2016）。2016 年，厦门市在受到"莫兰蒂"台风侵袭后，紧急出台了《厦门市人民政府关于促进旅游景区灾后恢复经营的意见》，在旅游系统发起"行业自助互救，加快景区对外开放"活动，快速发动旅游局机关、旅游质监所、行业协会、旅行社、景区、导游等开展灾后景区救援活动，缩短景区停业时间，使景区在最短时间内重新恢复营业，景区客流量创新高（厦门市旅游发展委员会，2017）。2018 年，我国滨海旅游城市连续出现台风、暴雨、高温等灾害性天气，国家文化和旅游部与中国气象局联合印发《关于进一步做好灾害性天气旅游安全风险防控工作的通知》，提出加强汛期暑期灾害性天气旅游安全风险的联防联控，有效预防和减轻灾害性天气对旅游安全的影响（文化和旅游部与中国气象局，2018）。

（2）提升建设标准

由于台风、风暴潮等极端天气事件导致海堤损坏和海岸线侵蚀，甚至破坏酒店、餐饮、度假村等基础建筑，使得许多地区提高了滨海建筑的建造标准，以降低气候对住宿业的影响，确保旅游者安全。

（3）推广绿色技术

推行使用可再生能源等绿色环保技术和提高设施利用率等措施，可以有效应对气候变化。开发高铁旅游产品，引导游客尽可能利用安全便捷的公共交通，有利于促进游客低碳出行；要求航空公司尽可能提高航空载客率和减少航线中转次数，不仅给旅游者带来更为舒适、便捷的旅游体验，而且可以减少环境污染、降低能源消耗，带来经济和环境效益（汪德根，2012）；倡导中小型酒店利用可再生能源，推动低碳环保节能计划，既节能减排，还带来可观的经济收益。

7.2.3 海洋交通运输业适应气候变化的措施和成效

1）港口风险评估与管理

我国港口运营泊位数达 31 705 个，居全球第一，2014 年各主要港口装卸货物达 27×10^8 t（Yu，2015）。但是，我国港口码头极易受极端天气和海洋灾害的影响，如福州港、宁波港和广州港等对气候变化引起的风暴潮等灾害过程极为敏感（Hanson et al.，2011）。因此，建立港口、航道安全评估模型，开展港口、航道重点水域危险因素、危害程度及其潜在风险的敏感性分析，增强风险评估与管理能力，是有效应对气候变化引起的风暴潮和海平面上升等极端灾害事件的手段（马会等，1998；翁跃宗等，2001；孙超等，2002；郑中义等，2006）。全球变化综合风险取决于致灾因子的危险性与承灾体的暴露度和脆弱性的相互作用。鉴于我国海岸带和沿海地区的全球变化综合风险格局存在极大不确定性，包括多致灾因子的叠加影响、多承灾体的暴露度和脆弱性的动态变化等（蔡榕硕，2017），以满足我国沿海地区应对气候变化、防灾减灾和社会安全的迫切需求。

2）船舶及结构物设计

性能优良的船舶是开展海洋运输的最基本载体，也是体现一个国家工业综合实力的重要方面。全球变化导致超强台风等异常灾害性事件频发和全球变暖背景下北极航行的迫切需求，

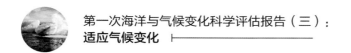

对我国海洋交通运输船舶建造提出了许多新的挑战。2013 年 9 月，我国货船首次经由白令海峡通过东北航道到达欧洲，开辟了我国海上远洋运输的新通道。然而，在海冰环境下，极区航行的安全保障及船体结构的抗冰设计是当前亟待解决的关键工程问题。通过对海冰与船舶相互作用过程的深入理解，可为减少或避免海冰灾害提供重要理论支撑。目前，我国在冰区船舶航行及船体抗冰的研究方面还相对薄弱，亟需加强对海冰及其与船舶结构设计和安全航行等方面的研究，为北极航行提供重要科学依据和技术支撑。

在寒区，浮冰形态、船体性能和流体动力学等方面进行了诸多假设，影响了碎冰区海冰与船体结构的作用形式以及冰力的变化规律效能评估。将冰块间的冻结效应，研究平整冰与船体作用时发生屈曲、挤压、弯曲等不同形式的破碎模式，可以更全面地分析海冰与船体和海洋结构的冰力（季顺迎等，2013）。

3）北极航道的战略研究

受全球气候急剧变暖的影响，北极海冰覆盖面积持续减少，使北极航道的夏季通航开始进入可行性论证和探索性运行（Ho et al., 2010），从而引起了世界各国对北极通航的地缘政治、通航环境、法律体系、通航经济性以及资源能源等方面的重大关注。作为近北极国家，无论北极的西北航道还是东北航道，对我国的海上运输均有着重要的战略意义（苏洁等，2010；王洛等，2014；何剑锋等，2012）。我国的北极科学考察起始于 1999 年，对于我国了解北冰洋地区的自然地理状况，开展北极地区中长期战略规划具有重要意义（李振福等，2009）。近年来我国与北极相关国际组织的交流和合作，促进了我国对北极航线重要海域相关海洋要素数据的收集，为我国在北极海域开辟航道提供了重要参考（何剑等，2012）。

在地缘政治方面，北极航线的地缘政治格局可分为 3 个聚类，即以美国为首的 27 个国家，以俄罗斯为首的 19 个国家，以及包含英国在内的 47 个国家所形成的三大国家集团（李振幅等，2011）。在通航环境方面，通过对各个航段的海冰分布与季节变化的统计分析，获得了夏季 7 月和 8 月是西北航线货船航行的最适合时段（苏洁等，2010，2012）。

在通航经济性方面，通过定量化建模等，从燃油、保险、船舶折旧、人员薪酬、船型等方面，分析了北极航线国际贸易海运成本的影响，认为利用北极航线比传统远洋航线节15.6% ~ 37.7%的航行成本，肯定了北极航线通航的经济价值，指出了我国开发北极航线的必要性和战略需求（李振福等，2013；张侠等，2009；王杰等，2013；王宇强等，2013）。通过航次模拟，对比了从上海到鹿特丹港途经东北航线与途经现有的苏伊士运河航线的航次成本，认为利用东北航线可节约成本，减少碳排放。

在法律体系方面，根据国际海事公约、《联合国海洋法公约》以及沿岸国法律等有关北极航线通航的航行法律及其适用规则，多项研究前瞻性地预测了北极航线环境保护的法律规制，开展了国际公约和沿岸国法律效力的比较分析，为未来我国制定北极航行相关法律法规和通航船只避免法律纠纷提供了重要依据（梅宏等，2009；李志文等，2011；阎铁毅等，2011）。

在资源能源方面，有研究者提出了北极航线将引起相关国家在世界能源贸易中的权力地位和权力关系的变化，指出了俄罗斯、美国和挪威在这一变化过程中具有特殊重要的地位以及我国需要加强同这些国家在极地能源开发过程中的合作和信息共享（邹志强，2013，

2014），北极丰富的能源储备和日益消融的海冰环境将使世界能源的供给形式更加多元化，同时有利于拓展我国能源的依赖渠道（何一鸣等，2013）。

7.3 海洋产业适应气候变化面临的问题和挑战

随着海洋强国战略、21世纪海上丝绸之路战略的深入实施，海洋经济在国家经济发展中的地位日益显著（梁甲瑞，2016）。由于海洋产业主要分布在生态环境极为脆弱的海岸带地区（侯西勇等，2016），该区域特殊的地理环境及其与人类活动的高度关联性，导致海洋产业受海洋与全球气候变化的影响愈发明显，甚至有可能被严重放大（王宁等，2012；吴克勤等，2012；Helmuth et al.，2014；Matzelle et al.，2015；Gunderson et al.，2016），但目前人类对于气候变化及其相关的多重环境胁迫对海洋产业影响的研究仍然不够深入。因此，在未来气候变化下，我国海洋渔业、滨海旅游业和海洋交通运输业的变化趋势和挑战是什么？在应对气候变化的进程中存在哪些障碍或瓶颈？如何从国家和行业高度确立应对气候变化的整体性战略？等等。本节在前述产业现状、应对气候变化的适应措施及其成效的基础上，探讨相关产业进一步适应气候变化所面临的问题和挑战，为我国深化应对气候变化对其未来的影响，以及提出相应的国家战略提供依据。

7.3.1 海洋渔业适应气候变化面临的问题和挑战

1) 海洋渔业适应气候变化的基础研究不足

针对极端气候事件逐渐增多及危害性日益加强的现状，亟需加强气候变化相关的科学研究，深入理解极端气候事件的发生机制，评价其对渔业资源、海洋捕捞业和水产养殖业的影响，查明对气候变化敏感的渔业种群、养殖品种和重要区域。在全球气候变化的背景下，针对多重因子的生态效应相关研究不足的现状，重点分析升温、酸化、缺氧、海平面上升、紫外线增强等多重环境因子以及人类活动等多重胁迫对海洋渔业和水产养殖的影响，从个体、种群、群落到生态系统水平上，全面分析多重因子的整合效应。基于多重因子的相互作用，开发脆弱性检测模型作为早期预警系统。开发有效的工具进行环境监测，并评价相关管理方法的有效性。同时，开发和完善入侵物种监测和防治技术，减缓产业中生态入侵的危害。

2) 海洋渔业适应气候变化的关键技术缺乏

在我国水产养殖产业中，传统的粗放式养殖方式在生产中占绝对优势。传统饲料利用率较低、营养物质特别是氮、磷排放量大，会导致养殖生物的生长速度减缓，抗逆能力下降和养殖水体环境质量恶化，使传统养殖技术具有低效、高污染、抗风险能力弱、不可持续发展等不足。基于气候变化下多重环境因子对海水养殖可能产生的生态效应，需要重点开发、设计相关新技术，监测多重环境胁迫所造成的危害，规避多种生态风险，建立养殖生物学性状数据库，制定风险和行动地图等（Tulloch et al.，2015）。相关从业者和科研人员需集中力量加强

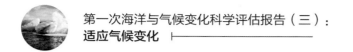
病害防治、养殖技术和设备、水产饲料和水产品加工等方面技术的改进和研发，减少养殖过程中对环境的影响，提高养殖投入产出效能，增强养殖物种和养殖环境对极端气候事件和病害的抵抗能力，促进水产健康养殖多功能发展，达到"高效、优质、生态、健康、安全"可持续发展的任务目标（"中国水产养殖业可持续发展战略研究"课题综合组，2016）。

对渔业资源丰歉的认知是捕捞业发展的基础。但是，在我国近海及世界大洋渔业资源对气候变化的响应等重大渔业科学问题上，我国渔业科学家尚缺乏深入研究。海洋遥感、卫星通信、数学建模等高新技术在海洋渔业生态环境监测、渔业资源评估和渔情预报等方面的应用与国际前沿还有较大差距。由于对渔业资源的认知能力和掌控能力严重不足，也严重妨碍了我国在国际渔业管理中的地位与发言权。其次，由于在渔船节能减排、捕捞新技术研发和集约化、智能化捕捞装备研制等方面长期投入不足，导致海洋捕捞业节能减排成效甚微，整体装备技术落后，在大洋、深海国际渔业资源开发利用的激烈竞争中处于劣势，经济效益不高，并严重影响了我国国际负责任渔业大国的形象。

3）气候变化下渔业生态系统保护难度不断加大

气候变化背景下渔业生态系统的改变也对海洋鱼类的生存产生重大影响。ENSO、NPO、NAO所引起的气候异常（温度、降水量、海流变化等）导致沿岸水域温度、盐度、河流营养盐输入和海区初级生产力等因素发生变化（Miller et al.，1992；Zeldis et al.，2008），并影响海区温跃层、上升流等中尺度海洋现象（Miller et al.，1992；Allison et al.，2011），同时会对海区生物的生长、繁殖、摄食等生理性状产生直接影响（Cantillanez，2005；Liu et al.，2014）。更重要的是，ENSO、NPO、NAO还是生态系统结构转换（regime shift）的主要驱动力之一，特别是对海洋浮游生物群落的影响（Roessig et al.，2004；Robinson et al.，2014）。ENSO和NPO与东北太平洋水母暴发直接相关（Robinson et al.，2014），水母会大量捕食作为饵料的浮游动物以及仔鱼和贝类幼体，对养殖业和捕捞业产生负面影响（Purcell，2005）。

滨海湿地和河口等独特的生态系统，环境复杂多变，基础饵料丰富，是众多海洋鱼类的产卵场和索饵场（Brazner et al.，1997；Whitfield et al.，2003）。在全球变化背景下，栖息地径流量和盐度的变化、水温升高、海平面上升等原因，导致鱼类时空分布格局和优势种的组成以及鱼类早期生活史均发生明显变化（张继民等，2010；单秀娟等，2016）。海平面上升以及建造应对海平面上升的海岸防护措施均会造成海湾、潟湖、湿地等适宜的养殖区域丧失（Handisyde et al.，2006；Kirwan et al.，2013）。此外，海平面上升会增加风暴潮等极端气候事件的频率和强度（Michener et al.，1997；Allison et al.，2011）。

由于海岸带区域人类活动频繁，政府监管的缺失（污染加剧、过度捕捞、栖息地丧失、海岸带破坏等），使气候变化下渔业生态系统的保护难度不断加大，带来更严峻的挑战。全球变化以及陆源污染均可导致局部海域的低氧或缺氧（Barange et al.，2009），这对于水产养殖生物的生长和发育会造成严重影响。在我国，区域性缺氧也是水产养殖生物大规模死亡的重要诱因（李莉等，2016）。此外，赤潮、绿潮、褐潮等生态灾害的暴发，对养殖环境以及养殖物种产生重大的危害，引发这些生态灾害的藻类均会成为绝对优势性的物种，迅速侵占营养盐，降低水体透明度，影响其他藻类和海洋植物的生长；大量消耗二氧化碳，造成区域内 pH 的快速升高；在消亡阶段，藻体分解作用大量消耗氧气，产生氨氮，使养殖水体中硫化物的浓度上升，毒害养殖生物和其他海洋生物；最终造成养殖产量大幅度减产，甚至绝产（Kraeuter et al.，2008；马会等，2012；陈杨航等，2015；张晓冉等，2017）。有毒有害赤潮能够分泌赤潮生物毒素，被滤食性贝类或植食性鱼类摄食后，不断富集，影响水产品的食品安全，导致被食用后，会对人们的身体健康和生命安全造成危害（周名江等，2007）。气候变化还会引起病毒、细菌、寄生虫等暴发，导致养殖生物大规模死亡（FAO，2016）。

4）气候变化下渔业发展模式亟需不断创新

气候变化对渔业经济的影响，主要表现为技术经济成本增加，比较效益降低。在过度捕捞、大规模海岸带开发、环境污染等人类活动的多种压力不断加剧之下，渔业资源全球性衰退趋势明显，海洋渔业生产脆弱性加剧，渔业捕捞成本升高和市场竞争力降低成为必然（王丽荣等，2014；王亚民等，2009）。除此以外，海平面上升和极端气候灾害，也导致渔港等渔业基础设施和渔民捕捞生产作业的安全风险加大，渔民的生命财产安全受到极大威胁。今后，捕捞渔业将面临更多的气候风险，应更加重视开发新型捕捞技术、提高渔业基础设施稳固性和捕捞作业安全性等，为渔业经济发展及渔民生计提供稳定保障。

目前，水产养殖系统多为人工简化的生态系统，传统的单养模式（Monoculture）对气候变化非常敏感。从生态学的角度，高生物多样性和高复杂性的生态系统对于环境干扰的抗性较高（Isbell et al.，2015），而多样性低和复杂性低的系统（如传统的单养模式）对于多重环境胁迫的抗性很低（Worm et al.，2006），使得水产养殖系统对于环境变化非常敏感（Brugère et al.，2015；Sarà et al.，2017）。面对气候变化所造成的环境胁迫，野生生物种群会产生行为、生理和进化等三种响应策略。在行为上，生物会躲避不利环境，迁移到更舒适的栖息地；在生理上，表型和生理上的可塑性会使得生物耐受新的环境条件；在进化上，生物会通过遗传变化来适应新的环境（Hofmann et al.，2010；Somero，2010）。然而，大多数水产养殖群体生活于相对有限的空间中，养殖生物行为上难以规避环境胁迫，其生理和进化上的能力又受到养殖周期和人为育种选择的影响。为此，海水养殖模式需要不断改进和创新，开发多营养层次立体化水产养殖模式，推动水产养殖生态化，增加养殖生态系统的多样性和复杂性，增加空间的利用率，优化水产养殖生物生存环境，降低气候变化对水产养殖业的危害，提高水产养殖业适应气候变化的能力（李莉等，2016）。

7.3.2 滨海旅游业适应气候变化面临的问题和挑战

1）滨海旅游开发模式有待提升

滨海旅游目的地是气候变化较为敏感的地区，由气候变化导致的气温升降甚至极端天气事件使得海湾、沙滩、山石峭壁、海蚀岩洞、红树林等旅游景观受损（Mathivha et al.，2017），损害滨海旅游基础服务设施（Belle et al.，2005；马丽君等，2010；朱璇等，2016），影响滨海旅游资源内部的稳定性和安全性（杨建明，2010）。气候变化引起的全球海平面上升导致海滩侵蚀和海岸沙坝向岸位移（王颖等，1991；庄振业等，2003；蔡锋等，2008；胡亚丽，2013），缩减滨海旅游活动空间，并可能改变和影响水域类、生物类等不同类型滨海旅游资源的规模、形态和分布特性。气温升高等气候变化加剧了海洋生态灾害程度，自 20 世纪 70 年代开始，大型有害藻华发生的频率和地理范围呈增长趋势（王超，2010），浒苔绿潮灾害自2007 年以来，在中国黄海海域呈现连续性、大规模与常态化暴发态势，沙滩、岩石等滨海景观被侵蚀，近岸海域水质、大气环境受到一定程度的污染，相关旅游企业无法正常运营，造成较大的旅游经济损失（刘佳等，2017）。今后需要更为紧密地依托我国海洋数字化建设平台和高新技术，建立科学的滨海旅游资源开发风险评估与预警系统，提高海岛、海岸带等地区滨海旅游资源应对气候变化的能力。

2）滨海旅游产品开发亟待丰富

气候变化直接影响滨海旅游观光、沙滩娱乐、沙滩野营等旅游体验项目的正常开展，改变滨海旅游产品开发体系（杨建明，2010），其通过影响旅游资源、旅游目的地可进入性、旅游者消费行为，增加滨海旅游产品开发与保护难度，并有可能使保护范围由旅游资源进一步扩展至交通设施、公共设施等基础设施，使得滨海旅游产品的开发成本提高（李亚兵等，2006；马存利，2012；苏州信息港，2017）。同时，由气候变化引起的气温上升可能延长夏季旅游旺季时间段，延长适游期，邮轮、游艇等海上旅游产品的需求不断增长，也为滨海旅游产品品质提升提供新的发展机遇。海洋与气候变化加大了滨海旅游开发运营与管理难度（翁毅等，2011），使得部门经营费用与成本增高，干扰旅游交通、酒店、旅游景区等产业部门的正常运营，也可能影响旅游保险业、旅游医疗卫生、旅游安全管理部门的资源与资本的重新配置（钟林生等，2011）。因此，我国亟需进一步完善丰富化、多元化与立体化的滨海旅游产品体系，促进滨海旅游产品供给的结构性优化，并构建系统性的旅游产业部门气候灾害应对机制，提升滨海旅游业的气候灾害危机管理能力。

3）滨海旅游市场预测与调控能力亟需加强

气候变化直接或间接影响滨海旅游市场格局，改变旅游流的流量和流向（杨旭超等，2010；钟林生等，2011；席建超等，2010；肖铮，2015），影响游客的感知与旅游态度，甚至改变其决策与行为，使游客的出游动机、出游时间、目的地选择发生变化（Bigano et al.，2006；Scott et al.，2010；吴普等，2010）。气候变化引起的气候敏感性疾病暴发等事件，导致旅游安全系数降低（杨伶俐等，2006；张燕，2008），可能使旅游者对旅游活动产生恐惧心理，从而减少旅游者对旅游活动的心理需求（席建超等，2010）；极端灾害事件频发在一定程度上会降低旅游舒适度和旅游体验质量，如高温导致紫外线辐射增强、引起游客中暑甚至危及游客的生命（赵连城，1978；刘传风，1990；Morabito et al.，2004；Perry et al.，2005；罗厚成等，2012；Gómez-Martín et al，2014；谢婉莹等，2017）；气候变化也加重雾霾等大气污染，由此所引发的健康影响、交通影响和目的地形象影响等在一定程度上限制旅游业的发展（Anaman et al.，2000；王秀萍等，2011；张馨方，2015）。因此，气候变化下的中国滨海旅游市场需求可能迅速变化，如何应对滨海旅游规模与旅游流向的快速改变，建立完善的市场调控机制，及时跟踪、监测滨海旅游市场格局规律与特征，提升传统滨海旅游目的地形象，开发替代性旅游市场，分流或承载气候变化引起的旅游客流转移，是当前亟待解决的重要问题。

7.3.3　海洋交通运输业适应气候变化面临的问题和挑战

国际贸易中超过 80% 的货物需要通过海运完成，其中发展中国家更是达到了 90%，海洋交通运输业对局地、区域和全球的经济发展具有重要的支撑作用（海运评述，2015）。IPCC 2007 报告称，21 世纪海平面上升或达 81 cm，英国国家海洋学中心的研究人员甚至认为 21 世纪海平面将会上升 163 cm（Rohling et al.，2008）。我国《第三次气候变化国家评估报告》认为，1980—2012 年，中国沿海海平面上升速率为 2.9 mm·a^{-1}，高于全球平均速率。近 30 年来，中国沿海气温上升 1.1℃、海温上升 0.9℃，两者均呈明显上升趋势。在此背景下，海洋交通运输业如何快速对气候变化做出反应，并采取合理有效的应对措施是影响经济社会发展的重要课题。

1）气候变化对港口码头货运功能的影响研究亟待加强

港口和码头处在气候变化影响的脆弱区，是气候变化的直接承灾体。海平面上升和风暴潮等极端灾害天气会给港口和码头的运营带来很大的安全隐患（Becker et al.，2012）。气候变化模型预测发现，气候变暖导致海水热膨胀及冰川、冰帽融化，使全球海平面有可能持续上升几个世纪。2011 年发布的《第二次气候变化国家评估报告》指出，海平面上升将导致许多沿岸地区遭受洪水泛滥的机会增大，风暴潮影响的程度加重，还将造成沿海城市市政排水工程排水能力降低，港口功能减弱甚至丧失。

我国各类港口数量居世界首位，是受风暴潮影响较为频繁和海平面上升影响较为严重的国家之一。因此，在加强气候变化的背景下，我国沿海灾害性气候的预测、预警研究的基础上，加强极端气候事件，特别是强波浪风暴潮与高海平面叠加情况下，对港口、航道、防波堤、码头仓库、船舶和港口集疏运通道等设施的灾害评估与预警研究，对于保障海洋交通运输业健康发展，增强交通航运业适应气候变化的能力，具有重要意义（吴喜德等，2013；Ng et al.，2014）。

2）北极航线船舶建造规范和航行研究亟需迎头赶超

近 40 年来，受全球气候急剧变暖的影响，北极海冰覆盖面积持续减少，开启了北极航道夏季通航的可行性论证和探索性运行（Ho et al.，2010）。我国作为近北极国家，无论北极的西北航道还是东北航道，对我国的海上运输均有着重要的战略意义（苏洁等，2010；何剑锋等，2012）。2013 年 9 月，我国货船首次经由白令海峡通过东北航道到达欧洲，开辟了我国海上远洋运输的新通道。分析表明，通过北极航线，中国沿海诸港到北美东岸的航程相差不大，比巴拿马运河的传统航线节省 2 000 ~ 3 500 n mail；到欧洲各港口的航程差别比较大，其中上海以北港口到欧洲西部、北海、波罗的海等港口比传统航线航程短 25% ~ 55%；预计到 2020 年，如果北极航线完全打开，用北极航线替代传统航线，每年可节省 533 亿 ~ 1 274

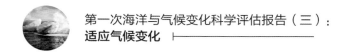
亿美元的国际贸易海运成本。

尽管我国于 2012 年开始在北冰洋考察中针对北极航道的可行性运行进行了专题调查（王洛等，2014）。但是，由于种种限制，我国对于北极的了解和研究，与北极国家相比差距巨大。因此，必须大力开展对北极的科学考察，广泛收集北极航道相关基础性数据，开展北极航行相关的法律、地缘政治的研究，与沿岸国合作，扩大资料共享，构建全方位的北极航道数据库，为国家参与北极事务和未来北极航运事业发展奠定坚实基础。

其次，船舶在冰区航行中，将受到海冰多方面的影响，包括但不限于：船体发生结冰或存在冰雪堆积时，容易造成船舶稳定性的降低；海冰灾害容易使淡水管、污水管等管系结冰而发生胀裂损坏；由于空载或轻载船舶的吃水较小，其车叶和舵叶容易与流冰发生撞击而损坏；大面积结冰或大块浮冰聚集，使船舶降速严重，舵效变差，造成船舶操纵困难，受流冰挤压严重时会导致船舶偏离计划航线，影响船舶的安全航行；船舶与冰块碰撞，易造成船壳板的变形或损坏（刘强等，2012）。因此，瞄准新概念集合功能破冰船等未来极地船舶的发展方向，加大研发资金投入，提高船舶制造业水平，对推动我国极地科考、发展北极航运和极地旅游等具有重要意义。

综上所述，在全球气候变化的大背景下，气候变暖、海平面上升、大洋环流变化和海洋酸化等现象是最明显的气候特征（吴克勤，2012）。既往研究表明，气候变化导致全球海洋生态环境恶化，对我国海洋捕捞业、海水养殖业、滨海旅游业和海洋交通运输业带来了前所未有的挑战，在产业要素、生态环境、危机管理等方面受气候变化影响明显，需要制定一系列可行、有效的政策措施，以保障产业的可持续发展（孙昊，2018）。

7.4 未来适应行动建议

"减缓"和"适应"气候变化是当前全球应对气候变化的两大重要举措。2013 年，IPCC 报告指出，"即便停止二氧化碳排放，全球变暖带来的气候变化影响也将持续几个世纪"。因此，在持续推进减缓气候变化行动的同时，不断提高海洋渔业、滨海旅游业和海洋交通运输业适应气候变化的防御和恢复能力，对于实现我国社会经济可持续发展同样尤为重要。

7.4.1 完善基于生态系统的海洋综合管理法律体系

气候变化和人类活动等多重压力加剧了海洋生态系统演替及其生物资源变动的不确定性，并呈现出明显的非线性动态发展特征，导致人类对海洋生物个体、种群、群落和生态系统对气候变化的响应与反馈的机制及机理至今认识不清，从而对海洋管理（渔业管理）带来前所未有的挑战。为降低气候变化与人类活动等对海洋生态系统和海洋生物资源所造成损害的加乘效应，有必要建立完善跨部门、跨地域的基于生态系统的海洋综合管理体系，故建议参考国际先进国家的成熟经验，进一步完善现行的海洋管理法律法规，并在制（修）订中坚持预警原则。

1）制定《中华人民共和国海洋基本法》

将预警原则作为开展海洋管理的基本原则，使其作为海洋管理的根本大法，为推进基于生态系统的海洋综合管理创造良好的法治环境。

2）制定《中华人民共和国海岸带管理法》

明确规定建立和整合区域性海岸带污染监测和预警系统，加强依法对海岸带综合开发管理进行规范和制约，努力降低陆源污染对海洋生态系统的不良影响。

3）制定《海洋生物资源养护和管理法》

明确规定对海洋生物资源的开发利用、养护和管理广泛适用预警原则，当气候变化导致外来物种入境或进入生态敏感区而对海洋生物资源产生严重的或不可逆的潜在风险时，不应因缺乏充足的科学资料而不采取或拖延采取有效预防海洋生物资源破坏的措施，以保护海洋生物资源和海洋生态环境。注重科学信息的收集与管理，建立利益相关者广泛参与机制，促进海洋生物资源的科学养护和管理。

4）修订《中华人民共和国渔业法》

建立渔业权制度和共同管理制度，承认资源使用者和其他利益相关者的参与权、决策权和责任，确保伏季休渔政策调整、水产养殖品种确定、养殖规模与模式优化、渔具标准化和准入制度制定、脆弱物种识别与保护、环境友好型渔业技术和渔业碳汇技术研发及公众气候变化意识培育等方面的有效实施，保障海洋生态可持续性、沿海地区社会稳定和海洋经济活动的科学性。

7.4.2 加快推进深蓝渔业发展及其支撑体系建设

占地球表面 71% 的蓝色海洋是世界及地区经济社会发展的重要支撑，其中蓝色经济是保障粮食安全，尤其是沿海发展中国家解决饥饿与贫困的重要支柱产业。但是，由于过度捕捞、超容量水产养殖、环境污染和海洋开发等人类活动以及气候变化的多重压力，导致渔业栖息地生态功能及其物种多样性的严重破坏，给蓝色经济的可持续发展带来了严峻挑战。2015 年，FAO 提出"蓝色增长（blue growth）"（一种基于经济、社会、环境负责任框架，综合考虑生态系统功能、社会—经济敏感性和水生生物资源可持续利用的管理模式）以来，世界各国及不同组织在负责任及可持续渔业捕捞与养殖的全球治理理念下，自发地开展了跨学科的技术融合，逐步形成了"生态友好型捕捞模式"（ecosystem approach to fishery，EAF）、"生态化水产养殖模式"（ecosystem approach to aquaculture，EAA）和空间规划（spatial planning）等关键技术体系，并极大地提高了基于社会许可与环境友好的海洋渔业可持续发展与管理。我国政府在渔业发展"十三五"规划中提出了以建设"蓝色粮仓"为基本理念的"深蓝渔业"发展计划，作为全球气候变化背景下我国海洋渔业可持续发展的应对策略。深蓝渔业是以更好地挖掘海洋的食物生产能力为目标，以海洋渔业新空间、新资源开发为特征，以渔业技术

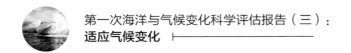

创新和生产模式创新为动力，实现"种粮于水、藏粮于水"的新型渔业经济发展模式，主要包括深远海设施养殖、远洋渔业和海洋牧场等产业模式（张瑛等，2018）。与传统渔业相比，由于深蓝渔业着力于海洋新空间、新资源的开发与利用，客观上对技术创新提出了更高的要求，在推动新技术发展的同时，催生了一系列新兴产业。例如，渔业装备工程制造业、水产苗种繁育、海洋休闲渔业。

1）深远海设施养殖

以深水抗风浪网箱、养殖工船等养殖设施为工程技术支撑的集约化、智能化养殖模式。重点开发区域为我国管辖海域 $-50 \sim -10$ m 等深线 100×10^4 km^2 多的开放性水域，相当于 1/10 的我国陆域国土面积，空间开发潜力巨大。

2）海洋牧场

基于海洋生态学原理，以人工鱼礁、藻场修复等渔业栖息地保护技术，鱼虾蟹增殖放流等渔业资源增殖技术和水产多营养层级综合养殖技术为支撑，科学开展近海渔业生境修复、渔业生态环境保护、渔业资源增殖和贝藻鱼复合生态养殖、碳汇渔业等渔业生产方式。重点规划区域为 -10 m 等深线以内约 30×10^4 km^2 的近海、海湾及岛礁水域。

3）远洋渔业

在我国管辖海域以外开展的渔业捕捞活动，包括大洋性渔业、过洋性渔业和极地渔业，重点是大洋性渔业新资源新渔场开发和极地渔业。其中，南极磷虾是目前人类发现的世界上最大的单种可利用的海洋生物资源，生物学年可捕量可达 1×10^8 t，相当于目前全球年海洋捕捞总产量的 1.2 倍。南极磷虾富含 EPA、DHA、氨基酸等，并含有天然抗氧化剂（如虾青素），其终端产品主要有整体冻虾、磷虾肉、磷虾粉、磷虾油等。其中，磷虾油是海洋生物功能制品的重要原料，磷虾粉是各种养殖饲料天然添加剂鱼粉的重要替代物，在适口性、抗氧化性等方面独具特色，具有巨大的开发潜力和市场前景。

我国深蓝渔业的生产海区遍布中国海、太平洋—印度洋—大西洋—南极地区，在全球气候变化的背景下，这些海区的海洋与气候的自然变率，包括气候变暖、热带气旋、厄尔尼诺、印度洋偶极子、太平洋年代际震荡等对南极冰盖融化、台风、季风及我国近海环境（海平面升高、海水异常升温、海洋酸化、缺氧、赤潮等）和降水等均产生重要影响，导致海洋牧场、深远海养殖工程设施、渔业资源数量变动及其分布等面临严峻挑战，进而严重影响我国深蓝渔业的可持续发展。为此，提出以下深蓝渔业适应气候变化的政策建议：

（1）制订我国渔业应对气候变化的行动计划，将适应气候变化内化为海洋渔业自身可持续发展的内在要求和努力践行生态文明建设的责任担当，进一步明确海洋渔业应对气候变化的行动纲领、重大举措和路线图，对内采取切实措施，发展绿色渔业，对外建设性地积极参与国际渔业履约，展现负责任渔业大国形象。

（2）加强支撑深蓝渔业科学发展的创新研究及其成果的应用，包括气候变化对深蓝渔业重点区域生态系统及重要渔业资源变动的影响研究，深蓝渔业重点区域海洋环境的监测、预报与预警研究，深蓝渔业关键技术装备研发等，并将最新的成果纳入生产与管理框架之中。

（3）制定有利于深蓝渔业发展的金融信贷措施，鼓励企业通过金融市场信贷措施和上市融资等方式，整合资源，做大做优。

（4）制定渔业保险补贴等政策，平衡极端气候变化对产业发展的影响，稳定渔业生产与渔民收入。

7.4.3 大力推进国家海洋公园与滨海旅游脆弱区的适应能力建设

综合考虑滨海旅游的复杂系统特征，对以国家海洋公园为核心的海洋生态环境敏感区域进行优先保护和重点规制。目前，我国已累计批准建立了 48 个国家级海洋公园（图 7.8），有效利用国家海洋公园兼具保护区和旅游功能的双重属性，以建设区域性国家海洋公园为载体，积极探索系统性和前瞻性的适应性政策、建设规划与发展政策，推动发展滨海旅游低碳、绿色创新模式，积极推进我国滨海旅游业减缓和适应气候变化的能力建设。

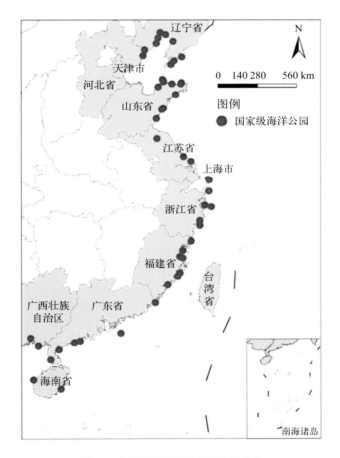

图7.8　中国国家级海洋公园空间分布

1）制定气候变化下国家海洋公园适应性政策体系

借鉴《中华人民共和国海洋环境保护法》《海洋特别保护区管理办法》等原则性规定，统

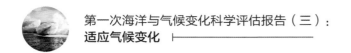

筹考虑国家海洋公园气候变化适应性活动兼具海洋生态保护与旅游发展的特征，制定相关政策法规、区域性规划文件和管理制度。探索气候灾害风险管理和跨部门跨地区协作机制，提高气候灾害的风险识别、监测预警、抵御减灾等能力（曹明德，2018），并重视探索国家海洋公园应对气候变化的复合型旅游人才培养和培训体系。

2）加快探索气候变化下国家海洋公园适应性技术应用

根据《全国海洋生态环境保护规划（2017—2020年）》（国家海洋局，2018），加强探索国家海洋公园生态系统脆弱性评估体系和适应性措施，构建有利于国家海洋公园生态恢复、补偿和重建的技术应用体系，形成全面系统的气候变化适应框架。积极发展低碳、环保、绿色的新型旅游高新技术，依托红树林、珊瑚礁等特色旅游景观打造"低碳旅游"模式，实现低碳旅游、休闲渔业发展与区域生态系统保护的协调互动（王恒，2014）。

3）推动气候变化下国家海洋公园示范基地与适应能力建设

实施差异化的国家海洋公园建设模式，把握国家海洋公园所在区域的气候变化特点与规律，识别气候变化影响下国家海洋公园旅游资源的脆弱度和敏感性，设置不同等级的保护区域（崔爱菊等，2012；王晓林，2014）。重视气候变化影响下国家海洋公园游客行为研究，探索游客环境责任行为驱动机制和应对气候灾害的适应措施。此外，依据《海洋生态文明示范区建设指标体系》（国家海洋局，2012），制定国家海洋公园示范基地考核与评估体系，推动示范基地的成功建设和引领带动，实现分阶段、分步骤适应气候变化。

7.4.4 充分利用国际平台发挥我国在北极航行事务中的作用

联合国在处理国际性事务、国际争端、维护地区和平与安全等方面具有独一无二的主导地位。中国作为联合国安理会的常任理事国，应联合其他发展中国家与非北极国家，在联合国平台上争取我国对北极事务的应有权利，并以联合国安理会的名义介入北极地区的安全评估；此外，也可在联合国国际法院、环境规划署、大陆架委员会、国际海运组织等框架下，积极参与北极地区相关事务的协调与管理。

北极理事会是处理北极地区事务最具影响力的区域性国际组织。中国于2013年正式成为了北极理事会的永久观察员国，表明中国已经具有了参与北极科研与环保事务的实力。中国成为永久观察员国后，依规定可参与会议和获取资料，从而及时掌握理事会下各事务的最新动态，充分了解北极各国对新问题的态度，同时还能适时发表意见，利用合法的渠道影响其他国家的看法，使北极国家与中国的观点方向尽可能一致。

中国与北极领土相关国俄罗斯是战略合作伙伴关系，与芬兰、挪威等国家的合作也在稳步推进。要充分发挥中国优势，拓展合作领域，深化中国在北极事务中的参与度。另外，中国也不应忽视与其他地理不利国家间的双边合作谈判。积极联合、加强沟通，促进非北极国家间的合作，一方面在北极事务的参与中互相推动；另一方面以联合的姿态加强非北极国家在国际社会上的影响力，在日后北极相关条约法规的制定时为包括中国在内的非北极国家争取更多的权益。

由于种种限制，我国对于北极的了解和研究还较为落后，与北极国家掌握的相关信息量差距较大。想要在北极航道的开发利用上掌握先机，提高对北极事务的发言权，增强在北极理事会中的国家地位，实现北极的可持续发展，就必须大力开展对北极的科学考察，广泛收集北极航道相关基础性数据，与沿岸国合作，扩大资料共享，拥有充足的北极数据信息，构建全方位的北极航道数据库。

新概念集合功能的破冰船是未来极地船舶的发展方向，我国亟需提高船舶制造业的水平，加大研发建造极地破冰船的资金投入。高科技、高续航能力的极地破冰船，对我国进行极地考察勘探、获取北极数据信息、绘制北极航道航线资料图、开展极地旅游产业等均具有重大的意义。"雪龙2"号是我国第一艘中外联合设计、自主建造的极地科学考察破冰船，于2016年12月20日，在中国船舶工业集团江南造船厂正式开工。经过各方共同努力，不断优化与细化设计，完成了详细设计和审图、建造工艺制定、关键技术攻关、科考设备采购等各项工作，并于2019年10月进行南极首航。拥有较强抗冰能力的破冰船将使船舶在北极航道有冰期依然可以畅行，这将大大延长了北极航道的适航时间，提高我国的极地航运能力，满足更多的远洋运输需求。

中共中央总书记、国家主席习近平在国外访问中，多次将北极合作纳入外交范畴，预示着中国正在展开对北极事务的全面参与。国家北极战略是中国参与北极事务的最高层面策略，是国家制定的总体性战略概括。目前，如欧盟和韩国等已开始推出自己的北极战略，随着北极价值变得越来越不容忽视，中国参与北极议题势必需要国家战略的支撑。我国于2018年1月对外发布了第一部《中国的北极政策》白皮书，指出中国愿依托北极航道的开发利用，与各方共建"冰上丝绸之路"。要鼓励企业参与北极航道基础设施建设，依法开展商业试航，稳步推进北极航道的商业化利用和常态化运行。切实遵守《极地水域船舶航行安全规则》，支持国际海事组织在北极航运规则制定方面发挥积极作用。

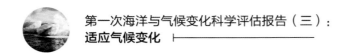

参考文献

蔡锋，苏贤泽，刘建辉，等．2008．全球气候变化背景下我国海岸侵蚀问题及防范对策．自然科学进展，18(10):1093-1103.

蔡惠文，卓丽飞，吴常文．2014．海水养殖污染负荷评估研究．浙江海洋学院学报（自然科学版），33(6):558-567.

蔡榕硕，李本霞，方伟华，等．2017．中国海岸带和沿海地区全球变化综合风险研究．中国基础科学，6:24-29.

曹明德．2018．完善中国气候变化适应性立法的思考．中州学刊，(08):53-57.

车亮亮，韩雪．2012．国家海洋公园及其旅游开发．海洋开发与管理，29(3):59-62.

陈杨航，梁君荣，陈长平，等．2015．褐潮———一种新型生态系统破坏性藻华．生态学杂志，34(1):274-281.

陈一波，宋国宝，赵文星，等．2016．中国海水养殖污染负荷估算．海洋环境科学，35(1):1-12.

程鹏．2018．滨海城市岸线利用方式转型与空间重构——巴塞罗那的经验．国际城市规划，33(3):133-140.

崔爱菊，孟娜，王波．2012．日照国家海洋公园生态保护目标的探讨．海岸工程,01:66-71.

单秀娟，线薇薇，武云飞．2004．长江河口生态系统鱼类浮游生物生态学研究进展．海洋湖沼通报，(4):87-93.

第三次气候变化评估报告编写组．2015．第三次气候变化评估报告．北京：科学出版社．

董双林．2015．中国综合水产养殖的生态学基础．北京：科学出版社．

董双林．2015a.论我国水产养殖业生态集约化发展．中国渔业经济，5: 4-9.

董文静，王昌森，韩立．2017．中国海洋渔业资源利用状况与管理制度研究．世界农业，(1):217-224.

方悟．1991．澳大利亚大堡礁海洋公园的管理体制．海洋信息，(2):4-5.

龚昊．2017．海滩的侵蚀与恢复对连续台风的复杂响应．华东师范大学硕士学位论文．

中国气象局．2018．关于进一步做好灾害性天气旅游安全风险防控工作的通知．https://mp.weixin.qq.com/s/5jFFltMb3Gadq_DZflp87Q.2018-07-11[2018-10-21].

国家发展改革委员会．2013.《国家适应气候变化战略》.

国家海洋局．2012．国家海洋局关于印发《海洋生态文明示范区建设管理暂行办法》和《海洋生态文明示范区建设指标体系（试行）》的通知．

国家海洋局．2018.《全国海洋生态环境保护规划》.

国家海洋局．2017．国家海洋局关于加强滨海湿地管理与保护工作的指导意见．http://www.soa.gov.cn/zwgk/hygb/gjhyjgb/2017_1/201709/t20170906_57797.html[2017-12-10].

国家海洋局．2015．国家海洋局关于推进海洋生态环境监测网络建设的意见．http://www.soa.gov.cn/zwgk/gfxwj/sthb/201512/t20151217_49381.html. 2015-12-17[2017-12-10].

国家海洋局．2016．我国海洋保护区建设稳步推进．http://www.soa.gov.cn/bmzz/jgbmzz2/sthjbhs/ 201605/t20160525_51773.html[2017-12-10].

国家海洋局．2017．2017 年中国海洋经济统计公报．http://www.soa.gov.cn/zwgk/hygb/zghyjjtjgb/201803/

t20180301_60485.html[2017-12-10].

国家海洋局. 2017. 2017 年中国海洋生态环境状况公报. http://www.soa.gov.cn/zwgk/hygb/zghyhjzlgb/201806/t20180606_61389.html[2017-12-10].

国家环境保护部. 碧海行动,我们对海洋的承. http://www.zhb.gov.cn/home/ztbd/rdzl/hyhj/jl/200610/P020061019467306691640.pdf[2017-12-10].

国家旅游局. 2006. 国家旅游局第 41 号令:旅游安全管理办法. http://www.cnta.gov.cn/zwgk/fgwj/bmfg/201609/t20160929_785054.shtml[2017-12-10].

国家农业部. 2017. 农业部关于印发《国家级海洋牧场示范区建设规划（2017—2025）》的通知. http://www.moa.gov.cn/gk/tzgg_1/tz/201712/t20171219_6123887.htm[2017-12-10].

国务院新闻办公室. 2018.《中国的北极政策》白皮书.

国务院. 2018.《国务院关于加强滨海湿地保护严格管控围填海的通知》(国发〔2018〕24 号).

海南日报. 2017. 切实提高海岸线资源保护管理实效, http://www.hainan.gov.cn/data/news/2017/02/178960/[2017-12-10].

何剑锋, 吴荣荣, 张芳, 等. 2012. 北极航道相关海域科学考察研究进展. 极地研究, 24(2): 187-196.

何剑锋, 吴荣荣. 2012. 北极航线相关海域科学考察研究进展. 极地研究, 24(2):187-197.

何一鸣, 周灿. 2013. 北极开发对世界原油海运格局的冲击——基于区位理论和主要原油进出口地的动态分析. 资源科学, 35(8):1651-1660.

侯西勇, 刘静, 宋洋, 等. 2016. 中国大陆海岸线开发利用的生态环境影响与政策建议. 中国科学院院刊, 31(10):1143-1150.

胡金有, 王靖杰, 张小栓, 等. 2015. 水产养殖信息化关键技术研究现状与趋势. 农业机械学报, 46(7):251-263.

胡亚丽. 2013. 近岸视频观测方法研究——以青岛石老人海滩为例. 中国海洋大学硕士学位论文.

淮安市环境保护局. 2017. 江苏省着力推进苏北苏中地区生态保护网建设. http://hbj.huaian.gov.cn/hjgl/hjjce/jcdt/content/5e38cfb95c66be7f015c66fd9f1a00d4.html[2017-2-15][2017-12-10].

黄钰淳, 黄雄伟. 2010. 泰国芭提雅发展度假旅游业的成功经验对发展北海海滨度假旅游业的启示. 企业科技与发展, (22):8-11.

季顺迎, 李紫麟, 李春花. 2013. 碎冰区海冰与船舶结构相互作用的离散元分析. 应用力学学报, 30(4):520-526.

李建萍. 2015. 滨海旅游业服务创新模式研究——以舟山为例. 旅游纵览月刊, (2).

李京梅, 郭斌. 2012. 我国海水养殖的生态预警评价指标体系与方法. 海洋环境科学, 31(3): 448-452.

李莉, 张国范. 2016. 基因组视域下海洋渔业生物对胁迫环境的适应策略研究. 中国科学院院刊, 31(12): 1347-1354.

李亚兵, 肖星. 2006. 区域旅游产品开发及其影响机制. 干旱区资源与环境, 20(4):108-111.

李悦铮, 王恒. 2015. 国家海洋公园:概念、特征及建设. 旅游学刊, (06):11-14.

李振福, 李漪. 2013. 基于解释结构模型的北极航线通航环境影响因素分析. 世界地理研究, 22(2):12-17.

李振福. 2009. 中国北极航线战略的 SWOT 动态分析. 上海海事大学学报, 30(4):40-45.

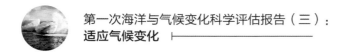
李志文，高俊涛．2011．北极通航的航行法律问题探析．法学杂志，(11):62–65.

联合国贸易和发展会议．2015．海运评述．

梁甲瑞．2016．海上战略通道视角下中国南太地区的海洋战略．世界经济与政治论坛，(3):47–60.

刘传风．1990．我国寒潮气候评价．气象，16(12):40–42.

刘佳，张洪香，张俊飞，等．2017．浒苔绿潮灾害对青岛滨海旅游业影响研究．海洋湖沼通报，(3):130–136.

刘佳，贾楠．2018．基于 TPB 拓展模型游艇旅游行为意向影响机制研究．海洋通报，37(04):378–388.

刘舜斌．2007．立足国情建设我国渔业权制度——兼评《中国渔业权研究》．中国渔业经济，(1):16–21.

刘雯．2017．捕捞渔民转产转业的困境及对策研究．浙江海洋大学硕士学位论文．

罗厚成，袁晓征，杜宇．2012．2010 年西南旱灾对贵州旅游业的影响评价研究．商业经济，(02):37–40.

罗沙．2013．第二次全国海岛资源综合调查将全面拉开．http://www.gov.cn/jrzg/2013–07/23/content_2453543.htm[2017–12–10].

骆永明．2016．中国海岸带可持续发展中的生态环境问题与海岸科学发展．中国科学院院刊，31(10):1133–1142.

国家旅游局．2009．旅游局就《旅游者安全保障办法（初稿）》征求意见，http://www.gov.cn/gzdt/2009–07/06/content_1358607.htm.2009–07–06[2017–12–10].

马会，吴兆麟．1998．港口航道水域操船环境危险度的综合评价．大连海事大学学报（自然科学版），(3):15–18.

马存利．2012．全球气候变化对旅游业的影响及对策研究．中国国情国力，(8):58–60.

马丽君，孙根年，马耀峰，等．2010．极端天气气候事件对旅游业的影响——以 2008 年雪灾为例．资源科学，32(1):107–112.

马志华．1997．我国的海岛资源．海洋信息，(05):9–10.

梅宏．2009．北极航线环境保护国际立法研究．大连海洋大学学报，(5):14–19.

蒲新明，傅明珠，王宗灵，等．2012．海水养殖生态系统健康综合评价：方法与模式．生态学报，32(19):6210–6222.

秦诗立，张旭亮．2013．南海建设国家海洋公园初步研究．海洋开发与管理，S1:1–5.

青岛早报．2016．青岛市划定 59 处省级生态红线区，http://www.sd.xinhuanet.com/news/2016—09/19/c_1119581568_2.htm[2017–12–10].

曲天尧．2013．大连滨海旅游开发现状与对策研究．北方经贸，(11):172–172.

宋立清．2007．中国沿海渔民转产转业问题研究．青岛：中国海洋大学博士学位论文．

苏洁，徐栋，等．2012．北极加速变暖条件下西北航道的海冰分布变化特征．极地研究，22(2):104–108.

苏州信息港．2017．福建泰宁暴雨泥石流灾后重建：景区客流恢复五成，http://biyelunwen.yjbys.com/cankaowenxian/420205.html. [2017–1–07] [2017–12–10].

孙超，夏大荣，张锦朋，胡甚平．2012．外高桥水域通航环境风险评价．中国航海，35(2):68–71.

孙晓东，冯学钢．2012．中国邮轮旅游产业：研究现状与展望．旅游学刊，27(2)：101–112.

孙晓东，倪荣鑫．2018．国际邮轮港口岸上产品配备与资源配置——基于产品类型的实证分析．旅游学刊，(7): 63–78.

唐启升，陈镇东，余克服，等．2013b．海洋酸化及其与海洋生物及生态系统的关系．科学通报，

58(14): 1307–1314.

唐启升, 丁晓明, 刘世禄, 等. 2014. 我国水产养殖业绿色、可持续发展保障措施与政策建议. 中国
渔业经济, 32(2): 5–11.

唐启升, 方建光, 张继红, 等. 2013a. 多重压力胁迫下近海生态系统与多营养层次综合养殖. 渔业
科学进展, 34(1): 1–11.

唐议, 邹伟红, 胡振明. 2009. 基于统计数据的中国海洋渔业资源利用状况及管理分析. 资源科学,
31(6):1061–1068.

汪泓. 2017. 邮轮绿皮书：中国邮轮产业发展报告 (2017). 北京：社会科学文献出版社, 21–22.

王恒. 2014. 国家海洋公园：保护与开发互动. 开放导报, (01):105–108.

王杰, 范文博. 2014. 基于中欧航线的北极航线经济性分析. 太平洋学报, 19(4):72–77.

王洛, 赵越, 刘建民, 等. 2014. 中国船舶首航东北航道及展望. 极地研究, 26(2): 276–284.

王淼, 胡本强, 辛万光, 等. 2006. 我国海洋环境污染的现状、成因与治理. 中国海洋大学学报 (社
会科学版), (5):1–6.

王宁, 张利权, 袁琳, 等. 2012. 气候变化影响下海岸带脆弱性评估研究进展. 生态学报, 32(7):2248–
2258.

王双. 2011. 韩国海洋产业的发展及其对中国的启示. 东北亚论坛, (6):10–17.

王颖, 吴小根. 1995. 海平面上升与海滩侵蚀. 地理学报, (2):118–127.

王超. 2010. 浒苔（ Ulva prolifera ）绿潮危害效应与机制的基础研究. 中国科学院研究生院 (海洋研
究所) 博士学位论文.

王丽荣, 余克服, 赵焕庭, 等. 2014. 南海珊瑚礁经济价值评估. 热带地理, 34(1):44–49.

王秋荣, 何峰, 林利民, 等. 2010. 乳铁蛋白对大黄鱼仔鱼生长、存活和抗应激能力影响的研究. 海
洋科学, 34(6): 66–70.

王卫平, 张海鹏, 王永彬. 2015. 加速推广工厂化循环水养殖的探讨. 河北渔业, 11: 78–79, 84.

王晓林. 2014. 青岛市国家海洋科技公园建设与管理制度研究. 中国海洋大学硕士学位论文.

王秀萍, 隋洪起, 吴萍, 等. 2011. 大连市 2010 年气候特征及影响评估. 安徽农业科学, 39(22):
13621–13626.

王亚民, 李薇, 陈巧媛. 2009. 全球气候变化对渔业和水生生物的影响与应对. 中国水产, 397(1):21–24.

王宇强, 寿建敏. 2013. 航经 "东北航道" 的中—欧航线设计及经济性分析. 航海技术, (2).

闻雪浩, 阮晶晶. 2013. 世界城市慢行系统建设经验. 城市建筑, (24):337–337.

翁毅, 朱竑. 2011. 气候变化对滨海旅游的影响研究进展及启示. 经济地理, 31(12):2132–2137.

翁跃宗, 吴兆麟. 2001. 厦门港船舶航行环境系统的安全分析. 大连海事大学学报, 27(2):1–4.

吴克勤, 徐志道. 2012. 发展海洋经济面临的世界性难题. 理论参考, (4):12–14.

吴普, 葛全胜, 齐晓波, 等. 2010. 气候因素对滨海旅游目的地旅游需求的影响——以海南岛为例.
资源科学, 32(1):157–162.

吴喜德, 纪龙. 2013. 关于气候变化对我国港口影响及应对措施的探讨. 中国水运, (10):116–118.

席建超, 赵美风, 吴普, 等. 2010. 国际旅游科学研究新热点：全球气候变化对旅游业影响研究. 旅
游学刊, 25(5):86–92.

肖铮. 2015. 全球气候变化对旅游产业的影响及对策——以福建为例. 中国气象学会年会 s6 应对气

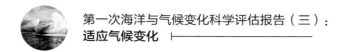
候变化、低碳发展与生态文明建设.

谢婉莹, 祁新华. 2017. 高温热浪背景下避暑旅游偏好分析——以福州为例. 海南师范大学学报（自然科学版）, 30(1):67–72.

阎铁毅. 2011. 北极航线所涉及的现行法律体系及完善趋势. 学术论坛, (2):139–144.

颜波, 石平. 2014. 基于物联网的水产养殖智能化监控系统. 农业机械学报, 45(1):259–265.

杨建明. 2010. 全球气候变化对旅游业发展影响研究综述. 地理科学进展, 29(8):997–1004.

杨伶俐, 李小娟, 王磊, 等. 2006. 全球气候变暖对我国西南地区气候及旅游业的影响. 首都师范大学学报（自然科学版）, (03):86–89、71.

杨璐, 黄海燕, 李潇, 等. 2017. 德国海洋生态环境监测现状及对我国的启示. 海洋环境科学, 36(5):796–800.

杨旭辉, 周庆国, 韩根亮, 等. 2015. 基于 ZigBee 的节能型水产养殖环境监测系统. 农业工程学报, 31(17):183–190.

杨续超, 顾骏强. 2010. 国外气候变化影响旅游业的研究进展. 长江流域资源与环境, (s2):208–214.

姚云浩, 栾维新. 2017. 游艇旅游概念辨析及开发策略研究. 海洋开发与管理, 34(06):17–22.

英国国家旅游局. 2013. 英国十大自行车游览路线, http://trip.elong.com/news/n0166vs1.html. 2013–01–26[2017–12–10].

渔业渔政管理局. 2016. "十二五"渔业发展综述, http://www.cnfm.gov.cn/zljjyzj/yyshierxc/201601/t20160107_4978373.htm[2017–12–10].

张继民, 刘霜, 张琦, 等. 2010. 黄河口附近海域浮游植物种群变化. 海洋环境科学, 29(6):834–837.

张侠, 屠景芳, 郭培清, 等. 2009. 北极航线的海运经济潜力评估及其对我国经济发展的战略意义. 中国软科学, 17:86–93.

张晓冉, 庞雨宁. 2017. 海水赤潮的危害及防治对策. 河北渔业, (4): 59–60.

张馨方. 2015. 雾霾天气对秦皇岛旅游的影响及应对策略. 南方农机, (8):89–90.

张燕. 2008. 气候变暖对福建省旅游业的影响. 哈尔滨商业大学学报（社会科学版）, (04):113–116.

赵聪蛟, 赵斌, 周燕. 2017. 基于海洋生态文明及绿色发展的海洋环境实时监测. 海洋开发与管理, 34(5):91–97.

赵津, 杨敏. 2013. 北极东北航道沿途关键海区及冰情变化研究. 中国海事, (7):53–59.

赵连城. 1978. 东亚寒潮路径及其天气. 哈尔滨师范大学自然科学学报, (2).

浙江省旅游局办公室. 2008. 如何应对台风天气旅游危机, http://www.tourzj.gov.cn/lyzl_article.aspx?LeftType=3&TypeID=60&NewsID=27826&NewsType=.[2008–8–20][2017–12–10].

郑中义, 黄国忠, 吴兆麟. 2006. 港口交通事故与环境要素关系. 交通运输工程学报, 6(1):118–121.

"中国水产养殖业可持续发展战略研究"课题综合组. 2016. 环境友好型水产养殖业发展战略. 中国工程科学, 18(3): 1–7.

中国产业信息. 2015. 中国海运行业现状分析与发展前景研究报告, 北京：智研咨询集团.

中国旅游网. 2016. 国家旅游局对《旅游安全管理办法》解读, http://www.bjta.gov.cn/xxgk/zcwj/zcjd/387887.htm[2017–12–10].

中华人民共和国商务部. 2014. 加勒比环境专家呼吁国际合作应对气候变化, http://www.mofcom.gov.cn/article/i/jyjl/l/201409/20140900737775.shtml[2017–12–10].

钟林生, 唐承财, 成升魁. 2011. 全球气候变化对中国旅游业的影响及应对策略探讨. 中国软科学, (2): 34-41.

周名江, 于仁成. 2007. 有害赤潮的形成机制、危害效应与防治对策. 自然杂志, (2):72-77.

朱璇, 刘明. 2016. 滨海旅游业应对气候变化策略与实践. 海洋开发与管理, 33(1):57-64.

朱璇. 2016. 滨海旅游业如何应对气候变化——以欧盟、澳大利亚和小岛屿国家为例, http://epaper. oceanol.com/shtml/zghyb/20160622/61259.shtml. 2016-06-22[2017-12-10].

庄振业, 林振宏, 刘志杰, 等. 2003. 海平面变化及其海岸响应. 海洋地质动态, 19(7):1-12.

邹永广, 郑向敏. 2014. 旅游目的地游客安全感形成机理实证研究. 旅游学刊, 29(3):84-90.

邹志强. 2013. 北极航线对全球能源贸易格局的影响. 南京政治学院学报, 1(30):75-80.

AK Whitfield. 2003. Distribution patterns of fishes in a freshwater deprived Eastern Cape estuary, with particular emphasis on the geographical headwater region. Water Sa, 29(1):61-67.

Amelung B, Nicholls S, Viner D. 2007. Implications of global climate change for tourism flows and seasonality. Journal of Travel Research, 45(3): 285-296.

Anaman K A, Looi C N. 2000. Economic Impact of Haze-Related Air Pollution on the Tourism Industry in Brunei Darussalam 1. Economic Analysis & Policy, 30(2):133-143.

Asch R G. 2015. Climate change and decadal shifts in the phenology of larval fishes in the California Current ecosystem. Proceedings of the National Academy of Sciences of the United States of America, 112(30):4065-4074.

Attwood C G, Bennett B A. 1990. A simulation model of the sport-fishery for galjoen Coracinus capensis: an evaluation of minimum size limit and closed season. South African Journal of Marine Science, 9(1):359-369.

Becker A, Inoue S, Fischer M, et al., 2012. Climate change impacts on international seaports: knowledge, perceptions and planning efforts among port administrators. Climatic Change, 110:5-29.

Becker A H, Ng A, Cahoon S, et al., 2015. Climate Change and Adaptation Planning for Ports. Journal of Criminal Justice, 42(2):153-163.

Belle N, Bramwell B. 2005. Climate change and small island tourism:Policy maker and industry perspectives in barbados. Journalof Travel Research, 44(1): 32-41.

Bernhardt J R, Leslie H M. 2013. Resilience to climate change in coastal marine ecosystems. Annual Review of Marine Science, 5: 371-392.

Bigano A M, Hamilton M J, Maddison J D, et al., 2006. Predicting tourism flows under climate change. Climatic Change, 79(3): 175-180.

Brander K. 2010. Impacts of climate change on fisheries. Journal of Marine Systems, 79: 389-402.

Brazner J C, Beals E W. 1997. Patterns in fish assemblages from coastal wetland and beach habitats in Green Bay, Lake Michigan: a multivariate analysis of abiotic and biotic forcing factors. Canadian Journal of Fisheries & Aquatic Sciences, 54(8):1743-1761.

Cantillanez M, Avendaño M, Thouzeau G et al., 2005. Reproductive cycle of Argopecten purpuratus (Bivalvia: Pectinidae) in La Rinconada marine reserve (Antofagasta, Chile): response to environmental effects of El Niño and La Niña. Aquaculture, 246(1): 181-195.

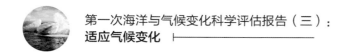

Cheung W W L, Lam V W Y, Sarmiento J L et al., 2009. Projecting global marine biodiversity impacts under climate change scenarios. Fish Fish, 10: 235–251.

Cheung W W L, Lam V W Y, Sarmiento J L, et al., 2010. Large-scale redistribution of maximum fisheries catch potential in the global ocean under climate change. Global Change Biology, 16(1):24–35.

Clements J C, Chopin T. 2017. Ocean acidification and marine aquaculture in North America: potential impacts and mitigation strategies. Reviews in Aquaculture, 9: 326–341.

Doney S C, Fabry V J, Feely R A et al., 2009. Ocean Acidification: The Other CO_2 Problem. Annual Review of Marine Science, 1: 169–192.

Doney S C, Ruckelshaus M, Emmett Duffy J et al., 2012. Climate Change Impacts on Marine Ecosystems. Annual Review of Marine Science, 4: 11–37.

Gómez-Martín M B, Armesto-López X A, Martínez-Ibarra E. 2014. The Spanish tourist sector facing extreme climate events: a case study of domestic tourism in the heat wave of 2003. International Journal of Biometeorology, 58(5):781–797.

Gunderson A R, Armstrong E J, Stillman J H. 2016. Multiple stressors in a changing world: the need for an improved perspective on physiological responses to the dynamic marine environment. Annual Review of Marine Science, 8: 357–378.

Hanson S., Nicholls R. and Ranger N., et al., 2011. A global ranking of port cities with high exposure to climate extremes. Climate Change. 104:89–111.

Harley C D G, Hughes A R, Hultgren K et al., 2006. The impacts of climate change in coastal marine systems. Ecol Lett, 9:228–241.

Helmuth B, Russell B D, Connell S D et al., 2014. Beyond long-term averages: making biological sense of a rapidly changing world. Clim Chang Responses, 1: 6.

Hoegh-Guldberg O, Bruno J F. 2010. The impact of climate change on the world's marine ecosystems. Science, 328: 1523–1528.

Hofmann G E, Todgham A E. 2010. Living in the now: physiological mechanisms to tolerate a rapidly changing environment. Annu Rev Physiol, 72: 127–145.

Ho J. 2010. The implications of Arctic sea ice decline on shipping. Marine Policy, 34:713–715.

Hutchings J A, Côté I M, Dodson J J et al., 2012. Climate change, fisheries, and aquaculture: trends and consequences for Canadian marine biodiversity. Environ Rev, 20(4): 220–311.

Isbell F, Craven D, Connolly J et al., 2015. Biodiversity increases the resistance of ecosystem productivity to climate extremes. Nature, 526(7574): 574–577.

Kirwan M L, Megonigal J P. 2013. Tidal wetland stability in the face of human impacts and sea-level rise. Nature, 504: 53–60.

Kraeuter J, Klinck J, Powell E, et al., 2008. Effects of the fishery on the northern quahog (= hard clam, Mercenaria mercenaria L.) population in Great South Bay, New York: A modeling study. J Shellfish Res, 27: 653–666.

Li C, Jordaan I J, Taylor R S. 2010. Estimation of local ice pressure using up-crossing rate. Journal of Offshore Mechanics and Arctic Engineering, 132: 031501.

Li F, Xu M, Liu Q, et al., 2014. Ecological restoration zoning for a marine protected area: A case study of Haizhouwan National Marine Park, China. Ocean & Coastal Management, 98(9):158–166.

Liu Y, Saitoh S I, Igarashi H et al., 2014. The regional impacts of climate change on coastal environments and the aquaculture of Japanese scallops in northeast Asia: case studies from Dalian, China, and Funka Bay, Japan. Int J Remote Sens, 35(11–12): 4422–4440.

Lu W, Lubbad R, Loset S. 2014. Simulating ice-sloping structure interactions with the cohesive element method. Journal of Offshore Mechanics and Arctic Engineering, 136:031501.

Mathivha F I, Tshipala N N, Nkuna Z. 2017. The relationship between drought and tourist arrivals:A case study of Kruger National Park, South Africa. Jamba Journal of Disaster Risk Studies, 9(1).

Matzelle A J, Sarà G, Montalto V et al., 2015. A Bioenergetics Framework for Integrating the Effects of Multiple Stressors: Opening a 'Black Box' in Climate Change Research. Am Malacol Bull, 33: 150–160.

Michailidou A V, Vlachokostas C, Nicolas Moussiopoulos. 2016. Interactions between climate change and the tourism sector: Multiple-criteria decision analysis to assess mitigation and adaptation options in tourism areas. Tourism Management, 55:1–12.

Michener W K, Blood E R, Bildstein K L et al., 1997. Climate change, hurricanes and tropical storms, and rising sea level in coastal wetlands. Ecological Application, 7(3): 770–801.

Morabito M, Cecchi L, Modesti P A, et al., 2004. The impact of hot weather conditions on tourism in Florence, Italy: The Summer 2002—2003 Experience. In Ind International Workshop on Climate, Tourism and Recreation, 158–165.

Moreno A, Becken S. 2009. A climate change vulnerability assessment methodology for coastal tourism.. Journal of Sustainable Tourism, 17(4):473–488.

Pankhurst N W. 2011. The endocrinology of stress in fish: an environmental perspective. Gen Comp Endocrinol, 170(2):265–275.

Pörtner H O, Berdal B, Blust R, et al., 2001. Climate induced temperature effects on growth performance, fecundity and recruitment in marine fish: developing a hypothesis for cause and effect relationships in Atlantic cod (Gadus morhua) and common eelpout (Zoarces viviparus). Continental Shelf Research, 21(18–19):1975–1997.

Purcell J E. 2005. Climate effects on formation of jellyfish and ctenophore blooms: a review. J Mar Biol Assoc UK, 85(3): 461–476.

Robinson K L, Ruzicka J J, Decker M B et al., 2014. Jellyfish, forage fish, and the world's major fisheries. Oceanography, 27(4): 104–115.

Roessig J M, Woodley C M, Cech J J et al., 2004. Effects of global climate change on marine and estuarine fishes and fisheries. Reviews in Fish Biology and Fisheries, 14(2): 251–275.

Rohling E J, Grant K, Hemleben Ch, et al., 2008. High rates of sea-level rise during the last interglacial period, Nature Geoscience, 1:38–42.

Rossoll D, Bermudez R, Hauss H et al., 2012. Ocean acidification-induced food quality deterioration constrains trophic transfer. PLoS One, 7(4): e34737.

Sarà G, Mangano M C, Johnson M et al., 2017. Integrating multiple stressors in aquaculture to build the blue growth in a changing sea. Hydrobiologia, 1: 1–13.

Schiermeier Q. 2012. The great Arctic oil race begins . Nature, 482:13–14.

Schmidhuber J, Tubiello F N, 2007. Global food security under climate change. Proceedings of the National Academy of Sciences, 104(50), 19703–19708.

Scott D, Becken S. 2010. Adapting to climate change and climate policy: Progress, problems and potentials. Journal of Sustainable Tourism, 18(3): 283–295.

Scott D, Lemieux C. 2010. Weather and climate information for tourism. Proceedia Environmental Sciences, 22(1): 146–183.

Sokolova I M, Frederich M, Bagwe R et al., 2012. Energy homeostasis as an integrative tool for assessing limits of environmental stress tolerance in aquatic invertebrates. Marine Environment Research, 79: 1–15.

Somero G N. 2010. The physiology of climate change: how potentials for acclimatization and genetic adaptation will determine 'winners' and 'losers'. Journal of Experimental Biology, 213(6): 912–920.

Su B, Riska K, Moan T. 2011. Numerical simulation of local ice loads in uniform and randomly varying ice conditions. Cold Regions Science and Technology, 65:145–159.

Su B, Skjetne R, Berg T E. 2014. Numerical assessment of a double-acting offshore vessel's performance in levelice with experimental comparison. Cold Regions Science and Technology, 106/107:96–109.

Takasuka A, Oozeki Y, Aoki I. 2007. Optimal growth temperature hypothesis: Why do anchovy flourish and sardine collapse or vice versa under the same ocean regime. Canadian Journal of Fisheries & Aquatic Sciences, 64(5):768–776.

Talmage S C, Gobler C J. 2010. Effects of past, present, and future ocean carbon dioxide concentrations on the growth and survival of larval shellfish. Proceedings of the National Academy of Sciences, 107: 17246–17251.

Thur S M. 2010. User fees as sustainable financing mechanisms for marine protected areas: An application to the Bonaire National Marine Park. Marine Policy, 34(1):63–69.

Troell M, Joyce A, Chopin T et al., 2009. Ecological engineering in aquaculture-Potential for integrated multi-trophic aquaculture (IMTA) in marine offshore systems. Aquaculture, 297: 1–9.

Tulloch V J D, Tulloch A I T, Visconti P et al., 2015. Why do we map threats? Linking threat mapping with actions to make better conservation decisions. Frontiers in Ecology and the Environment, 13: 91–99.

Wernberg T, Bennett S, Babcock RC et al., 2016. Climate-driven regime shift of a temperate marine ecosystem. Science, 353: 169–172.

Witthames P R, Armstrong M, Thorsen A, et al., 2013. Contrasting development and delivery of realised fecundity in Atlantic cod (Gadus morhua) stocks from cold and warm waters. Fisheries Research, 138(3):128–138.

Worm B, Barbier E B, Beaumont N et al., 2006. Impacts of biodiversity loss on ocean ecosystem services. Science, 314: 787–790.

Zeldis J R, Howard-Williams C, Carter C M et al., 2008. ENSO and riverine control of nutrient loading, phytoplankton biomass and mussel aquaculture yield in Pelorus Sound, New Zealand. Marine Ecology Progress Series, 371: 131–142.

Zhou L, Riska K, von Bock und Polach R, Moan T, Su B. 2013. Experiments on level ice loading on an icebreaking tanker with different ice drift angles. Cold Regions Science and Technology, 85: 79–93.

Allison E H, Badjeck M C, Meinhold K. 2011. The implications of global climate change for molluscan aquaculture. In: Shumway S E ed. Shellfish aquaculture and the environment. Hoboken, USA: Wiley-Blackwell, 461–490.

Badari Narayana Srinath. 2010. Commercial Viability of the Arctic Sea Routes. 10.

Barange M, Perry R I. 2009. Physical and ecological impacts of climate change relevant to marine and inland capture fisheries and aquaculture. In: Cochrane K, De Young C D S, Bahri T eds. Climate change implications for fisheries and aquaculture: overview of current scientific knowledge. Rome, Italy: FAO Fisheries and Aquaculture Technical Paper, 7–106.

Brugère C, De Young C. 2015. Assessing climate change vulnerability in fisheries and aquaculture. Available methodologies and their relevance for the sector. Rome, Italy: FAO Fisheries and Aquaculture Technical Paper, 86.

European Commission. Innovation in the Blue Economy:Realising The Potenial of Our Seas and Oceans for Jobs and Growth. COM(2014)254final/2.

FAO 2016. The State of World Fisheries and Aquaculture 2016. Contributing to food security and nutrition for all. Rome, Italy: Food and Agriculture Organisaton.

FAO. Climate Change Implications for Fisheries and Aquaculture. FAO Fisheries and Aquaculture Circular, 2009.

Handisyde N T, Ross L G, Badjeck M C et al., 2006. The effects of climate change on world aquaculture: a global perspective. Final Technical Report, DFID Aquaculture and Fish Genetics Research Programme. Stirling, UK: Stirling Institute of Aquaculture.

Miller K A, Fluharty D L. 1992. El Niño and variability in the northeastern Pacific salmon fishery: implications for coping with climate change. In: Glantz M eds. Climate Variability, Climate Change and Fisheries. Oxford, UK: Cambridge University Press, 49–88.

Nellemann C, Corcoran E, Duarte C M et al., 2009. Blue carbon: A rapid response assessment. United Nations Environment Programme, GRID-Arendal.

Ng A.K.Y. and Liu J. J. 2014. Port-Focal Logistics and Global Supply Chains. Basingstoke: Palgrave Macmillan.

Perry A, Hall C M, Higham J. 2005. The Mediterranean: how can the world's most popular and successful tourist destination adapt to a changing climate? Tourism, recreation and climate change, 86–96.

Review of Maritime Transport 2018. 2018. United Nations Publications, New York.

Somero G, Lockwood B, Tomanek L. 2016. Biochemical adaptation: response to environmental challenges, from Life's Origins to the anthropocene. Oxford, UK: Oxford University Press.

Yu A. 2015. Chinese ports handled 202 million teu in 2014, https://fairplay.ihs.com/article/17726/chinese-ports-handled-202-million-teu-2014.

第8章
科学技术支撑[*]

海洋观测和数值预测预报是认知海洋与气候系统的两个核心手段。本章从海洋观测和数值模式两个方面评估了现有科学技术对全球气候变化的支撑作用。评估表明，虽然我国目前已经初步建立了国家海洋立体观测网络和数值预报、预测系统，但其在应对气候变化方面的功能还比较薄弱，尚不完善。我国未来需要全面整合和构建"全球海洋立体观测网"和发展具有国际竞争力的"国家数值预测预报体系"，建议从4个方面加强：开展"全球海洋立体观测网""雪龙探极""蛟龙探海"三大工程建设；积极参加以国际 Argo 计划为代表的大深度大尺度的海洋同步观测；建立先进的国家海洋与气候数值模式体系；为应对气候变化的海洋管理需求建立海洋综合决策服务平台。

[*] 首席作者：陈陟[1]　于福江[2]　乔方利[3]　许建平[4]

贡献作者：夏冬冬[2]　张守文[2]　许东峰[4]　姜民[5]　王斌[5]　任炜[5]　王祎[5]　刘娜[3]　肖斌[3]　周春[6]
　　　　　任湘湘[2]　邹斌[7]　石立坚[7]　曾韬[7]　宋翔洲[8,9]

（1. 自然资源部海洋预警监测司 北京 100812；2. 国家海洋环境预报中心 北京 100081；3. 自然资源部第一海洋研究所 青岛 266061；4. 自然资源部第二海洋研究所 杭州 310012；5. 国家海洋技术中心 天津 300112；6. 中国海洋大学 青岛 266100；7. 国家海洋卫星应用中心 北京 100081；8. 自然资源部国土空间规划局 北京 100812；9. 河海大学 南京 210098）

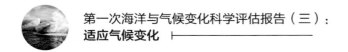

8.1　概述

　　海洋是地球系统的重要组成部分，在调节全球及区域气候变化中发挥着重要的作用。大量的调查与研究表明，气候变暖使海水增暖、冰川融化、海平面持续上升、海水酸化和大洋环流结构改变等，并加剧海洋极端灾害。气候变化还使得海洋食物链结构改变，部分种群在群落结构的演替和种间竞争中失去优势，以及生物多样性被改变和海洋/海岸带生态系统服务功能退化等。不仅如此，气候变化对陆地水文水资源分布、海洋渔业生产、海洋工程，甚至对沿海城市和岛屿等都会带来新的威胁。同时，海洋环流变率、海洋热含量改变、两极和深海环境变化，以及海洋生物地球化学要素的变化等，又会反过来进一步加剧全球气候变化。所以，应对气候变化和防灾减灾，应保证及时准确的观测数据和精准的预测预报。

　　2013 年，在中共中央政治局第八次集体学习时，习近平总书记强调进一步"关心海洋、认识海洋、经略海洋"，推动海洋强国建设不断取得新成就。习近平总书记强调，要发展海洋科学技术，着力推动海洋科技向创新引领型转变。建设海洋强国必须大力发展海洋高新技术。要依靠科技进步和创新，努力突破制约海洋经济发展和海洋生态保护的科技瓶颈。2014 年，习近平总书记在同太平洋岛国领导人举行集体会晤时的主旨演讲中提出，"中方将在南南框架下为岛国应对气候变化提供支持，向岛国提供节能环保物资和可再生能源设备，开展地震海啸预警、海平面监测等合作"。2016 年 9 月 3 日，习近平总书记在二十国领导人杭州峰会上强调，"要积极运用全球变化综合观测、大数据等新手段，深化气候变化科学研究基础"。在应对全球气候变化背景下，海洋观测和数值预测预报是认知海洋与气候的主要手段，也是不断推进国际合作，深化蓝色经济合作的有力抓手，而这些过程离不开海洋科学与技术的支撑。

　　海洋观测是了解认识海洋自然属性和环境特征的基本手段，是应对气候变化、开展海洋防灾减灾工作的基石。认识海洋动力与气候变化过程也离不开高精尖的海洋观测设备。例如，海洋的湍流和混合，海洋与大气界面的物质和动量通量的观测；经济社会应对气候变化的适应和调整亦需依托先进的海洋装备来实现经济转型，例如，海洋新能源的开发、利用和海洋生态文明建设等。通过 60 多年的努力，我国已经建成了"天上有卫星、沿岸有台站、近海有观测断面和锚碇浮标阵，以及远海有志愿船、自动剖面浮标和潜标"等观测平台组成的国家海洋观测预报网络。但我国现有海洋观测网的主要功能是近海海洋环境要素观测，现有海洋环境监测体系的主要功能是近海海洋环境污染监测和海洋生态健康监测，要实现应对气候变化的功能，尚存在较大差距。如现有观测、监测业务体系之构架尚不能满足应对气候变化的需要；岸基观测站数量不足、观测的要素和观测技术上需要进一步改进，观测能力还比较落后；缺乏海洋三维要素的观测能力，尤其缺乏开阔大洋观测能力。针对气候变化对近海海洋动力环境、海洋生态系统，以及滨海湿地、珊瑚礁和红树林等海岸带环境影响的连续监测和变化规律的研究也还有待进一步加强。同时，随着我国海洋调查从浅海走向深海、从近海走向大洋和南北极海域，以及海洋预报业务也已从近岸海域的海温、海浪预报，扩展到预报全球大洋的海温、盐度、海浪和海流等要素，而且近海海洋环境要素的预报精度，也完全取决于对邻近大洋海洋环境要素的准确了解和科学认识。因此，有必要完善我国的海洋观测体系，迅速形成覆盖沿岸、近海、深远海和大洋的、布局合理的、较高密度的综合观测系统，更好地海洋观测体系在提高业务化海洋环境观测预报保障能力和应对气候变化中的重要作用。

我国海洋和气候预测预报方面也取得了长足进步，集中突破了若干关键技术：建立了浪致混合理论，推进了上层海洋波致混合的研究；建立了海浪—潮流—环流耦合的海洋耦合数值模式，大大提高了对海洋的模拟与预报能力；建立了耦合海浪的台风模式，可有效解决强台风预报偏弱的问题；基于世界最快的计算机"太湖之光"，实现了全机超千万核高效并行运算，效率高达36%，处于国际海洋领域前沿水平，数值模式和数值预报技术发展呈现良好态势。但目前建立的海洋环境预报与气候变化预测模式及预报系统，还需要在自主模式研发、海洋内波混合、海气通量、高分辨率等方面进一步完善，形成在模式领域的引领态势。随着海洋高时空分辨率观测以及多尺度、多要素和多系统相互作用过程认知能力的提升，需要改进海洋模式中诸如内波混合和次中尺度混合等过程的物理参数化，发展新型高分辨率全球海洋模式和耦合数值模式；同时，也需要发展针对最新观测数据的数据同化方案，开展全球海洋包括极区在内的高分辨率海洋环境数值预报。在"两洋一海"海域发展甚高分辨率海洋预报系统，以及对预报能力进行业务化检验评估，向"一带一路"倡议相关国家提供数值预报产品，从而为搭建国内外海洋大数据服务平台、应对全球气候变化提供数据和技术支撑，并服务于"一带一路"建设。

本章将介绍国内目前已经建设的主要海洋观测系统（8.2）以及模式平台（8.3），同时评估其应对气候变化的支撑作用。最后，将对未来观测系统与模拟系统的设计进行探索与展望（8.4）。

8.2　海洋观测系统对海洋气候变化的支撑

国际海洋观测经历了4次革命。第一次是在1872年12月7日至1876年5月26日期间由英国"挑战者"号考察船掀起，这是世界上首次环球海洋考察，也是近代海洋科学的开端。之后，海洋科考活动、沿岸观测站建设和海洋浮标技术等不断发展，特别是覆盖全球的WOCE科学实验计划的实施，极大地推动了海洋科学的进展；第二次由美国于1978年6月22日发射的世界上第一颗海洋卫星Seasat-A为标志，揭开了卫星海洋遥测时代的序幕，人类第一次具备了大范围同步观测海洋的能力；第三次发生在20世纪80年代，针对厄尔尼诺和南方涛动现象在赤道太平洋布设的TAO/TRITON锚碇浮标观测阵，为深入刻画ENSO的演化及其预测预报奠定了资料基础，之后迅速在赤道大西洋建立了PIRATA浮标阵和印度洋的RAMA浮标阵；第四次是由美国、法国和日本等国于1998年推动实施的国际Argo计划及其建设的全球Argo实时海洋观测网，用于快速、准确、大范围地收集全球海洋2 000 m上层的海水温度、盐度剖面资料，以提高海洋和气候预报精度，有效防御全球日益严重的气候灾害给人类造成的威胁。总体上来看，我国在海洋观测领域长期处于国际跟跑地位。

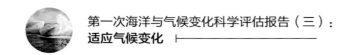

8.2.1　我国海洋观测系统及其对气候变化认知的支撑

1）我国主要的海洋观测系统

我国海洋观测业务起步于 20 世纪 50 年代，特别是 1958 年开始的全国海洋普查，极大地推动了我国海洋观测能力。经过几十年的发展，初步建立了由岸基观测系统与离岸观测系统组成的海洋观测业务系统，由监测能力体系与监测站位体系组成的海洋环境监测体系，以及由监视监测能力体系与监视监测站点体系组成的海岛监视监测体系。

海洋观测类型和手段包括沿岸海洋站、沿岸雷达站、标准海洋断面及观测点，以及移动应急观测平台、志愿船、表层漂流浮标、锚碇浮标、潜标、自动剖面浮标、海床基观测平台和卫星遥感等。相关系统的建设、运行和管理以自然资源部为主体，中国气象局、交通部、教育部、中国科学院、地方管理部门以及一些涉海企事业单位也布有一定数量的岸基和海上观测站点。

（1）海洋站

截至目前，国家海洋主管部门有人值守的海洋站共有 73 个，另与地方共建站 6 个。自然资源部部属 73 个海洋站全部具备验潮站和标准气象要素等海洋与气象观测能力。近年来，在 56 个海洋站新增卫星导航定位（GNSS）设备，在 26 个海洋站新增了 X 波段测波雷达，在 25 个海洋站建设了海啸预警观测台，新建了 9 个地波雷达站，同时具备水文气象、海啸和波浪等全要素观测的海洋站有 14 个，分别为老虎滩、秦皇岛、蓬莱、成山头、小麦岛、台州、平潭、崇武、大万山、闸坡、硇洲、南澳、遮浪、西沙海洋站。无人值守自动化测点有 45 个，这些测点发挥着与有人值守的海洋站相同的观测功能。自然资源部已纳入业务化运行的海洋站（点）共有 124 个，分布见图 8.1。

（2）雷达站

自然资源部现有 X 波段测波雷达 26 套，高频地波雷达站 9 个。此外，福建省海洋与渔业厅建有 2 个地波雷达站（东山和龙海）。

（3）移动应急观测平台

共有 14 套机动应急观测平台，一套设在国家海洋环境监测中心，并由其管理，其余 13 套设在中心站，由中心站进行管理。其中，自然资源部北海局 5 套（大连、秦皇岛、青岛、天津、烟台），自然资源部东海局 4 套（温州、厦门、宁德、宁波），自然资源部南海局 4 套（汕尾、珠海、北海、海口），主要用于开展灾害期间应急气象、波浪、海冰观测以及灾害调查工作。

（4）业务化浮标

自然资源部目前纳入业务化运行的海洋观测浮标站位共 57 个，其中具备海洋、气象观测能力的近海锚系浮标站位 31 个，近海小型波浪浮标站位 20 个，海啸浮标 2 个，印度洋锚系浮标 3 个，印度洋潜标 1 个，见图 8.2。

（5）志愿船、海上观测平台

自然资源部目前共有志愿船 49 艘，其中远洋志愿船 27 艘，近海志愿船 22 艘，主要用于开展海上气象观测。还有 6 套海上油气平台观测系统开展业务化观测。

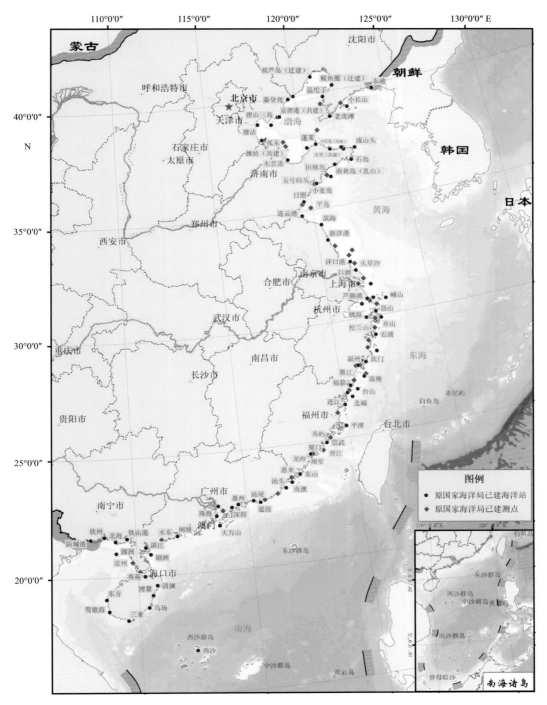

图8.1 自然资源部（原国家海洋局）海洋站点分布

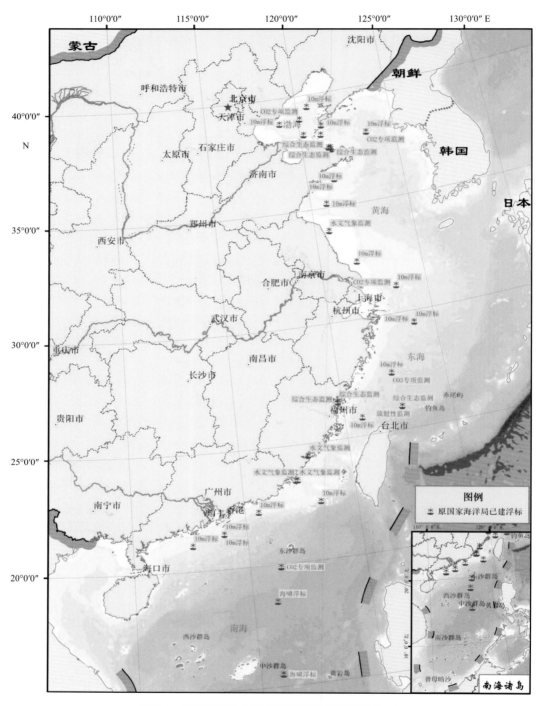

图 8.2 自然资源部（原国家海洋局）浮标站位分布

（6）标准海洋断面调查

自然资源部共设有15条标准海洋断面、119个测站，长期开展海洋水文、海洋气象和海洋化学等方面的调查工作，详见图8.3。

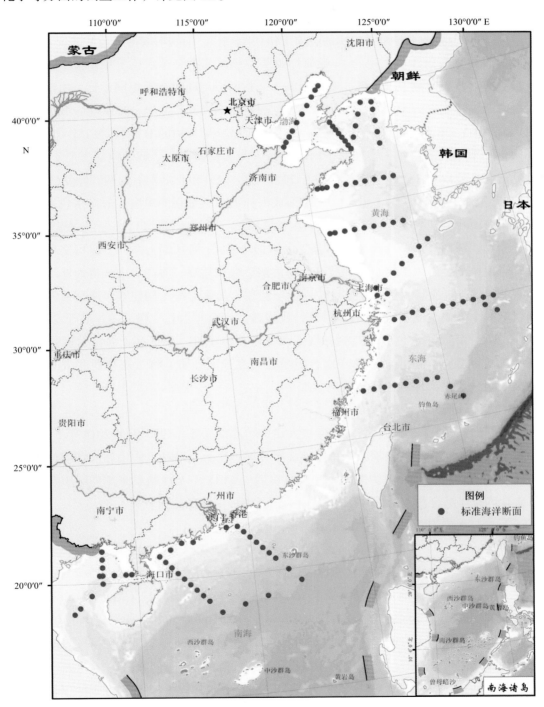

图8.3　标准海洋断面及测点分布

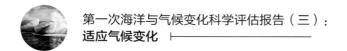

（7）卫星遥感观测

我国现已发射 HY-1A（2002 年）、HY-1B（2007 年）、HY-2A（2011 年）等系列海洋卫星，已初步形成全球大尺度、高频次的全球海洋与极地的观测能力，海洋水色卫星和海洋动力环境两个系列海洋卫星同时在轨运行；自主海洋卫星产品在国内和国际的诸多领域取得广泛的应用，海洋卫星及卫星海洋应用的各项工作在"十三五"前期均取得了长足进步。"十三五"期间我国将规划发射 3 个系列的 14 颗海洋观测卫星，其中海洋水色卫星 4 颗、海洋动力卫星 8 颗、海洋监视监测卫星 2 颗，实现我国 3 个系列卫星同时在轨组网运行、协同观测，形成对全球海域多要素、多尺度和高分辨率信息的连续观测覆盖能力。2018 年，我国成功发射了 HY-1C、HY-2B 和 CFOSAT 等 3 颗海洋卫星与 2019 年发射的 HY-1D 与 HY-1C 卫星组成海洋水色上下午观测星座，实现对全球海洋每天两次覆盖监测，载荷包括 2 个紫外波段、8 个可见近红外波段和 2 个红外波段。将于 2019 年和 2020 年相继发射的两颗倾斜轨道 HY-2C 和 HY-2D 卫星，与 HY-2A/B 及 CFOSAT 形成海洋动力卫星观测星座。海洋水色系列卫星可获取全球海面叶绿素浓度、悬浮泥沙、可溶性有机物等海洋水色信息，以及海表温度、海冰、海雾、赤潮、绿潮、污染和海岸带动态变化信息的观测；海洋动力系列卫星可实现全球海面高度、海面风场、海表温度、有效波高、海浪谱、海表盐度、海洋重力场等海洋动力环境要素的观测；海洋监视监测系列卫星可实现全球船舶、岛礁、海上构建物、海冰、海上溢油等海面目标的全天候观测。"十三五"后续，我国新一代海洋水色卫星、卫星将于 2020—2022 年研制发射，其海洋水色卫星监测分辨率和光谱分辨率进一步提高，海洋盐度星将能获取海洋盐度监测数据。静止轨道海洋水色卫星也正在开展预研，将可获得西北太平洋周边海域的高时间分辨率海洋水色遥感监测数据。

（8）大洋和极地观测

"大洋一号"科学考察船执行了 34 次大洋科学考察任务（1995 年至 2018 年 5 月）。南极科学考察每年一次，北极科学考察每 1～2 年开展一次。长城站、中山站和黄河站已基本具备海洋和气象连续、综合观测能力。2017 年 8 月至 2018 年 5 月国家海洋局组织实施了"我国首次全球海洋综合科考"，获得了大批南大洋及南极海域的宝贵资料。

（9）Argo 大洋观测网

中国于 2002 年 1 月正式宣布加入国际 Argo 计划，成为继美国、法国、日本、英国、韩国、德国、澳大利亚和加拿大之后第 9 个加入该计划的国家。中国 Argo 计划的总体目标是在邻近的西北太平洋和印度洋海域建成一个由 100～150 个自动剖面浮标（简称"Argo 浮标"）组成的大洋观测网，使我国成为 Argo 计划的重要成员国，同时共享全球海洋中的全部 Argo 浮标观测资料，为我国的海洋研究、海洋开发、海洋管理和其他海上活动提供丰富的实时海洋观测资料及其衍生数据产品。同年，在国家科技部的资助下启动实施了"我国新一代海洋实时观测系统——Argo 大洋观测网试验"项目，正式拉开了实施中国 Argo 计划的序幕。在科技部、教育部、自然科学基金委员会、中国科学院和原国家海洋局等部门的支持下，至 2017 年 12 月，中国 Argo 计划已在太平洋、印度洋和地中海等海域布放了 396 个剖面浮标（图 8.4），其中准 Argo 浮标（由国家科研项目出资购置布放，且其负责人同意观测资料与国际 Argo 成员国共享的浮标）183 个,已累计获取 46 000 余条温、盐度剖面（部分 Argo 浮标包括溶解氧、叶绿素 a、CDOM 和后向散射资料）。同时, 共享各国在全球海洋布放的 Argo 浮标数量超过 1.5 万个, 累计获得了约 180 万条观测剖面。

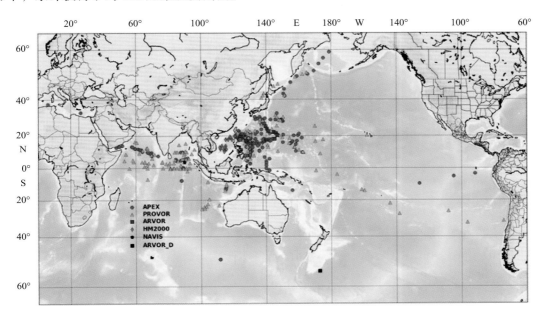

图8.4　2002—2017年由中国Argo计划布放的剖面浮标位置

在自然资源部以外, 我国其他涉海部门也建设了相应的海洋观测能力。其中, 在中国近海, 中国气象局建设了 290 个海岛自动气象站、39 个船舶自动气象站、25 个锚系浮标气象站、6 部地波雷达、2 个风暴潮站等；交通运输部海事、港口、航道部门管理海洋观测站点近 20 个, 中国海洋石油总公司等涉海企业管理海洋观测站点近 20 个, 中国科学院管理海洋观测研究站 5 个, 中国海洋大学布放（或管理）潜标站位 37 个。在大洋上, 目前中科院海洋所在西太平洋有潜标 18 套, 中国海洋大学在西太平洋布放潜标 24 套。

另外, 近些年来, 我国研发并建设了海底观测示范系统, 如浙江大学的摘箬山岛海底观测网络示范系统已在 2013 年 8 月 11 日成功布设, 包括岸站、叶绿素仪、浊度仪、有色可溶解有机物探测仪等。

虽然我国已经初步建立了国家海洋观测网络, 但要实现应对气候变化的功能, 尚存在较大差距。观测技术和观测能力还比较落后, 深海大洋的观测能力尤其不能满足需求, 远不能支撑走向深远海的国家战略需求。针对气候变化对近海海洋动力环境、海洋生态系统, 以及滨海湿地、珊瑚礁和红树林等海岸带环境影响的连续监测和变化规律的研究也还有待进一步加强。同时, 随着我国海洋调查从浅海走向深海、从近海走向大洋和南北极海域, 以及海洋预报业务也已从近岸海域的海温、海浪预报, 扩展到预报全球大洋的海温、盐度、海浪和海流等要素。我们有必要迅速完善我国的海洋观测体系, 从而形成沿岸、近海、深远海和极区的布局合理的高密度综合观测系统, 更好地发挥海洋观测资料在提高业务化海洋环境观测预报保障能力和应对气候变化中的重要作用。

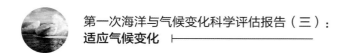
2) 观测系统对气候变化机理研究的支撑

认知机理机制是掌握气候变化规律，正确预测气候变化趋势的理论支撑。海洋在气候变化中起关键作用，人类温室气体排放造成的全球增温所产生的热量，有 90% 以上进入了海洋。全球变暖已经对海洋环流产生了显著的影响。赤道表层流系在变化风场的影响下可能存在减弱趋势（Luo et al., 2009; Sen Gupta et al., 2012; Sen Gupta et al., 2016），大西洋经向翻转流也在气候模式中呈现减弱趋势（Bentsen et al., 2004; Boyce et al., 2010; Sevellec and Fedorov, 2011; Smeed and Mccarthy, 2014）。在全球变暖带来的大气环流和海洋环流变化的相互作用下，全球海表面温度（sea surface temperature, SST）变暖空间分布呈现非均匀性、热量由经向翻转环流导入深层引发上层变暖停滞等研究成果的突破，使得对于气候变化的机理认知水平有了显著提升，为进一步预测气候变化趋势、提出气候变化应对策略奠定了坚实基础。全球大洋西边界流、南极绕极流、大西洋经向翻转环流等环流系统在全球气候系统中起着重要作用。研究发现，20 世纪沿着全球大洋西边界流路径，海洋增暖的速率比全球平均要快 2 ~ 3 倍，尤其是在西北太平洋黑潮区域升温速率在有些海区可以达到全球平均速率的 5 倍以上，形成"热斑"现象（Wu et al., 2012）。在长时间全球变暖影响下，西边界流可能存在增强（湾流除外）并向极地方向移动的趋势（Yang et al., 2016），但仍然受南半球臭氧与温室气体变化、辐射强迫调整等多方面因素影响（Seager and Simpson, 2016）。在南大洋，随着过去 30 年以来，西风主轴向极地移动、强度增加（Marshall, 2003），南极绕极流（Antarctic Circumpolar Current, ACC）向极移动了接近一个纬度（Sokolov and Rintoul, 2009），这与南大洋的增暖密切相关。全球变暖背景下海洋的响应不仅出现在表层，温跃层以下也出现不同形态的调整。在海面升温的情况下，海水层化加强，进而形成海洋次表层的增温特征。而对于携带巨大高温水体的副热带环流，在海水层化增强不均和垂向混合作用的共同作用下，导致其温跃层以下增温现象会明显弱于热带与亚极地海区（Wang et al., 2015）。在过去近半个世纪，海洋次表层出现持续的升温趋势，被认为是全球表面温度呈现出增暖减缓甚至停滞趋势的原因。而大洋热盐环流变率是热量向深层输送的主要机制，研究表明，在大西洋和南大洋，经向翻转环流可将热量带到海洋深层。在太平洋和印度洋，浅层翻转环流使得表层与次表层增温趋势相互抵消，从而导致表层温度呈上升趋势（Liu et al., 2016）。

热带印度洋—太平洋暖池的变化是气候变化的重要特征。在热带太平洋海域，海洋—大气耦合系统变化主要发生在季节内到年际时间尺度上。而在中纬度海域，气候系统具有显著的年代际至多年代际变化特征。这种海洋—大气系统的年代际变率不仅直接导致北太平洋和北大西洋及其周边地区气候的年代际变化，也间接调制热带的气候年际变率。厄尔尼诺与南方涛动（ENSO）、太平洋年代际涛动（PDO）是太平洋引发气候效应两个主要过程，但 PDO 的气候效应主要在中纬度，而 ENSO 对全球气候有显著影响，特别在热带地区（Latif and Barnett, 1996; Mantua et al., 1997）。相比于热带气候系统模拟，目前气候模式对黑潮及其延伸体以及北太平洋大气环流变化的模拟还存在较大偏差，这在一定程度上导致 PDO 模拟存在较大的模式间差异。未来气候变化对 PDO 的影响存在较大不确定性。在印度洋，20 世纪 50 年代以来，海表表现出明显的增温（Levitus et al., 2005; 周天军等, 2001），并对东亚气候的年代际变化有重要影响，印度洋偶极子（Indian Ocean Diople，IOD）事件在其中扮演重要角色。IOD 正位相时，夏季西北太平洋低层有气旋异常，并且能激发出太平洋—日本波列，导致中国北方、日本以及韩国上空环流异常（Guan et al.，2003）。在全球变暖背景下，印度洋偶极子（IOD）的特性会出现相应的变化，这一点在长时间的观测资料和气候模式模拟结果中都得到了体现（Tokinaga et al.，2012; Du et al.，2013; Cai et al.，2009; Cai et al.，2014; Cai et al.，2013; Zheng et al.，2013）。但气候模式对 IOD 的模拟存在偏差（Cai et al.，2013; Li et al.，2016; Wang et al.，2017），虽然很多模式可以模拟出 IOD 的形态，但是对于 IOD 频率和强度模拟的准确度仍有待提高，也使得 IOD 如何变化还存在很大的不确定性。印度洋海盆一致模是印度洋海温年际变率主导模态，它和 ENSO 有密切关系（Huang et al.，2002; Xie et al.，2002）。印度洋海盆增暖一致模会通过印度洋以及西北太平洋海气耦合过程，维持到夏季（Du et al.，2009）。全球变暖的背景下，印度洋海盆一致模的维持时间以及对气候的影响存在明显变化（Huang et al.，2010; Xie et al.，2010; Wu et al.，2008; Du et al.，2013; Hu et al.，2014）。印度尼西亚贯穿流（ITF）是太平洋与印度洋的水体交换通道，将暖而淡的太平洋海水经印度尼西亚海域输入印度洋，在全球热盐水体输运过程中扮演着重要的角色（Gordon，2005），因此对于气候系统起到重要的调节作用，与 ITF 有关的海洋环流改变能够广泛影响多个区域的环流、热力结构和海气交换。除局地风场驱动作用以外，太平洋与印度洋之间的压力梯度差是导致 ITF 变化的主要因素（Potemra，2005; Du et al.，2010），这其中 ENSO 和 IOD 事件的共同作用扮演了重要角色。

极区对气候变化呈现出显著的响应和反馈。21 世纪以来，北极的气温变化是全球平均水平的 2 倍，被称为"北极放大"现象（Screen and Simmonds，2010）。全球变暖背景下北极内部发生的正反馈过程是气候变化北极放大现象的关键，不仅使极区的气候发生显著变化，而且对全球气候产生非常显著的影响，并导致极端天气气候现象的发生（赵进平等，2015）。北极放大有关的重大科学问题主要与气—冰—海相互作用有关。其中，海冰的减少被认为是北极放大现象的关键因素（Screen and Simmonds，2010），其不仅与气温升高有关，海冰结构、冰面融池、冰面积雪和海冰运动也构成了海冰融化的主要影响因素（Hunke et al.，2011; Hopkins and Thorndike，2006; Wang and Zhao，2012; Massonnet et al.，2014）。北极的海洋变化是影响海冰变化的最重要因素之一，次表层暖水的出现是北冰洋上层海洋增暖最重要的现象（赵进平等，2003; 陈志华和赵进平，2010; 曹勇等，2011），次表层暖水的热量释放会导致北极海冰提前融化和延后冻结（Markus et al.，2009），对海洋热储存带来非常大的影响。北极增暖通过海冰—气温反馈引起大气环流的复杂变化，最近几年，北极海冰快速减少引起的大气环流异常响应并不是传统的北极涛动模态，也不是稳定的偶极子型模态，而是一种更为复杂的大气环流异常型（Liu et al.，2012），导致了近年来北半球极端降雪和严寒频发，但其复杂的影响途径仍需进一步的深入研究。

在全球变暖的背景下，气候变化也对中国近海海域产生显著影响。温度是反映海洋热力状况的重要指标，也是影响海洋、大气环流及海气相互作用的关键因素。在全球平均海温上升的背景下，南海 SST 的长期变化趋势也备受关注。南海位于典型的东亚季风区，濒临西太暖池

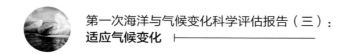
及沃克环流上升区，是热带海洋中对大尺度气候变化较为敏感的海域之一，研究其温度的长期变化特征对于了解南海热力状况及其海气相互作用过程有着重要意义。近60年来，南海SST和海平面高度总体呈上升趋势（Fang et al.，2006；Tompson et al.，2017；Huang et al.，2017），且海平面上升速度高于全球平均的上升速率（Fang et al.，2006；Cheng et al.，2016）。南海海面高度在年际变化尺度上与ENSO事件具有一定的相关性，在厄尔尼诺（拉尼娜）期间呈负（正）异常（Fang et al.，2006；Cheng and Qi，2007；Peng et al.，2013；Cheng et al.，2016）。

对于气候变化机理认知水平的提升，为人类应对气候变化奠定了坚实的基础。但仍有一系列关键科学问题亟待突破，对全面构建海洋立体观测系统的需求显得更加迫切。

8.2.2 我国海洋观测系统存在的问题

经过多年的发展，我国在"天、空、岸、海、底"等不同空间领域内的海洋观测技术取得了较大的进步，海洋仪器装备自主研制也取得了一定的成绩，并在业务化和科学观测等领域得到了较为广泛的应用，但在与气候变化关系密切的深海大洋、极地等海域，我国现有观测技术研发能力非常欠缺，对进口海洋观测仪器设备的依赖程度较大，难以为我国全球气候变化观测研究提供强有力的技术支撑。特别是，目前我国对"两洋一海"和极地区域的观测需求迫切。

1）大洋领域观测需求与相应技术发展

西太平洋具有复杂的海洋环流系统和多种时、空尺度的海—气相互作用过程，在全球海洋和气候系统中起着重要作用。该区域复杂三维流系与大气环流、亚澳季风环流紧密耦合，控制着海洋的热量输送与辐聚辐散；西太平洋暖池是全球热带对流最强、水汽含量最多的海区，黑潮是世界两支西边界强流之一，且黑潮及其延伸体海域是全球海气相互作用最为活跃的区域，对全球大气环流系统具有重要的驱动作用；中太平洋"暖池冷舌交汇区"海洋变率直接影响并参与了两类厄尔尼诺（El Niño）事件的发生、发展和变率，在热带太平洋海洋与气候系统中扮演着非常重要的角色。此外，太平洋还是全球最大的热带气旋发育区域，台风与上层海洋之间的相互作用会显著影响台风的路径和强度，进而影响我国沿海一带的极端天气状况；同时，我国气候系统受到亚洲季风气候系统控制，亚洲季风的多尺度变化显著影响着我国汛期的旱涝格局，热带印度洋在季风强迫下具有很高的时空变率，海洋现象丰富而复杂，而且在全球变暖背景下印度洋和亚洲季风气候的未来变化趋势具有非常复杂的不确定性，亟需加强对西北太平洋及毗邻海域的观测，从根本上把握其海洋环境变率特征和控制机理，为我国防灾减灾、可持续发展和应对气候变化提供科技支撑。

针对太平洋和印度洋海域暖池核心区、暖池冷舌交汇区热盐三维结构特征与多时间尺度变率规律、控制机理及其对ENSO的影响过程，太平洋西边界环流系统多尺度变率规律、各分支间的相互作用及其物质能量输运，中纬度海气相互作用过程以及地球第四极深渊极端环境多学科相互作用，季风转换期的赤道流系及边界流系结构及影响机制，季风转换期海气相互作用过程，以及亚洲季风衰退与建立过程等具体观测需求等，急需发展高效费比的锚系、漂流、无人自主等多类型深海大洋全剖面及海—气界面通量观测，实现大范围、高时空分辨率的海—气界面耦合观测。热带太平洋观测计划（Tropical Pacific Observing System，TPOS）2020中，中国将借助"十三五"重大工程项目"全球海洋立体观测网"的建设，构建热带西太平洋台风预测和ENSO观测体系（Song et al.，2018），充分与国际计划做好衔接，推进中国海洋智慧走向全球。

2）极地领域观测需求与相应技术发展

北冰洋连通"三大洲"和"两大洋"，以北冰洋为主体的北极海域不仅是对全球气候变化响应最敏感的区域之一，还在全球大气和海洋环流变化中起着重要的调控作用，是全球变化的一个驱动器。北极的气候变化机制及其对北半球区域气候、环境，乃至全球气候变化的影响已经成为当前极地科学研究的科学前沿。北极地区的气候环境过程直接影响我国的气候与环境变化，关系到我国未来国民经济的可持续性发展。深入认识气候暖期时北极地区的洋际交换对北极和亚北极地区以及我国气候变化的影响，对于提升我国对北极海区环境和气候的研究水平，增强在气候变化谈判中的话语权以及在应对气候变化方面的履约能力，提高为气候预测预报、防灾减灾以及航道通航的环境保障等重大国家战略需求的服务水平等方面也有重要的科学意义。

南大洋在地球的气候系统中发挥着极为重要而特殊的作用。南大洋的水团结构非常独特，南极底层水和南极中层水在此生成，二者是形成和驱动大西洋经向翻转环流的重要因子，对于热盐环流全球输送带有着至关重要的意义。作为全球唯一一支绕极环流，南极绕极流对于大洋之间的水交换有重要的作用。南大洋海冰具有仅次于北半球雪盖的季节变化幅度，海—冰—气耦合反馈过程环环相扣、机理复杂。南大洋生物地球化学循环过程活跃，是全球碳循环中的关键一环。南大洋与热带之间通过"海洋通道"和"大气桥"相连接，并能够通过影响越赤道气流改变东亚夏季风的强度。南北半球之间存在着显著的互动关系，地理距离上的遥远并不意味着没有影响力，相反作为全球最为广阔的一个大洋，南大洋的气候效应极为突出。在当今全球变暖的背景下，南大洋正在作为全球最重要的碳汇，有力地调节着气候系统，在未来的气候研究中，南大洋的气候效应应当引起足够的重视。南大洋海洋环流系统在很大程度上调节着南半球乃至全球气候，对这一问题的认识和理解有助于更为深入地把握全球气候系统的演变规律，只有认识和理解了南大洋气候系统，我们才能更深刻把握全球气候的演变规律。

针对南北两极海洋和冰盖区域表层环流、海冰过程及环境效应，白令海峡开/闭及其对北太平洋—北冰洋物质交换的影响，北太平洋深部水团交换过程及其环境效应，南大洋同ENSO、IOD等事件之间相互作用以及动力机制，南大洋跨洋盆的物质和能量交换及其所造成的海平面、生物和化学等要素多时间尺度变化规律，全球变暖背景下南大洋海洋环流动力过程和水团生消过程对于热量收支平衡的贡献，南大洋在全球大洋底层水形成和热盐环流系统中所起的重要作用等，需要加强极区的系统性观测。

亟需根据具体观测需求创新观测平台技术和传感器技术，在现有成熟技术基础上进行针对性改进优化，丰富我国应对气候变化的观测手段，提高我国对全球气候变化敏感区域的观

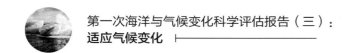
测能力，为我国气候研究水平和预测能力的提升提供观测支撑，进一步夯实我国在应对全球气候变化领域的话语权。

8.3　基于数值模式的海洋预报预估系统对海洋气候变化的支撑

我国海洋与气候预测预报方面也取得了长足进步。过去小尺度的海浪一直被认为与气候系统无关。我国在国际上原创建立了浪致混合理论（Qiao et al.，2004，2016），发现浪致混合在上层海洋起重要作用，大幅度提高了上层海洋的模拟与预测能力，克服了夏季模式的表层海洋温度（SST）严重偏高、次表层海洋温度严重偏低、上海洋混合层厚度偏浅等研究难题，继而在国际上率先开发了包含海浪过程的气候预测模式（Qiao et al.，2013）。近期，国际领先的气候模式研发机构如美国 NCAR 和 GFDL 以及欧洲天气预报中心，都开始把小尺度波浪加入气候系统，我国在海洋与气候模式发展关键领域呈现良好势头趋势。

随着海洋高时空分辨率观测以及多尺度、多要素和多系统相互作用过程认知能力的提升，需要进一步改进海洋模式的物理参数化过程（如内波、海气通量等），发展新型高分辨率全球海洋耦合数值模式（Qiao et al.，2010）;同时，也需要发展针对最新观测数据的数据同化方案，并基于海洋耦合模式构建全球高分辨率海洋再分析数据集，开展全球海洋包括极区在内的高分辨率海洋环境数值预报。在"两洋一海"海域发展甚高分辨率海洋预报系统，以及对预报能力进行长期的业务化检验评估，为世界提供数值预报产品，从而为搭建海洋大数据服务平台、应对全球气候变化提供更加有力的数据和技术支撑。

8.3.1　气候预测系统的支撑

短期气候预测在国际上越来越受到人们的重视，已经成为"世界气候研究计划"的核心科学问题之一。因此，在全球变暖的背景下，不断提高短期气候预测水平是能够为公共规划与活动、国家发展计划与方案提供决策的关键信息。为了达到海洋与气候防灾减灾的目的，保障经济建设的可持续发展，不仅需要加强了解和预报气象和海洋灾害个例的发展过程，更需要对短期气候变化过程与趋势进行分析与预测，以达到为决策者制定合理的发展战略和应对方案提供有效科技支撑的目标。这就要求我们一方面从全球和区域尺度来了解在全球气候变暖背景下，大尺度海洋与气候基本态对区域极端气候事件的影响；另一方面从应用方面提高月—季节时间尺度的预测预报精度，并在此基础上加强观测与预测结果的综合分析与评估。

东亚地区具有典型的季风性气候特征。季风区伴随着强烈的海气相互作用，是东亚甚至全球气候变化的重要分量。夏季来自印度洋的水汽输送是我国降水的重要来源。夏季风强弱决定了东亚大部分地区旱涝分布和强暴雨天气过程，其异常变化将造成大范围或局地严重的洪涝或者干旱灾害。季风异常变化使东亚成为世界上气象灾害发生最为频繁的地区之一。经过多年的努力，我国已基本建立了业务化的气候短期预测系统，预报能力和水平都处于快速发展阶段。但是为了更好地预测评估全球变暖背景下短期气候的变化过程，满足国家经济建设发展的要求，目前急需解决以下几个方面的问题：一是从全球和区域尺度出发，全面了解东亚气候灾害发生与发展过程的大尺度背景场；二是建立合理有效的观测数据与预测结果之间的比对方案，通过比对与测试进一步改进预测模式中所包含的物理过程与机制，发展新型短期气候预测系统；三是系统地开展近海短期气候预测与海洋灾害变化综合评估，加强与社会经济建设发展需求之间的密切联系。

8.3.2 台风的可预报性——区域海气耦合数值模式的发展

大气是一个复杂的非线性系统，由于其存在内在随机（Lorenz，1963，1993；丑纪范，2002；周秀骥，2005），它的预报效果有一定的范围，超出这个范围，预报将完全失去技巧。而对于不同的气象要素场，其可预报期限的长短以及时空分布规律都不一样，表明可预报性不仅依赖于时间和空间，还依赖于具体的要素。一般来讲，大气的可预报性是指大气中有多少成分是可以预测的以及确定性预测的时效有多长。即使在模式完美无缺和初始条件近乎完全正确的条件下也是如此。大气的可预报性是随尺度变化的，对于大尺度运动而言，大气的可预报性为两周左右，由于中尺度模式中存在着复杂的不同尺度间的相互作用，其误差的增长机制还不是十分清楚，中尺度系统的可预报性问题仍是一个尚未解决的问题。影响台风成长主要有两方面因素：第一，大尺度背景场及非环境场的作用，如非对称结构，台风与地形的作用，台风过程海气相互作用等因素；第二，海气之间复杂的能量与物质交换过程。据此可以推断台风旋路径与大尺度背景场相关，其可预报尺度在两周左右，过去近 30 年预测误差减小了约一半；台风强度由于受海洋过程调制，其可预报性仍是当前的难点，台风强度预测能力数十年来踟蹰不前，已经成为台风预测预报的瓶颈问题（Rappaport et al.，2012）。因此深入开展台风条件下海洋涡旋、海洋飞沫、高风速下拖曳系数参数化方案以及海洋混合过程对台风成长的影响研究是十分必要的。通过考虑海浪飞沫的热量传输作用，我国率先建立了包含海浪的台风模式，大幅度减小了强台风的强度预报误差（Zhao et al.，2017），为台风强度预报提供了一种解决途径。

海—气间主要通过跨越海洋和大气交界面之间的动量、热量和物质交换实现其相互作用。海—气间的动量交换过程是穿越海—气交界面的动量输送，主要是大气以风应力的形式向海洋输送动量，驱动海洋中各种时空尺度的运动，海浪作为粗糙的海面在海气动量通量中发挥重要作用。大气向海洋的动量输运不仅影响海水水平输送，而且能引起物质的垂向输送。海—气动量交换，连同其他的海—气交换过程，是研究海—气相互作用的主要因素和基础，在全球能量平衡中占有极其重要的地位，对各种尺度天气系统的形成、发展以及大气环流系统的建立、维持都具有重要的作用。

海—气界面之间同时也存在着强烈的热量输送。相对于大气而言，海洋从海表面加热，层结稳定，海水密度大，比热大，具有巨大的热容量，上层海洋 3 m 的热容量相当于全球整层大气的热含量。海—气之间热量交换过程一般来说是低纬度大气向海洋输送热量、而中高纬度海洋向大气输送热量，到达地球表面的太阳辐射能大部分被海洋吸收并贮藏。这些能量通过长波辐射、感热通量和潜热通量的方式向大气输送，加热低层大气。大气的热力层结、云量及其分布，也能影响海面对太阳辐射的吸收和海—气之间的热量交换，从而影响海洋的

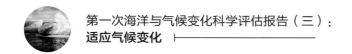

热状况和温度分布。

台风的发生发展是多种时间和空间尺度过程相互作用的结果，因而对台风的准确预报是非常困难的。其中，台风强度和结构的变化则受到更多物理过程的影响。台风条件下海气动量交换决定了海洋对风的响应，是台风发展过程中维持其动量平衡的重要部分。在台风条件下，精确估算海气通量对预报台风路径及其强度、巨浪及其影响范围以及灾害评估都有重要意义。

真实的海气相互作用非常复杂，由于科学认知有限和模式技术发展的限制，很多不能用数学表达的次网格物理过程只能通过参数化的方式实现。如海浪对大气下垫面粗糙度的影响、海浪破碎产生的飞沫对海气界面热通量的影响、海浪对短波辐射的影响、海浪破碎和非破碎浪对海洋上层混合的影响、内波对海洋混合的影响、海冰的生消对海气界面动量和热量通量的影响，以及海冰对海浪的阻尼作用等。在今后的相当长时间内，如何在区域海气耦合模式中真实再现海气界面物理过程，即在对物理过程深刻理解的基础上开展参数化方案研究是区域海气耦合模式未来需要解决的核心科学问题之一。

8.3.3 全球海洋环境数值预报系统的支撑

海洋为国家发展和经济建设提供了广阔的空间、丰富的生物和非生物资源等。但是随着全球气候的变化，海洋也为海上和沿海地区带来严重的灾害影响，使我国成为世界上海洋灾害非常严重的国家之一。随着海洋经济的迅速发展，近 20 年来海洋灾害造成的损失总体呈上升趋势。充分利用各种观测数据改善海洋环境业务化预报水平，已成为保障我国海洋经济持续稳定发展的必要手段，更是国家和公众对海洋科学技术发展的重大需求。海洋数值预报能够快速提供所关注海域内未来的海洋环境演变，为中国近海、重要国际海上通道及重点海域等提供可靠的环境保障和科技支撑，同时减少或避免渔业、航海以及海洋开发等方面的损失，数值预报也是目前了解海洋未来状态的最先进的手段之一。

海洋运动的时间变化尺度从毫秒至百年甚至更长，空间变化尺度从厘米至数万千米，无论从时间上，还是从空间上来分析，海洋运动均具有广谱特征，自然现象是相互联系的。然而由于物理过程认知限制和计算条件制约，只能人为地把这些海洋自然过程分开进行研究和预报。从复杂系统的观点出发，将海洋过程分成若干子系统，研究海洋各子系统运动形态之间相互作用，已成为物理海洋学面临的重大科学问题，对多运动形态物理过程的深刻理解是提高海洋和气候预报能力的关键，这一研究思路和方法也是由我国主导推动的。开展多运动形态相互作用研究不仅在科学上具有重要意义，近期数值模式发展的实践也表明，海洋多运动形态相互耦合的技术在提高海洋和气候系统的模拟与预测能力方面发挥了核心作用。

基于最新的多运动形态相互作用的科学认知、大规模高效并行运算技术和先进的数据同化技术，我国建立了独具特色的全球涡旋分辨率（0.1°）海浪—潮流—环流实质耦合的海洋环境数值预报系统 FIO-COM（First Institute of Oceanography Coupled Ocean Model）。与大量观测数据的对比验证和第三方检验评估表明，FIO-COM 模拟和预报精度达到先进水平。目前，

FIO-COM 预报系统可以提供覆盖全球范围的海洋数值预报产品，为海上安全和减灾防灾提供有力的数值预报保障。全球高分辨率海洋环境数值预报系统在提高业务预报精度方面所面临的主要困难包括：针对海洋中的"天气"尺度过程的预报，如中尺度涡、内潮、内波等。进一步解决这些难题的关键在于发展更加先进的数据同化方案、更加完善的模式物理过程、更加真实的参数化方案和更高精度的数值计算格式等。

国家海洋环境预报中心现有的高分辨率全球海洋动力环境数值预报系统以（1/12）°全球 NEMO 模式为核心，三维变分和集合滤波为主要同化手段，辅助以资料处理、作业运维、产品制作、系统监控等多项技术手段，实现集数据收集、资料同化、数值预报、产品发布功能。可提供 7 天全球三维温盐流数值预报产品，包括标准逐时海表面产品和日均三维产品。该预报系统动力框架、多圈层耦合、融合同化等理论的发展及其在数值模拟中的应用，使得海洋数值预报模式能够为海洋气候预测模式提供完整、准确的初始场，结合强迫场共同作用，成为应对气候变化、预估海洋气候变化特点的重要工具。其中高分辨率（超高分辨率）匹配、中小尺度动力过程体现、中小尺度过程对于大尺度过程的反馈、参数化过程、大范围的全球海洋多模式集合、动力降尺度、多源资料同化等内容，是海洋数值预报模式发展的关键技术及方法，也是提高预报准确度的关键。

8.4　未来海洋观测和数值预测预报技术发展方向和建议

通过上述评估，我国在观测系统和模式建立方面已经取得了长足的进步，逐步建立起了中国近海、大洋观测网和预报预估体系。但目前我国在海洋观测和预测预报方面依然存在一些问题，有些甚至较为急迫，亟需通过建立"国家海洋与气候观测系统支撑体系"和"国家海洋与气候模式研发支撑平台"，不断加以完善。

8.4.1　完善国家海洋与气候观测系统支撑体系建设

观测系统和观测数据是一个基础性支撑领域：气候变化观测事实构建、机理研究、模式评估等各方面都需要观测系统和观测数据的支撑。海洋在气候变化中的核心作用已是海洋与气候领域专家的共识，气候观测需要以海洋观测为核心。观测系统也是一个系统性科学研究领域，是包括观测仪器设计制备、观测网设计建设、观测数据集成处理分析、观测数据科学支撑等多个学科方向的巨系统。通过几十年努力，我国在观测系统各个领域都取得了很大的进步，但依然存在一些问题，且并没有形成有效的集成系统，因此未来需要加强顶层战略设计，构建完备的"国家海洋与气候观测数据支撑体系"。开展顶层设计，建设符合我国气候变化预报预估的中国近海和全球观测网，推进我国海洋观测预报建设力度，提升我国海洋观测网的影响力、使用面和国际影响力，积极融入全球海洋观测计划，深入参与全球海洋治理。要从设备设计制造、数据质量控制和共享，以及体系建设等多方面加强努力，包括以下几个方面。

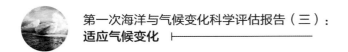
1）加强观测仪器设计制备

目前和未来的海洋观测系统是由多种观测仪器和观测手段构成的集成观测系统：例如锚碇浮标、自动剖面浮标、水下滑翔机、船载 CTD 仪和抛弃式 XCTD 仪、XBT 仪等仪器设备。我国现有观测技术研发能力较为欠缺，基本依赖仪器设备的进口，难以为我国全球气候变化观测研究提供强有力的技术支撑。对海气通量观测手段国内外都很缺乏。亟需根据具体观测需求创新观测平台技术和传感器技术，在现有成熟技术基础上进行针对性改进优化，丰富我国应对气候变化的观测手段，提高我国对全球气候变化敏感区域的观测能力，为我国气候研究水平和预测能力的提升提供观测支撑。建立规范的观测系统规划体系和方法。观测网的建设维护都需要巨大经济和人力成本投入，因此，对观测网的设计规划需要完善和谨慎的科学统筹、科学设计和科学论证。目前，我国在这方面较为欠缺，而国际主导的大型观测计划均由国外研究机构主导论证和设计。比如"Deep-Argo 计划"中深海型剖面浮标布局在哪些关键的深海区域、如何布放以及密度多高？都需要科学规划和系统性研究。

2）加强数据集成、处理、共享体系建设

这部分包括系统性数据收集、处理、质量控制，构建海洋数据库、数据共享和传输系统，特别是质量控制技术在整个海洋观测过程中的应用。目前，国内气候变化研究主要使用国外成熟的共享数据库和数据产品，但对数据的精度及其应用的数据质量控制方法和措施了解不够，数据质量令人担忧。国内数据碎片化现象较为严重，数据集成、处理和共享体系尚未完善，质量控制技术主要用在使用的观测仪器设备及其操作过程中，对测量数据的质量控制尚未引起足够重视，观测数据的精度高低不一、质量参差不齐，无法充分发挥国内已有和将要建设的观测体系的作用。因此，未来需集成和整合自然资源部、高校、科研院所的力量，将先进的数值模式与数据有机集合，提升制作全球再分析资料的能力，打造我国特有的能够支撑国内气候变化研究的、具有国际影响力的高质量海洋与气候数据库。

3）用观测数据支撑气候变化关键科学事实的建立

气候变化是建立在观测事实基础上的学科，IPCC-AR5 罗列了 10 个全球变化关键时间序列，包括百年来地表、海表温度上升、冰川融化、海平面上升等，这些观测事实是气候变化研究的基石。因此，观测数据对气候变化的一个直接的重要支撑是建立全球气候变化关键科学事实。我国在用观测数据支撑气候变化核心事实方面话语权仍然很低，而未来针对实现全球升温 1.5℃和 2.0℃阈值的国际谈判需要高质量观测数据的支持。推进观测数据支撑气候预警、预测和预估的研发和信息共享工作。确保多源观测数据（仪器、单位、地域、质量等均有差异的观测数据）能够流畅、准确的应用在气候预警、预测和预估中。上述观测科学体系建设是中国迈向海洋强国、气候强国的重要保障，是在海洋与气候变化领域打造人类命运共同体的核心支撑。

8.4.2　建立国家海洋与气候模式研发支撑平台

数值模型是进行气候预测、预报和预估的基础和保障，而模式研发是一个长期的系统性科学工程，需要集成动力学、高性能计算、物理过程、模式评估、数据同化等多方面人力和智力投入。目前，国内已经突破了数项关键技术，涌现出一批具有中国特色的短期气候预测预报模式以及长期气候预估模型，但也存在一些问题，未来需要规划发展、进一步持续投入，打造中国自主、有国际领先的海洋与气候预测预报和预估模型：在技术上形成合力，打造国际领先的海洋与气候数值模式，发展气候变化背景下的短期预警、预测系统。在海洋与气候模式中考虑更加合理的物理过程，建立国际领先的数值模式，这对国计民生有重大意义：例如台风、风暴潮灾害预警等。大力发展发展数据同化技术，基于我国自主开发的海洋与气候模式，在耦合框架下，发展一个可方便移植的多源海洋资料同化系统，可同化包括浮标、潜标、自动剖面浮标、水下滑翔机、XBT仪、CTD仪和卫星遥感、卫星高度计等手段获取的全球海洋观测资料，以及沿岸海洋台站、验潮站、锚碇浮标和地波雷达等近海观测网所提供的区域海洋观测资料。建立有竞争力的长期气候预估模型，这将对气候谈判、涉及气候的能源经济政策的制定等有核心价值。海洋与气候模型的研发是一个长期的系统性工程，需要形成高效的模式研发团队，要从制度上改进模式研发人员的评价体系，保障模式研发人员和观测网运维人员能够长期稳定的在技术领域深入探索。因此，在制度上，要创新机制，保障支持持续的模型研发团队。

8.4.3　未来海洋重点观测网和工程建设计划

结合当前国际发展趋势和国际合作领域的相关拓展，以及我国未来发展需求，在"十三五"及未来更长一段时间内，统筹兼顾在海洋领域应对气候变化，特别是认识海洋与气候变化、研究并提出应对措施等方面的需求，进行我国海洋观测体系设计，按照"夯实近海、拓展大洋、兼顾两极"的发展思路，开展全球海洋立体观测体系布局，以开展重点工程建设为带动，分阶段体系化推进，积极参与和引领国际合作，将应对气候变化贯穿我国全球海洋立体观测体系建设的每个环节，具体包括：

1）全球海洋立体观测体系的重点工程建设

"全球海洋立体观测网"工程将有效整合国家海洋观（监）测能力，建成布局合理、规模适当、体系完整的中国全球海洋立体观（监）测系统，形成完全覆盖我国管辖海域和西北太平洋、北印度洋重点海域的业务化观（监）测能力和运行保障能力。其中，在我国管辖海域重点形成海上活动密集区精细化的海洋环境观（监）测能力，促进海洋科学研究，提升我国认识海洋、应对气候变化、参与全球海洋治理的能力。

全球海洋立体观测网工程的海洋环境观（监）测能力布局如图8.5所示，主要包括两大部分：一是覆盖我国管辖海域的国家海洋立体观（监）测系统；二是覆盖西北太平洋、北印度洋、21世纪海上丝绸之路沿线海域（以印—太洋际交换通道和北印度洋沿岸为主）的全球

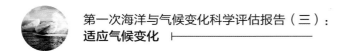
海洋观（监）测能力建设。图中蓝色网格区域对应国家海洋立体观（监）测系统布局海域；图中红色、棕色、紫色网格区域分别对应全球海洋观（监）测能力建设布局的西北太平洋、北印度洋、"一带一路"沿线海域。

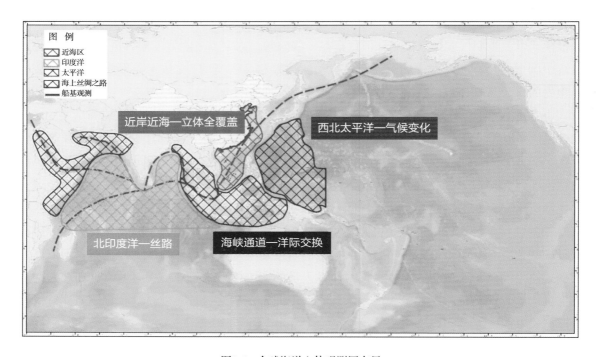

图8.5　全球海洋立体观测网布局

国家海洋立体观（监）测系统布局将结合我国现有业务化海洋观（监）测网基础，贯彻"一站多能、一浮标多要素、一断面多业务"等基本原则，在我国管辖的渤海、黄海、东海和南海海域建设国家海洋立体观（监）测系统，重点在近岸海域、海洋资源开发区，南海台风源区，西沙群岛、南沙群岛海洋生态保护区及我国海洋权益核心利益区加密观测布局，填补我国管辖海域观测空白区，同时拓展观测要素、增加观测手段，从当前海面水文气象观测向三维海洋立体结构、海洋生态环境要素等拓展，形成高密度、多要素、全天候、全自动的立体观（监）测能力。

全球海洋观（监）测能力建设布局将结合我国已有工作基础和国际合作计划（如全球海洋观测系统GOOS），设计中国太平洋观测系统、中国印度洋观测系统、海上丝绸之路沿线观测系统、小岛屿国家岛礁生态联测系统，形成在相关洋区和重要海峡持续的海洋水文气象环境观测和海洋生态环境监测能力，同时作为国际观测计划的一部分，为全球气候变化与应对、全球海洋治理等做出我国贡献。

中国太平洋观测系统：积极参与热带太平洋观测2020计划（TPOS 2020）对未来热带海洋观测系统重新规划，以部署锚系浮标、深海潜标和自动剖面浮标为主，拓展我国在热带西太平洋的观测能力，并将我国关注的台风源区观测纳入其中。与国际共同努力，获取高分辨率海洋上层700 m的温度、盐度、海流等水文要素和海表气温、气压、湿度、风场、降水、长波辐射、短波辐射等气象要素的实时观测数据，实现对厄尔尼诺、台风生成与传播、西北太平洋季风、太平洋西边界流等重大海洋和天气现象的全天候在线观测能力。在此过程中与相关国家建立密切的合作关系，通过共享、互补来共同支撑起对全球气候变化和防灾减灾具有重要影响的西北太平洋海域的业务化观测工作。

中国印度洋观测系统：作为 RAMA 计划参与国，以继续完善 RAMA 系统、填补空白站位为契机，将中国印度洋观测系统建设与 RAMA 系统建设相结合，加深国际合作，参与有关站位建设，以部署锚系浮标、深海潜标和自动剖面浮标为主，构筑和共享相对完整的印度洋观测系统，获取高分辨率海洋上层 700 m 的温度、盐度、海流等水文要素和海表气温、气压、湿度、风场、降水、长波辐射、短波辐射等气象要素的实时观测数据，加强我国对印度洋环流和亚—非—澳季风系统的观测能力，从而提高对影响我国气候的南亚季风的预测能力，提高重要航线的海洋环境保障能力。

海上丝绸之路沿线观测系统：在有合作意愿的 21 世纪海上丝绸之路沿线国家，合作部署海外观测站（由岸基海洋观测站、近海锚系浮 / 潜标站位等组成），对海洋潮位、波浪、海流、水温、气温、气压、相对湿度、风速风向、降水、能见度、大气温室气体、海气通量等要素进行业务化观测，为“一带一路”沿线国家和地区的海洋防灾减灾和航行保障提供信息支撑。

小岛屿国家岛礁生态联测系统：在《平潭宣言》确定的小岛屿国家合作部署海岛生态监测站，布设珊瑚礁等在线监视监测设备，服务小岛屿国家的岛礁生态系统保护与管理，增强我国在岛礁生态系统对全球气候变化的响应等方面的科学认识。

全球海洋立体观测网工程的主要建设内容包括：建设国家海洋立体观（监）测系统、全球海洋观（监）测能力、数据应用服务能力、业务运行与管理能力及相应的船舶工程和配套土建，如表 8.1 所示。

表 8.1　全球海洋立体观测体系

国家海洋立体观（监）测系统	全球海洋观（监）测能力建设	数据应用服务能力建设	业务运行与管理能力建设
国家海洋站网；国家海上平台观测网；国家海洋雷达站网；国家浮潜标网；国家海底观测网；国家标准海洋断面；国家海洋生态监测点网；国家海岛监视监测系统；中国志愿观测浮标；中国志愿观测船队；中国剖面漂流浮标网；中国漂流浮标网；海洋机动观测系统	中国太平洋观测系统；中国印度洋观测系统；海上丝绸之路沿线观测系统；中国极地观测系统；小岛屿国家岛礁生态联测系统；远洋航次业务化观测系统	数据传输网；综合信息系统；预警报与辅助决策系统	国家海上试验场；海洋都没实验室能力建设；全网装备管理及运行状态监控系统；海洋观监测装备质量保障能力

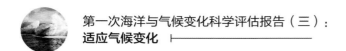
2）国家海洋立体观（监）测系统

国家海洋立体观（监）测系统的组成包括：海洋站网、海上平台观测网、海洋雷达站网、浮（潜）标网、海底观测网、标准海洋断面、海洋生态监测点网、卫星海洋观（监）测系统、海岛监视监测系统、中国志愿观测浮标、中国志愿船队、中国漂流浮标网和中国 Argo 实时海洋观测网等。目前，我国参与国际大科学计划（国际 Argo 计划）建设的中国 Argo 实时海洋观测网，仍有 100 多个浮标在正常工作，计划适时增加到 400 个，约占全球 Argo 实时海洋观测网中浮标总数的 1/10；此外，我国也已开始布放生物地球化学（BGC）剖面浮标和深海型剖面浮标，并参与 DEEP-Argo 和 BGC-Argo 等的组织实施。中国漂流浮标网和海洋机动观（监）测系统，其中标准海洋断面和海洋生态监测点网的主要工作是业务化海洋调查，在本工程中开展船载调查能力和实验室环境分析能力的建设。全球海洋观（监）测能力重点建设中国太平洋观测系统、中国印度洋观测系统、"一带一路"沿线观测系统、小岛屿国家岛礁生态联测系统和远洋航次业务化观测系统。

数据应用服务能力建设，重点开展数据传输网（含传输网络系统、数据传输系统、运行监控系统）、综合信息系统、预报警报与辅助决策系统的软硬件建设，通信能力覆盖所有观测站位和应用节点，信息处理能力覆盖全部观（监）测要素，开发新预报产品，增强现有预报能力，提供新的辅助决策产品。

业务运行与管理能力建设包括国家海上综合实验场、海洋监测实验室能力建设、全网装备管理及运行状态监控系统、海洋观（监）测装备质量保障能力。

通过以上建设，实现覆盖我国 $300 \times 10^4 \ km^2$ 管辖海域的三维海洋环境立体结构、海洋生物化学、海岛生态等多源信息多要素、全天候、全自动感知能力；实现西太平洋、印度洋等重点关注海域海洋水文气象、海洋生态、海洋化学等信息的准实时观测监测能力；在"一带一路"沿线形成持续和立体的海洋环境感知能力；形成海洋环境预报、海洋生态环境监测等公共服务产品的传播和服务能力。

全球海洋立体观测网工程完成后，在研究与应对全球气候变化过程中将起到关键作用。在我国管辖海域（黄海、渤海、东海、南海和台湾以东海域），提升业务化海洋站网能力，加强气候观测能力，开展海平面变化、海洋酸化等与气候变化相关的海洋变量的长期、连续观测，增强对气候变化在我国近海所造成影响的认识和应对能力，表现在以下 3 个方面：一是全球气候变化将引发更多或者更强的海洋灾害，海洋防灾减灾是应对气候变化的主要工作之一。全球海洋立体观测网工程建设的观（监）测能力覆盖了沿岸的风暴潮高发区和危险区，沿海的台风路径区、大风和大浪分布区，赤潮高发区，绿潮监控区，重大城市群，主要河口区，海冰发生区，海啸潜在风险区等重点关注区，显著强化我国对风暴潮、台风、巨浪、海冰、海啸、赤潮和绿潮、咸潮、海水入侵和土壤盐渍化等海洋灾害和海洋气象灾害的防灾减灾能力；二是全球海洋立体观测网工程建成后，可为近岸重大海洋工程、滨海旅游、海水增养殖业、海上石油平台、海上交通运输等都提供精细化海洋水文气象环境观测预报保障，可以强化我国海洋经济活动应对气候变化的能力；三是全球海洋立体观测网工程开展了海岛监视监测能力建设，增强我国掌握海岛及周边海域自然形态变化、开发利用动态、生态系统健康状况的能力，为实施以生态系统为基础的海岛保护与管理提供支撑，增强我国在海岛生态系统保护方面应对气候变化的能力，有效支撑海洋生态文明建设。

在大洋重点关注海域（西北太平洋、北印度洋、"一带一路"沿线），持续开展在热带太平洋、西北太平洋暖池区、印度洋季风区的海洋环境、海气通量及气候要素的观测，显著强化业务化海洋环境观（监）测能力，进而增强我国认识和应对全球气候变化的能力，并帮助相关国家提升海洋减灾防灾及应对气候变化的能力：一是可显著增强我国对厄尔尼诺/拉尼娜现象、太平洋台风生成和传播、西北太平洋季风、印度洋季风等的观测和预报能力。热带太平洋发生的厄尔尼诺/拉尼娜现象，对我国及东亚地区极端天气过程（如洪涝、干旱、低温等）、西太平洋台风活动、中国近海环流等产生复杂影响，是我国短期气候预测的主要因子。台风活动严重影响我国沿海地区。印度洋季风对我国华南地区气候影响剧烈。上述过程的长期实时监测，能显著增强我国海洋环境预报能力，对我国的应对气候变化工作意义重大；二是上述海域的长期海洋环境观（监）测数据，是研究和解决海洋与全球气候变化、全球大洋环流、海洋酸化、黑潮和西边界流、印—太洋际交换、海洋生物多样性等我国和全球共同关注的重大海洋科学问题的基础。

南极、北极因其特殊的地理环境，在全球气候变化中起着极其重要的作用。南极拥有丰富的资源和潜在的开发利用前景，开展极地资源潜力调查与环境观测是研究和应对全球气候变化、开发利用极地资源、参与国际治理的重要基础，建立长期、系统和网络化的综合观测与应用服务系统，具有重大的科学和现实意义。"雪龙探极"是我国"十三五"规划实施的重大工程及项目之一，也是自然资源部"十三五"实施的海洋重点工程之一，具体包括新建南北极科考站，新建极地破冰船，形成极地考察船队；组建南极航空队、构建极地区域的陆—海—空观测平台；建立适用于极地环境的空间、遥感、冰雪和海洋探测技术及装备支撑体系；建立长期、系统和网络化的极地综合观测与应用服务系统等。

该工程以认知海洋与气候变化为根本宗旨，以认识极地、保护极地、利用极地为根本遵循，以"认知极地"为工程建设核心，依托现有南北极考察工作基础，统一规划，统一建设，统一管理，建成业务化运行的南北极观测系统和运行支撑保障体系，支撑我国在海洋权益、北极航道综合利用和海洋资源开发中的权益，与国际社会共同解决应对全球气候变化等重大科学问题，提高我国在极地治理中的能力。初步建成规模适当布局合理的南极观测网和北极观测网，实现南极观测网和北极观测网的业务化运行，建成极地观测系统业务化运行保障支撑体系和应用服务平台。

深海及海底科学是全球气候变化研究的重要组成部分。深海环境和深海物质对全球气候变化有着多种影响。海底地形地貌特征，如深水海峡、陆坡、海山等，决定了深海环流的时空结构复杂多变，而深海环流作为全球的输运带，调制着全球热盐、碳、氧、营养盐等物质能量的再分配，影响着海表动力环境及海气相互作用，深海底部释放的甲烷的分解过程，造成了局部海底贫氧和海洋酸化，必然引起潜在的气候和环境效应。因此，通过对深海海底边

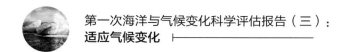

界层温、盐度等环境要素，甲烷、二氧化碳、热液、浊流、沉积等深海物质，以及深海生态系统的变化和循环进行探测与深入研究，将对深海动力环境、底质环境变化规律和时空变率机制研究具有重要意义。

"蛟龙探海"工程是国家深入参与深海国际治理、保障深海活动安全以及推动海洋综合可持续发展的战略需要，被《国民经济和社会发展第十三个五年规划纲要》中明确列为海洋重大工程之一，旨在通过"突破深海实验平台建造关键技术，建造深海移动式和坐底式实验平台，研发集深海环境监测和活动监测于一体的深海探测系统"。

"蛟龙探海"工程的建设将增加全球大洋调查和深海探测的装备能力，可为全球气候变化信息获取提供技术支撑；建设形成的深海综合观测业务化示范系统，将大幅度提升我国对深海剖面和海底环境的业务化观测能力，不仅直接有助于中低纬度海气相互作用过程以及"地球第四极"深渊极端环境多学科相互作用的研究，还将促进全球海洋综合立体观测体系在大洋布局的不断完善，为全球气候变化研究提供更佳的数据信息。

3）未来的大深度大尺度同步观测

未来的海洋观测正在向着更深、更广以及多尺度相互作用等方面发展，具体体现在以下3个方面：

一是国际 Argo 计划的拓展，将会构建一个覆盖范围更大、涉及领域更广、测量剖面更深和观测时域更长的全球实时海洋观测网。过去上百年的海洋观测 90% 以上都是集中在上层海洋（1 000 m 以上），且观测剖面较少，而 Argo 计划的初期目标就是针对次表层 2 000 m 以上的观测，大大弥补了 1 000 m 水深以下海洋观测的空白。自 2000 年国际 Argo 计划启动以来，在美、日、法、英、德、澳和中国等 30 多个国家和团体的共同努力下，已于 2007 年 10 月在全球无冰覆盖的开阔大洋中建成由 3 000 多个 Argo 剖面浮标组成的实时海洋观测网（简称"核心 Argo"），用于监测上层海洋内的海水温度、盐度和海流，帮助人类应对全球气候变化，提高防灾抗灾能力，以及准确预测诸如发生在太平洋的台风和厄尔尼诺等极端天气 / 海洋事件等。这是人类历史上建成的首个全球海洋立体观测系统。10 余年来，各国在全球海洋布放的自动剖面浮标数量超过 13 000 个，已累计获得了约 180 万条温、盐度剖面，远超过过去 100 年观测收集的总量，且资料实现了免费共享。这不仅是海洋观测技术的一场革命，更是观测网共建共享、人类和谐共存，体现"划时代"意义的一次伟大实践。目前，国际 Argo 计划正从"核心 Argo"向"全球 Argo"（即向季节性冰覆盖区、赤道、边缘海、西边界流域和 2 000 m 以下的深层海域，以及生物地球化学等领域）拓展，逐步形成了 BGC-Argo 和 Deep Argo 等两个子计划，最终将建成由 4 700 个自动剖面浮标组成的覆盖水域更深、涉及领域更广、观测时域更长的真正意义上的全球 Argo 实时海洋观测网。海量观测资料已广泛应用于世界上众多国家的业务化预测预报和基础研究，并服务于应对全球气候变化及防御自然灾害工作。

近年来，同化 Argo 温度资料成为众多气候模式的选择，能大幅度提升对大气季节内波动、季风活动以及海气相互作用（如 ENSO）等问题的模式预报能力。随着 Argo 技术的不断升级，研究领域和范围也在不断拓展。例如，生物化学领域，配备溶解氧、硝酸盐、叶绿素 a 和 pH 等生物地球化学要素传感器的新型浮标已经开始投入使用，能从物理角度监测海洋环流对气候态关键生物地球化学过程（如碳循环、海洋缺氧和海水酸化等）的影响，而观测结果也有助于提高生物地球化学模式的模拟能力。此外，深海领域探索技术也有重大突破。全球海洋立体观测体系的重点工程建设鉴于目前的 Argo 主要针对 2 000 m 以上的观测，美国已成功开发达 6 000 m 水深的深海型剖面浮标（每 15 天完成一次剖面），目前正在南大洋开展试验应用，Deep Argo 子计划应运而生，设计投放 1 200 个深海型剖面浮标（Voosen，2017），实现对深海 5°×5° 范围每 15 天一次的同步监测（Johnson et al.，2015），建成后的该观测网每年获取的深海剖面数据量，相当于过去 30 年来 WOCE、CLIVAR 等计划累计取得的 CTD 剖面数量的总和，这将首次实现人类对深海海洋热含量变化的密集监测，必将为整个海洋热含量与热比容导致的海平面上升方面的研究提供大量基础数据，从而加深人们对全球海洋热含量及其海平面上升变化的认知。

二是未来的海洋观测将更加注重热带和南北极的大范围同步监测，我国也制订了相关计划。其中在热带海域，配合国际上正在设计、推动的 TPOS 2020 计划（Tropical Pacific Observing System 2020 project），我国已经提出了"大十字"（Big-Cross）计划（图 8.6），将在菲律宾以东海域，建设一个由 19 套锚碇浮潜标组成的观测阵列，监测并研究西太环流系统、ENSO 东亚季风以及台风演变及其对我国的影响，提高我国对 ENSO 和台风等的预报能力；在极地海域，提出了南极"大圆环"（Big-Ring）计划（图 8.6）和北极"大回圈"（Big-Loop）计划，前者将在绕极流海域布放 6 套锚碇浮潜标，配合自动剖面浮标和水下滑翔机等移动平台以及多个重复断面，监测南极海冰融化后南极底层水的变化；后者将由锚碇浮标、冰浮标/潜标以及近岸观测站对环北极海域以及海冰开展密集监测。南北极计划的实施将有利于监测南北极的海冰和环流与温盐的变化，有望提高对未来气候变化的监测和预测能力。

三是深化针对各尺度相互作用的观测与机理研究，过去的气候变化研究已经覆盖了多种时间尺度（如板块尺度、冰期旋回、年代际、多年代际、年际、季节、月、日和潮汐、湍流等）的变化，对应的海洋和大气的空间尺度也涵盖了全球、海盆、中尺度、亚中尺度、小尺度和微结构（湍流混合）等，未来将进一步深化各个尺度间的互相影响以及能量转换（Energy Cascade）的研究（Ferrari et al.，2009；Garabato et al.，2004）。发起海气界面漂流观测计划，升级现有表面漂流观测计划（GDP），实现全球重点关注区域高时空分辨率的海气界面漂流观测；并在西太平洋、印度洋、南北两极等气候变化敏感海域，利用我国自主研发且成熟的漂流式海气通量浮标，按照 3°×3° 的网格密度建设，拓展我国在上述海域的海气界面观测能力；获取高时空分辨率的海气界面风速、风向、气温、气压、相对湿度等气象参数和海表层温度、盐度和流速等水文参数，与锚系浮标互为补充，提升厄尔尼诺、台风生成与传播、季风等的观测能力，促进海气相互作用、南北极气候效应和全球气候变化等的研究。

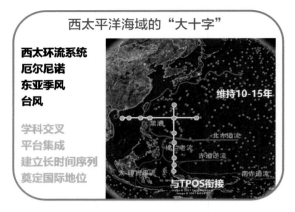

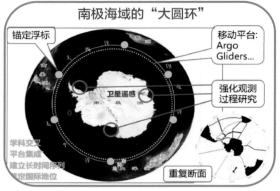

图8.6　西太平洋海域的"大十字"（上）及南极海域的"大圆环"（下）观测计划

4）数值预报预测系统的未来设计

为满足防灾减灾的需求，响应我国应对全球气候变化的总体战略，我国的海洋预报特别是海洋气候预测预报围绕以下3个目标发展。

一是针对我国海洋数值预报主要预报因子，根据时空区域特点，建立包含南北极的全球范围、重点海域与重要航道等远海区域、中国近海各主要海区，以及我国近岸各重点区域的数值预报业务化系统技术标准或规范。利用各类观测数据，建立规范典型个例与连续后报环境与观测数据集，规范计算平台，建立或完善标准检验体系，实现同一区域、同一预报量检验标准相同。并以此为依据，进行数值预报系统准入、升级许可评价。

二是基于高速互联、云技术、数据库、地理信息系统等技术，综合各涉海业务预报部门，建立集约化、专业化硬软件平台，并结合各级预报单位计算资源，研究云处理方案。建立数值预报数据中心及产品统一发布平台，各级多类用户终端。并借助该平台，大幅度提高数值预报模式之间初始、边界、强迫场等数据衔接效率与反馈效率。

三是着力发展同化技术、集合预报技术、释用技术等，引进与升级数值预报模式，拓展基于数值预报的定点预报、统计预报、概率预报、气候预测产品。与此同时，增强海洋数值模式自主开发能力，开发具有独立自主知识产权的边缘海与大洋数值模式，提高海洋数值预报业务化系统自主能力，推进自主模式业务化应用，提高我国在海洋数值预报领域的国际地位。

5）体系建设和产品制作分发系统

在积极应对气候变化战略背景下，到2020年末，我国应建立技术先进、支撑完备、布局合理、制度明晰的全球大洋、中国近海海区、近岸重点保障区域等多级集约化数值预报系统体系。做好体系建设和产品制作与分发系统：

一是国家海洋与气候数值模式体系建设。①在海洋环流模式领域，自主建立全球海浪—潮流—环流耦合业务化数值预报模式，分辨率从目前的10 km逐步提高到5 km以下，甚至亚公里尺度；区域海洋环流模式，自主建立内波—海浪—潮流—环流耦合业务化数值预报模式，分辨率从目前的5 km逐步提高到1 km甚至亚千米尺度；建立海洋生态模式、沉积动力模式、海洋声场模式等，支撑海洋生态保护、海岸带综合管理及海洋安全保障。②台风与季风预报模式。在台风、风暴潮和巨浪模式发展方面，突破各种台风强度预报偏差瓶颈，并转入业务化保障运行；提升海气通量的科学认知，提升影响我国的季风系统预报能力。③在气候模式发展领域，提升全球气候模式的分辨率至10 km量级，完善海气通量过程的科学认知，大幅度降低气候模式热带偏差等共性偏差。纳入全球海洋生态模式，为生态保护与规划提供科技支撑；④最终的目标是建立自主的、从天气、短期气候到长期气候预测预报的无缝预报系统。

二是产品制作与分发。①自主制作国际先进水平的全球海洋再分析资料产品；自主制作国际先进水平的全球气候系统再分析资料产品；②制作海洋与气候系统预测预报产品；③对"一带一路"沿线海域相关国家发布再分析和预测预报产品；对全球发布再分析和预测预报产品。服务于海洋减灾防灾、气候变化应对、海洋生态系统保护及海上安全等。

6）建立海洋综合决策服务平台

围绕海洋政务管理服务方面的需求，建设海域海岛管理、海事、海上交通、海洋气象、渔业等综合管理系统；建立海洋经济运行评估系统；建立海洋资源环境安全预测预警系统；建立海洋综合管控辅助决策平台，实现与国家安全平台、国家应急平台体系以及国家突发事件预警信息发布系统的互联互通，提高海洋事务科学决策与精细化能力管理水平；围绕海洋渔业、海洋交通运输、海洋石油、海上新能源开发、海洋生物资源利用、深海开发等需求，建设全球航海运营、海上岛际通航、海上安全交通、面向经济开发和支援保障的岛礁、海上及海岸重大工程保障、精细化管理的信息服务系统；建设基于智能浮式平台的海洋旅游、智能深海渔业牧场、海洋矿产资源开发应用系统；围绕海洋防灾减灾、海上失事目标搜救、海上突发事件的应急、海洋信息开放等公共服务需求，研发台风、海啸、地震、赤潮等海洋防灾减灾与海洋危化品泄漏、溢油等突发事件应急、海洋立体搜救、海洋信息预报等应用系统，构建海上北斗定位增强及应用服务系统，建设公共信息服务平台，建立社会公众提供综合信息和科普服务平台。开发多元化、精细化、智能化信息服务产品，提升海洋公共服务能力。围绕对海洋环境的认知，提高海洋研究能力，强化海洋生态保护与建设，加强海洋生态文明建设的需求，开展海洋动力环境过程与机理、生物多样性与海洋环境保护、海洋生物和海水化学资源利用、海洋环境预报警报保障、军事海洋学应用、全球气候变化及对策响应等重大

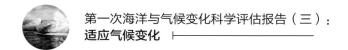

海洋过程及问题研究。实施蓝色海湾整治、南红北柳湿地修复、生态岛礁等项目，提高海洋生态环境质量。

建立分布式海洋大数据中心，构建海洋云。构建一个能够有效支撑应用互联、数据互通、用户体验一致、信息架构随需应变、资源易于管控、服务开放共享的应用集成平台。通过"平台＋应用""数据＋服务"的指导思想来规划总体架构，将业务逻辑与应用支撑进行分离，业务逻辑由应用实现，应用支撑由技术平台实现，建立随需应变的信息化架构。当业务需求变化时，能快速地满足业务变化的要求，同时能够降低成本，提高效益。建立分布式海洋大数据中心，显著提升海洋信息资源的深度融合和共享服务水平。推进数据资源整合。充分利用涉海部门现有的各类信息资源，开展海洋数据资源体系建设，推动海洋数据资料整合，定期发布共享数据清单和数据集，实现海洋数据资料的高效汇聚管理。增强海洋数据处理与管理能力。加强海洋大数据的挖掘分析与共享开放。建设海洋资源环境大数据、经济社会大数据、目标安全大数据等的处理分析系统，实现海洋信息的增值服务。搭建海洋数据共享与数据交换系统，面向行业、军民、社会公众和国际组织，开展数据共享交换服务。建设规范安全、标准统一的集计算云、数据云、应用云于一体的国家海洋云平台，实现各类基础设施资源、数据资源和应用系统资源等的按需分配使用和有效管理。按照国家信息与系统灾难恢复标准有关要求，建立异地容灾备份中心，提升异地容灾备份能力，实现海洋大数据中心的数据库系统和应用系统的安全有效备份。

未来海洋部门的大部分应用系统都能够在上述平台上进行设计、开发和运行，并遵循应用平台、数据平台所制定的相关标准，数据、流程、规则、服务、应用、展现均统一部署，集中管理。整合海洋与高影响行业数据，推进海洋与应急、交通、环保、工程建设等数据的共享交换与融合应用，打造"互联网＋海洋"服务的一体化技术架构和平台支撑体系，面向用户构建智能集约的综合业务管理平台，满足大数据时代海洋公共服务的需求。围绕海洋与气候变化研究的大背景，建设全球海洋和海洋气候资料中心，开展全球海洋资料的业务化收集、整合处理和质量评估，推动国家间海洋资料智能镜像同步共享，逐步引领国际海洋资料交换合作规则和发展导向。发展海洋观测资料综合分析技术，完善海洋预报模式，发展海面风、海浪、潮汐、温度、盐度、海流和海冰，以及生态要素等海洋环境精细化预报预测技术，研发海洋环境评估技术。

参考文献

陈志华, 赵进平. 2010. 北冰洋次表层暖水形成机制的研究. 海洋与湖沼, 2: 167–174.

周天军, 宇如聪, 李薇, 等. 2001. 20 世纪印度洋气候变率特征. 气象学报, 59: 257–270.

赵进平, 史久新, 矫玉田. 2003. 夏季北冰洋海冰边缘区海水温盐结构及其形成机理的理论研究. 海洋与湖沼, 34: 375–388.

赵进平, 史久新, 王召民, 等. 2015. 北极海冰减退引起的北极放大机理与全球气候效应. 地球科学进展, 9: 985–995.

曹勇, 赵进平. 2011. 2008 年加拿大海盆次表层暖水的精细结构的研究. 海洋学报, 33: 11–19.

Bentsen M, Drange H, Furevik T et al., 2004. Climate Dynamics, 22: 701–720.

Boyce D G, Lewis M R, Worm B. 2010. Global phytoplankton decline over the past century. Nature, 466: 591–596.

Cai W, Coauthors. 2013. Projected response of the Indian Ocean Dipole to greenhouse warming. Nature Geoscience, 6: 999–1007.

Cai W, Cowan T, Sullivan A. 2009. Recent unprecedented skewness towards positive Indian Ocean Dipole occurrences and its impact on Australian rainfall. Geophysical Research Letters, 36(11): 245–253.

Cai W, Qiu Y. 2013. An Observation-Based Assessment of Nonlinear Feedback Processes Associated with the Indian Ocean Dipole. J Climate, 26: 2880–2890.

Chen X, Tung K K. 2014. Varying planetary heat sink led to global-warming slowdown and acceleration. Science, 345: 897–903.

Cheng X, Xie S P, Du Y et al., 2016. Interannual-to-decadal variability and trends of sea level in the South China Sea. Climate dynamics, 46(9–10): 3113–3126.

Cheng X, Qi Y. 2007. Trends of sea level variations in the South China Sea from merged altimetry data. Global Planet Change, 57: 371–382.

Desbruyeres D, Mcdonagh E L, King B A, et al., Global and full-depth ocean temperature trends during the early 21st century from Argo and repeat hydrography. J Climate, 2017, 30(6): 1985–1997.

Du Y, Xie S P, Gang H et al., 2009. Role of Air–Sea Interaction in the Long Persistence of El Niño–Induced North Indian Ocean Warming. J Climate, 22: 2023–2038.

Du Y, Qu T. 2010. Three inflow pathways of the Indonesian throughflow as seen from the simple ocean data assimilation. Dyn Atmos Ocean, 50: 233–256.

Du Y, Xie S P, Yang Y et al., 2013. Indian Ocean Variability in the CMIP5 Multimodel Ensemble: The Basin Mode. J Climate, 26: 7240–7266.

Fang G, Chen H, Wei Z et al., 2006. Trends and interannual variability of the South China Sea surface winds, surface height, and surface temperature in the recent decade. Journal of Geophysical Research: Oceans, 111(C11).

Ferrari R, Wunsch C. Ocean Circulation Kinetic Energy: Reservoirs, Sources, and Sinks. Annual Review of Fluid Mechanics, 2009, 41(41): 253–282.

Garabato A C, Polzin K L, King B A et al., Widespread Intense Turbulent Mixing in the Southern Ocean. Science, 2004, 303(5655): 210–213.

Gordon A L, 2005. Oceanography of the Indonesian Seas and their throughflow. Oceanography, 18:14–27.

Guan Z, Yamagata T. 2003. The unusual summer of 1994 in East Asia: IOD teleconnections. Geophys Res Lett, 30(10): 235–250.

Hopkins M A, Thorndike A S. 2006. Floe formation in Arctic sea ice. Journal of Geophysical Research: Oceans, 111(C11), doi:10. 1029/2005JC003352.

Huang B H, Kinter J L. 2002. Interannual variability in the tropical Indian Ocean. Journal of Geophysical Research, 107(C11): 20–1–20–26.

Huang G, Hu K M, Xie S P. 2010. Strengthening of Tropical Indian Ocean Teleconnection to the Northwest Pacific since the Mid-1970s: An Atmospheric GCM Study*. J Climate, 23: 294–5304.

Hunke E, Notz D, Turner A et al., 2011. The multiphase physics of sea ice: A review for model developers. The Cryosphere, 5(4): 989–1009.

Johnson G C, Lyman J M, Purkey S G et al., Informing Deep Argo Array Design Using Argo and Full-Depth Hydrographic Section Data. J Atmos Ocean Tech, 2015, 32(11): 2187–2198.

Latif M, Barnett T P. 1996. Decadal Climate Variability over the North Pacific and North America: Dynamics and Predictability. J Climate, 9: 2407–2423.

Le Reste S, Dutreuil V, Andre X, Thierry V, Renaut C, Le Traon P-Y, Maze G (2016) "Deep-Arvor": a new profiling float to extend the Argo observations down to 4 000 m depth. J Atmos Ocean Tech, 33(5):1039–1055. doi:10.1175/JTECH-D-15-0214.1.

Levitus S, Antonov J, and Boyer T. 2005. Warming of the world ocean, 1955–2003. Geophys Res Lett, 32: L02604.

Li G, Xie S P, Du Y. 2016. A Robust but Spurious Pattern of Climate Change in Model Projections over the Tropical Indian Ocean. J Climate, 29: 5589–5608.

Liu W, Xie S P, Lu J. 2016. Tracking ocean heat uptake during the surface warming hiatus. Nature commun, 7: 10926.

Liu J, Curry J A, Wang H et al., 2012. Impact of declining Arctic sea ice on winter snowfall. Proceedings of the National Academy of Sciences, 109(11): 4074–4079.

Luo Y, Rothstein L M, Zhang R H. 2009. Response of Pacific subtropical-tropical thermocline water pathways and transports to global warming. Geophys. Res. Lett, 36: L04601.

Mantua N J, Hare S R, Zhang Y et al., 1997. A Pacific interdecadal climate oscillation with impacts on salmon production. Bull. Amer Meteor Soc, 78: 1069–1079.

Markus T, Stroeve J C, Miller J. 2009. Recent changes in Arctic sea ice melt onset, freezeup, and melt season length. Journal of Geophysical Research: Oceans, 114(C12), doi:10.1029/ 2009jc005436.

Marshall J, Radko T. 2003. Residual-mean solutions for the Antarctic Circumpolar Current and its associated overturning circulation. Journal of Physical Oceanography, 33: 2341.

Massonnet F, Goosse H, Fichefet T et al., 2014. Calibration of sea ice dynamic parameters in an ocean sea ice model using an ensemble Kalman filter. Journal of Geophysical Research: Oceans, 119(7): 4168–

4184.

Meijers A J S, Bindoff N L, Rintoul S R. 2011. Frontal movements and property fluxes: contributions to heat and freshwater trends in the southern ocean. Journal of Geophysical Research Atmospheres, 116(C8): 239–255.

Peng D, Palanisamy H, Cazenave A et al., 2013. Interannual sea level variations in the South China Sea Over 1950—2009. Mar Geod, 36(2): 164–182.

Potemra J T. 2005. Indonesian throughflow transport variability estimated from satellite altimetry. Oceanography, 18, 98–107, doi: 10.5670/oceanog.2005.10.

Screen J A, Simmonds I. 2010. The central role of diminishing sea ice in recent Arctic temperature amplification. Nature, 464 (7293): 1334–1337.

Seager R, Simpson I R. 2016. Western boundary currents and climate change, J. Geophys. Res. Oceans, 121, doi:10.1002/2016JC012156.

Sen Gupta, Ganachaud A A, Mcgregor S et al., 2012. Drivers of the projected changes to the Pacific Ocean equatorial circulation. Geophysical Research Letters, 39(9): 9605.

Sen Gupta A, Mcgregor S, Sebille E et al., 2016. Future changes to the Indonesian Throughflow and Pacific circulation: The differing role of wind and deep circulation changes. Geophysical Research Letters, 345(4).

Sévellec F, Fedorov A V. 2011. Stability of the Atlantic meridional overturning circulation and stratification in a zonally averaged ocean model: Effects of freshwater flux, Southern Ocean winds, and diapycnal diffusion. Deep Sea Research Part II, 58(17–18): 1927–1943.

Smeed D A, Mccarthy G D, Cunningham S A et al., 2014. Observed decline of the Atlantic meridional overturning circulation 2004—2012. Ocean Science, 10(1), 29–38.

Sokolov S, and Rintoul S R. 2009. Circumpolar structure and distribution of the antarctic circumpolar current fronts: 1. mean circumpolar paths. Journal of Geophysical Research Atmospheres, 114(C11): 56–57.

Song X, and coauthors. 2018, China's vision towards the Tropical Pacific Observing System 2020, CLIVAR Exchanges, 75, 6–12.

Thompson B, Tkalich P, Malanotte-Rizzoli P. 2017. Regime shift of the South China Sea SST in the late 1990s. Climate Dynamics, 48(5-6): 1873–1882.

Tokinaga H, Xie S P, Desser C et al., 2012. Slowdown of the Walker circulation driven by tropical Indo-Pacific warming. Nature, 491: 439–443.

Voosen P. Billionaire's gift pushes ocean sensors deeper. Science. 2017, 357(6355): 956–957.

Wang G, Xie S P, Huang R X et al., 2015. Robust warming pattern of global subtropical oceans and its mechanism. J. Climate, 28: 8574–8584.

Wu L, Cai W, Zhang L et al., 2012. Enhanced warming over the global subtropical western boundary currents. Nature Climate Change, 2: 161–166.

Wang G, Cai W, Santoso A. 2017. Assessing the Impact of Model Biases on the Projected Increase in Frequency of Extreme Positive Indian Ocean Dipole Events. J Climate, 30: 2757–2767.

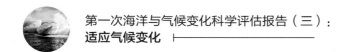
Wang X, Zhao J. 2012. Seasonal and inter-annual variations of the primary types of the Arctic sea ice drifting patterns. Advances in Polar Science, 23: 72–81.

Xie S P, Annamalai H, Schott F A et al., 2002. Structure and mechanisms of South Indian Ocean climate variability. J Climate, 15: 864–878.

Xie S P, Du Y, Huang G et al., 2010. Decadal Shift in El Nino Influences on Indo-Western Pacific and East Asian Climate in the 1970s. J Climate, 23: 3352–3368.

Xie S P, Deser C, Vecchi G A et al., 2010. Global warming pattern formation: Sea surface temperature and rainfall. J. Climate, 23: 966–986.

Yang H, Lohmann G, Wei W et al., 2016. Intensification and poleward shift of subtropical western boundary currents in a warming climate, J. Geophys. Res. Oceans, 121: 4928–4945.

Zheng X T, Xie S P, Du Y et al., 2013. Indian Ocean Dipole Response to Global Warming in the CMIP5 Multimodel Ensemble. J Climate, 26: 6067–6080.

第9章
海洋领域应对气候变化
综合战略*

海洋变暖使海洋和沿海生态系统面临不可逆的风险，例如海平面上升、极端灾害过程增加等。由于海洋变暖和酸化，以大堡礁为代表的海洋珊瑚礁系统已经经历了连续3年大规模白化事件。《巴黎协定》建议各方将以"自主贡献"的方式参与全球气候变化应对，把全球平均气温较工业化前水平升高幅度控制在2℃以内，并把温度升幅控制在1.5℃之内而努力。应对气候变化逐渐成为高质量发展的重要组成部分，亟需增强各领域应对气候变化创新能力。然而，我国海洋领域应对气候变化工作仍面临巨大挑战，如综合管理机制仍有待完善，相关规划统筹亟需加强，业务体系需要进一步完备，科技支撑和能力建设需要进一步提高，对沿海地区经济社会发展和涉海产业发展支撑能力需进一步加强。按照生态文明建设的"六项原则"要求，海洋领域应对气候变化的根本目标为：对内服务于气候变化管理和产业调整服务，对外为中国"国家自主贡献"和气候谈判提供支撑，丰富蓝色伙伴关系的内涵和实质内容。基于此，本章建议海洋领域应对气候变化应当推动海洋蓝色碳汇发展、推广海洋可再生能源的应用、支撑沿海地区和涉海产业发展、防范沿海重大工程的气候变化风险、与生态文明融合发展、强化顶层设计、加强能力建设和拓展国际合作等。为保障上述措施的推进和实施，宜加强组织领导、推进基地平台建设、加大人才培养力度、提高公众意识和完善资金运用机制。

* 首席作者：乔方利[1] 于卫东[2] 彭本荣[3] 李明杰[4]

贡献作者：袁玲玲[5] 程旭华[6] 张贤[7] 樊静丽[8] 姜民[9] 王祎[9] 石立坚[10] 裘婉飞[4] 宋翔洲[6,11]

[1. 自然资源部第一海洋研究所 青岛 266061；2. 国家海洋环境预报中心 北京 100081；3. 厦门大学 厦门 361005；4. 自然资源部海洋发展战略研究所 北京 100161；5. 国家海洋标准计量中心 天津 300112；6. 河海大学 南京 2100985；7. 中国21世纪议程管理中心 北京 100038；8.中国矿业大学（北京）北京 100083；9. 国家海洋技术中心 天津 300112；10. 国家海洋卫星应用中心 北京 100081；11. 自然资源部国土空间规划局 北京 100812]

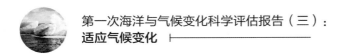
9.1 形势与需求

9.1.1 海洋领域应对气候变化是实现国家可持续发展目标的内在要求

全球气候变化正在威胁着人类社会可持续发展。联合国政府间气候变化专门委员会（IPCC）发布的 1.5℃特别报告显示，2006—2015 年，全球地表平均温度较 1850—1900 年上升了 0.87℃，如果气候继续变暖，预计全球气温在 2030—2052 年间会比工业化前水平升高 1.5℃。我国人口众多，气候条件复杂多变，是易受气候变化影响的脆弱地区。《中国气候变化蓝皮书》指出，1951—2017 年，我国地表年平均温度每 10 年升高 0.24℃，高于同期全球平均水平，2017 年地表平均温度接近 20 世纪初以来的最高值。气候系统的变化对自然和社会经济系统产生重大影响，给人类社会的可持续发展带来巨大挑战。

海洋领域应对气候变化形势严峻。海洋热含量数据显示，2018 年成为有现代海洋观测记录以来海洋最暖的一年。随着海洋变暖，许多海洋和沿海生态系统将面临不可逆的风险。一方面，不断变暖的海洋将持续推升全球海平面，给沿海、低洼和小岛屿地区带来越来越多的气候挑战；另一方面，变暖的海洋拥有更多的能量来源，导致极端天气频发、强度增大，2018 年发生的台风"山竹"、飓风"莱恩"等给登陆地造成了严重的经济和社会损失。此外，由于海洋变暖和酸化，以大堡礁为代表的海洋珊瑚礁系统已经经历了连续 3 年大规模白化事件，IPCC 特别报告显示，如果全球变暖持续，21 世纪末 99% 以上的珊瑚礁系统将白化消亡。

应对气候变化和保护海洋资源对实现可持续发展目标至关重要。联合国 17 项可持续发展目标中，目标 13 旨在"采取紧急行动应对气候变化及其影响"，目标 14 旨在"保护和可持续利用海洋和海洋资源"。实现国家可持续发展目标，就必须应对气候变化挑战，降低气候变化的影响和风险，保护海洋资源和生物多样性，这无疑对海洋领域应对气候变化提出了更高的要求。

9.1.2 海洋领域应对气候变化能力提升是落实应对气候变化国际承诺和引领全球生态文明建设的迫切需求

我国始终积极引导和推动应对气候变化国际合作，率先签署应对气候变化《巴黎协定》，建设性推动联合国卡托维兹大会取得积极成果。《巴黎协定》指出，各方将以"自主贡献"的方式参与全球气候变化应对，要把全球平均气温较工业化前水平升高幅度控制在 2℃以内，并把温度升幅控制在 1.5℃之内而努力。卡托维兹大会固化了 2020 年后"自下而上自主贡献"+"自上而下全球盘点"的国际气候制度安排，趋严趋紧的全球减排目标将不断强化应对气候变化的紧迫性。

面对减排压力，我国政府先后宣布了到 2020 年、2030 年单位国内生产总值二氧化碳排放下降、非化石能源比重增加，以及二氧化碳排放 2030 年左右达峰等目标。为落实减排承诺，我国已把应对气候变化融入国家经济社会发展中长期规划，中央和地方制定并发布了系列专项规划、行动计划及政策措施，促使应对气候变化行动取得一系列成果。同时，我国通过开展减缓和适应气候变化项目、赠送物资、组织培训等方式帮助发展中国家提高应对气候变化能力。

党的十九大报告提出我国"成为全球生态文明建设的重要参与者、贡献者、引领者"的战略定位，明确"绿水青山就是金山银山"的新理念，要求"像对待生命一样对待生态环境"，并指出，我国进入"日益走近世界舞台中央、不断为人类做出更大贡献"的新时代。这就必须要积极采取行动和措施保护生态环境，维护包括海洋在内的各领域生态安全，为支撑我国引领全球气候治理、扩大生态文明建设影响力奠定基础。

9.1.3 海洋领域应对气候变化科技创新是推动绿色低碳转型、实现高质量发展的现实要求

应对气候变化逐渐成为高质量发展的重要组成部分，亟需增强各领域应对气候变化创新能力。我国经济已由高速增长阶段转向高质量发展阶段，正处在转变发展方式、优化经济结构、转换增长动力的攻关期。应对气候变化目标设定范围不断拓展、力度不断加大，已从强度减排发展到强度目标和总量目标双控，正逐渐向定量绝对减排目标转变，减缓和适应气候变化已经成为促进我国高质量发展的重要组成部分。这种转变要求我们在注重经济发展、国力增强的同时，要贯彻新发展理念，注重各领域低碳绿色发展，要提高适应气候变化能力，避免气候变化等非传统安全威胁蔓延，为经济发展方式由高速度向高质量转变提供有力支撑。

海洋领域经济发展是全国经济向高质量发展转变的关键。海洋覆盖地球表面的近3/4，占地球全部水资源的97%，海洋在支撑社会经济发展方面发挥重要作用。《2018中国海洋经济发展指数》显示，2017年，海洋生产总值为77 611亿元，比2010年翻一番，对国民经济的贡献多年来保持在9.5%左右。同时，在全球经济复苏、"一带一路"倡议稳步推进的大背景下，海洋对外开放进一步加快我国的海洋经济将迎来调整发展期。

按照十九大提出的"坚持陆海统筹，加快建设海洋强国"和"加快经济高质量发展"的要求，海洋产业作为海洋经济发展的重要组成部分，亟需加快转换新旧动能，需要不断提升质量效益。这就要求海洋领域提升应对气候变化技术竞争力，强化海洋资源与生态保护，为海洋领域增强科技创新能力、加快海洋经济高质量发展进程提供有力支撑。

9.2 现状和挑战

我国高度重视应对气候变化工作，采取了一系列政策行动，成立了国家应对气候变化领导小组和相关工作机构，积极建设性参与国际谈判。自2007年以来，国家陆续发布并实施《中国应对气候变化国家方案》《"十三五"控制温室气体排放工作方案》《国家适应气候变化战略》和《国家应对气候变化规划（2014—2020）》等系列政策方案，涉及相关法规21项，部门及产业政策43项，行动计划21个，以保障国家和地方适应气候变化的目标有效落实。近年来在海洋领域，我国不断加快推进海洋产业结构和能源结构调整，海洋可再生能源产业已

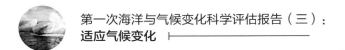
崭露头角，海上天然气水合物开发利用首次实现了商业化试采；初步建立了浅海贝类和藻类固碳潜力评估技术，蓝色碳汇的监测、评估取得一定进展；在海洋碳汇方面开始发挥引领作用，2018年8月，由保护国际基金会、国际自然保护联盟、联合国教科文组织政府间海洋学委员会联合发起的"蓝碳倡议"政策工作组和科学工作组国际会议联合发布了"威海宣言"，强调微生物过程将溶解有机碳转化为难以利用或降解的惰性有机碳是海洋碳封存的重要机制，呼吁加强微型生物碳泵在近海碳循环和碳汇功能的研究；海洋环境保护和生态建设取得阶段性成效，"蓝色海湾"全面推进海洋生态工程建设和近岸海域综合治理与修复，"南红北柳"有效提升湿地及海洋固碳增汇和气候调节等生态服务能力；已初步建立了"天—空—岸—海"立体化的国家全球海洋立体观测网，基本覆盖我国近岸和近海，观测范围拓展至部分重点气候变化关注海域和极地大洋，全球海洋立体观测网、蛟龙探海、雪龙探极等工程开始推进实施；不断发展海洋灾害预报警报技术，构建了多级海洋预报体系，海洋灾害预警和应急管理能力稳步提升，为我国沿海重大城市群防灾减灾、沿海重大工程安全保障、海洋产业可持续发展等应对全球气候变化奠定了基础。

但当前，我国海洋领域应对气候变化工作仍面临巨大挑战，如综合管理机制仍有待完善，相关规划统筹亟需加强，业务体系需要进一步完备，科技支撑和能力建设需要进一步提高，对沿海发展战略和涉海产业发展支撑能力需进一步加强。

9.2.1 综合机制有待完善

原国家海洋局自2008年起承担"组织开展海洋领域节能减排和应对气候变化工作"职能，但长期以来，我国涉海管理分布在多个部门，属"多龙治海"式的多头管理模式，缺乏国家各涉海部门之间以及各部门同应对气候变化主管部门之间的工作对接机制。由于国家层面在海洋气候科研、技术、管理领域存在空白和历史欠账，也缺乏对地方沿海省市开展应对气候变化的综合指导机制。

随着2018年国务院机构改革，原国家海洋局并入新设立的自然资源部，其主要职责之一是"对自然资源开发利用和保护进行监管"，核心是加强自然资源行业监管制度建设，承担山水林田湖草整体保护、系统修复、综合治理，完善自然资源破坏修复制度体系建设，建立国土综合整治和生态修复制度。国家统筹自然资源领域的管理体制为海洋领域应对气候变化工作的提供了新的历史机遇，将有助于海洋领域应对气候变化综合机制进一步完善。

9.2.2 规划统筹亟待加强

应对气候变化是一项覆盖全球区域的复杂且系统的工作，在海洋领域不仅需要做好各科研、技术、业务等环节的衔接，还要考虑国内和国际工作的统筹，积极参与气候与海洋领域的全球治理。在国内，加快推进生态文明建设是积极应对气候变化的必然要求，生态文明建设与应对气候变化二者具有很强的一致性、互补性和协同性。海洋通过其孕育的健康生态系统而支撑海洋生物资源及其多样性，实现了海洋的社会服务功能；而健康的海洋生态系统也增强了海洋的蓝色碳汇功能，有效实现了海洋在减缓气候变化中的重要作用。当前，我国应对气候变化与海洋生态文明建设工作尚未实现有效统筹，体制机制各有分工，资源没有充分共享，尚未实现效益最大化，在这一方面的统筹应率先加强。

同时，我国一直积极参与全球应对气候变化的行动，并在应对气候变化的全球行动中发挥着越来越重要作用。一方面，我国坚持"共同而有区别责任"原则，在国际谈判中坚定维护发展中国家权益，为我国快速发展争取最大的国际空间；另一方面，我国积极响应国际社会关于减少二氧化碳排放、抑制全球快速升温的呼声，做出了与我国自身能力相适应的减排目标承诺，并且认真落实承诺，对国内各相关领域应对气候变化工作做出了全面部署。但由于我国在海洋领域应对气候变化工作起步较晚，距离"在国际社会发出中国声音、为国际社会提出中国方案、在国内统筹涉海领域开展应对气候变化工作"的目标还有很大差距，在国际和国内两方面工作的统筹能力方面亟待加强。

9.2.3 业务体系仍不健全

应对气候变化业务体系涉及教育、科研、技术、观测、预报、政策、应用、宣传、国际合作、国际谈判等多个环节，涉及沿海重大城市、沿海重大工程、海洋产业等多个国家和地方部门，高度交叉与融合。中国气象局在气象领域应对气候变化的业务体系较为完善，建立了天气—气候观测网基础能力设施，建立了国家气候中心、区域气候中心、省级气候中心三级业务化体系，在国内牵头参与联合国气候变化框架公约（UNFCCC）谈判科技咨询工作组工作，在世界气象组织框架下建立了北京区域气候中心并牵头开展亚洲区域气候监测与预测会商等工作。

对比气象领域，海洋领域尚未建立具有针对性的、机制顺畅、功能完备的应对气候变化的业务化工作体系，基本是在原有海洋观测、预报业务体系上进行微调，未建立统一布局、规划合理的海洋气候观测系统，未发展涉及不同学科领域的气候预测模型和形成功能齐全的气候变化观测要素产品，也没有建立全链条的业务化队伍。因此，海洋领域应对气候变化业务体系仍不健全，限制了相关工作的开展。

9.2.4 科技支撑仍然不足

我国在全球和区域气候变化的科学事实、归因和不确定性等重大基础性问题上缺乏自主性成果。受制于海洋气候观测能力薄弱，我国缺乏自工业化以来的连续、高质量海洋观测资料，近年来，我国在气候变化基础理论、海洋观测技术等方面虽然已逐渐减小与国际先进水平的差距，但仍难以在全球海洋温度和热含量升高、海平面上升、海冰减退、海洋酸化、海洋失氧、海洋生物多样性丧失、海洋典型生态系统（珊瑚礁、红树林和海草床等）退化、海洋濒危物种等重大问题上取得自主原创性成果。不仅导致缺乏适应气候变化技术和基础科学理论指导，还导致在利用观测数据支撑气候变化核心事实方面话语权较低，在气候变化国际谈判中无法取得引领性地位，面对不断出现的全球海洋重大议题往往没有主动权，仍处于应对阶段。需

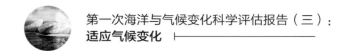
进一步加强海洋观测数据支撑气候预警、预测和预估需要进一步研发和信息共享。

同时，我国在海洋生态系统的气候变化研究还很不充分，在海洋碳汇基本理论、定量方法、标准体系等方面研究不足，海洋典型生态系统恢复和修复任重道远，距离开展蓝色碳汇交易还有较大的差距。鉴于诸多方面的应对气候变化科技支撑能力薄弱，我国在沿海地区发展、海洋能源结构调整、涉海产业升级、海洋生态系统保护、可持续发展等方面还普遍缺乏科技成果转换能力。

9.2.5　能力建设亟待提升

海洋领域应对气候变化能力主要体现在海洋气候数据获取和预测预警产品服务等方面。覆盖我国近海和全球若干重点海域的参数完备、高质量、长期运行的立体海洋气候观测网至关重要。当前，我国的海洋气候观测能力仍然落后，一方面，现有海洋观测网距理想的沿岸、近海的高密度布局距综合气候观测系统需求相去甚远，在临近大洋、两极地区的气候观测能力也严重不足，缺乏长期连续第一手的海洋气候变化观测资料；另一方面，海洋观测要素种类单一，目前主要集中在水文气象等物理要素，严重缺乏海洋生物、海洋生态系统、海洋化学环境和海洋地球生物化学循环的长期、连续、实时观测能力，为评估气候变化对海洋的影响、海洋适应气候变化带来困难。同时，我国自主海洋观测仪器的精度大多不能完全满足气候观测的需求，应用的高精度海洋观测仪器对进口设备依赖程度较大，难以为我国全球气候变化观测研究提供强有力的技术支撑。海洋观测基础能力额不足将导致我国在国际谈判中处于被动地位，难以引导气候变化国际谈判走向。

我国海洋领域气候预测等服务能力薄弱。目前，我国仅有少数科研和业务机构能够开展地球系统模式模拟和预测，而且基本是采用国外通用的模式，严重缺乏自主发展的地球系统模式分量，导致我国在国际减排政策谈判中严重缺少主动权。同时，世界气象组织已经在积极推动建立全球气候服务框架（GFCS），国家气象局也在牵头建设我国的气候服务框架，这是适应气候变化、减少气候灾害和风险的重要手段。但我国海洋领域的气候服务发展相对落后，尚未与国家产业政策、沿海区域发展战略、海岸带发展规划、沿海省市应对气候变化、海洋可再生能源、海洋防灾减灾、可持续发展等重大需求紧密结合起来。

9.2.6　对沿海发展支撑薄弱

我国应对气候变化对沿海社会、经济发展的支撑主要体现在沿海重大城市群防灾减灾、沿海重大工程安全保障、海洋产业可持续发展等方面。

超大城市群（如环渤海、"长三角"、粤港澳大湾区）承载了大量人口，引领我国现代化进程，是我国沿海地区发展战略的重要主体。沿海超大城市群临近海洋，普遍地势低平，易受海平面上升、海洋灾害加剧、近海生态系统退化等气候变化影响。当前，沿海地方政府对适应气候变化工作重要性的认知水平以及制定气候变化适应政策的能力仍存在一定局限，普遍缺乏有效应对气候变化的措施，适应气候变化的研究和实践也相对滞后，气候变化风险将成为沿海城市群未来发展的挑战。

沿海重大工程适应气候变化的适应能力不足。当前，在沿海重大工程设计论证中，缺乏科学利用已有气候变化资料和相关模型进行评估的技术标准或规程，没有充分考虑沿海重大工程所在区域遭受海平面上升、温度升高、海洋酸化、极端气候频发和强降雨等气候变化现象的影响程度。对已建成的沿海重大工程，极端海洋环境的实时监测能力和对于极端天气事件的预警能力也需进一步增强，部分工程不满足应对气候变化的发展要求。

海洋产业主要分布在生态环境极为脆弱的海岸带地区，近年来，同气候变化关联度较大的海洋渔业、滨海旅游业和海洋交通运输业等受全球气候变化的影响愈发明显，但在适应气候变化方面仍面临诸多挑战，如海洋渔业适应气候变化的基础研究和关键技术仍然不足，缺乏创新气候变化下的渔业发展模式；气候变化敏感地区的滨海旅游开发模式尚未调整，海洋旅游产业部门没有系统性的气候灾害应对机制，气候灾害危机管理能力较弱；极端气候事件对海运业相关港口、航道、防波堤、码头仓库、船舶和港口集疏运通道等设施的灾害评估与预警研究也不足。

9.3 指导思想和目标

9.3.1 指导思想

一是坚持"习近平生态文明思想"统领。党的十八大以来，以习近平同志为核心的党中央，以高度理论自觉和实践自觉，把生态文明建设纳入中国特色社会主义事业"五位一体"总体布局中。习近平总书记基于对人类社会发展规律、人与自然关系认识规律、社会主义建设规律的科学把握和深邃洞见，科学概括了生态文明的主要内涵，即新时代推进生态文明建设的"六项原则"。"六项原则"体现了人与自然和谐共生的科学自然观、坚持绿水青山就是金山银山的绿色发展观、良好生态环境是最普惠的民生福祉的基本民生观、山水林田湖草系统治理的整体系统观、用最严格制度最严密法治保护生态环境的严密法治观、世界携手共谋全球生态文明的共赢全球观。"六项原则"形成一个科学严密的逻辑体系，构成了习近平生态文明思想的理论内核，是新时代推进生态文明建设的根本遵循。

二是坚持"减缓与适应"并重。减缓和适应是人类应对气候变化影响的主要方式。沿海地区是我国人口、经济活动和消费活动最密集的地区，也是受气候变化特别是海平面上升和极端天气威胁最严惩的地区。要采取"主动避让""有效适应"和"绿色减灾"等措施，做到减缓与适应并重，有效应对气候变化对沿海地区经济社会和海洋产业的影响。

三是坚持"国际合作与共同应对"原则。有效减缓和应对气候变化，是全人类共同的责任。与全球沿海国家共同应对气候变化，对于我国积极参与全球海洋治理、推动 21 世纪海上丝绸之路倡议的各项合作均具有重要的意义。中国已经设立气候变化南南合作基金，帮助其他发展中国家应对气候变化，其中地震海啸预警、海平面监测等海洋领域应对气候变化合作已成为重要的内容。

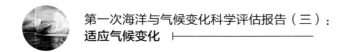
9.3.2 目标

海洋领域应对气候变化的根本目标为：对内服务于气候变化管理和产业调整服务，对外为中国"国家自主贡献"和气候谈判提供支撑，丰富蓝色伙伴关系的内涵和实质内容。主要表现在：

一是助力节能减排和低碳发展的大格局。中国是负责任的发展中大国，是全球气候治理的积极参与者。中国已经向世界承诺将于 2030 年左右使二氧化碳排放达到峰值，并争取尽早实现。中国将落实创新、协调、绿色、开放、共享的发展理念，坚持尊重自然、顺应自然、保护自然，坚持节约资源和保护环境的基本国策，使经济增长方式由高碳经济型向低碳经济型转变，由忽略环境型向环境友好型转变，全面推进节能减排和低碳发展，迈向生态文明新时代。为此，要创新应对气候变化路径，用新的全球视野，实现可持续发展。积极运用全球变化综合观测，特别是海洋领域的全要素观测，以及大数据等新手段，深化气候变化科学基础研究。增强海洋领域脆弱方面的适应能力，大力发展气候适应性海洋经济；

二是履行国际承诺，丰富蓝色伙伴关系内涵。应对气候变化，做好海洋领域应对气候变化的整盘工作是全球性挑战，巨大的资本投入使得这项工作需要国际社会的密切合作。在《巴黎协定》的框架下，不断加强和完善全球治理体系。海洋领域的国际合作既是《巴黎协定》的"受益者"，更是《巴黎协定》的推进者。中国需借助海洋领域低敏感区域合作，引领和推进全球气候变化工作，加强区域性和全球性海洋合作。

9.4　主要任务

9.4.1　强化顶层设计

一是加强体制机制建设。根据自然资源部"两统一"职责，明确其在海洋应对气候变化中的统筹监管作用；在国家应对气候变化领导小组框架内设立海洋应对气候变化协调联络办公室，加强与其他部门间沟通交流和分工合作；建立海洋气候变化专家委员会，为海洋应对气候变化提供决策支持。

二是统筹规划。在我国应对气候变化的国际承诺和国内全面部署基础上，统筹考虑我国海洋经济、产业、技术发展现状和深度参与全球气候与海洋治理的需求，科学规划，系统设计，拟定我国海洋应对气候变化"十四五"规划。

三是政策引导。从经济、科技、金融、财税等各方面制定鼓励政策，合理规划我国海洋经济产业布局，支持海洋应对气候变化领域的科技创新和科研投入，通过金融支持、财税鼓励、产学研结合，加快推动传统产业升级，实现绿色低碳产业转型，促进海洋产业高质量发展。四是健全制度体系。在尊重科学和自然规律的基础上，基于我国经济发展现状和技术现状，建立法律、法规、技术规范、标准等相互协调配套的制度体系，保障海洋应对气候变化各项政策和规划的有效落实。

五是加强人才培养。充分利用涉海高校的优势学科，推进海洋应对气候变化的重点学科和实验室建设，开展有针对性的培养，提高海洋应对气候变化教育水平，鼓励推进联合培养人才模式创新的机制建设，为海洋应对气候变化提供人才和相关的技术支撑。

六是加强公众宣传。增强沿海地区地方政府和公众对于保护海岸带资源和环境、以科学的方式进行海洋管理的意识。

9.4.2 加强能力建设

一是建立海洋气候服务业务化体系。在全球气候服务框架下，建立全国、区域和沿海省市的三级海洋气候服务网络，开展区域和全球气候变化的监测、评估和预测服务，与其他相关部门共同组成中国气候服务框架；硬件建设上，整合、完善现有全球海洋立体观测网、生态监测网、气象观测网，形成布局合理、规模适当、体系完整的中国全球海洋气候立体观（监）测系统，完全覆盖我国管辖海域和西北太平洋、北印度洋和南海（两洋一海）、南北极等重点海域。

二是加强科技体系建设。整合现有资源，推动国家海洋与气候观测系统研发中心和国家海洋与气候预测研发实验室等平台建设，围绕气候变化及应对的基础科学问题、关键观测技术、核心预报模式、先进资料同化技术等建立研发支撑体系，加强观测系统设计、平台建设、仪器设备开发、方法标准研制等研发创新，提高先进仪器设备国产化水平，实现科研与业务的高度融合，通过科技创新推动我国海洋应对气候变化技术发展。

三是建立海洋观测数据共享平台。通过数据共享制度建设、数据传输系统建设和共享平台建设，实现海洋数据的开放、共享和应用，推动全面、系统的气候变化研究，构建成能实现有效支撑应用互联、数据互通、用户体验一致、信息架构随需应变、资源易于管控、服务开放共享的应用集成平台。

四是加强重点工程建设。在"夯实近海、拓展大洋、兼顾两极"指导下，以全球海洋立体观测体系、雪龙探极、蛟龙探海、大深度大尺度同步观测、数值预报预测系统研发、海洋综合决策服务平台建设等重点工程为带动，完善海洋气候服务体系，积极参与和引领全球气候变化国际合作。

9.4.3 与生态文明融合发展

一是推动海洋生物多样性保护行动计划。加大海洋保护区选划力度，提升保护区规范化建设和综合管理水平，建立保护区管理绩效评估体系，制定实施《国家级海洋保护区监督检查办法》，实现国家级海洋保护区规范化能力建设全覆盖。

二是实施海洋蓝色空间保护开发布局规划和海岸带综合利用与保护规划。确定我国海洋重要生态安全区和保护关键区，严格落实海洋生态红线制度、《海洋主体功能区划》和《海洋功能区划》，形成科学合理的海洋空间开发格局，加强海岸防护设施建设，大力开展沿海防护林和基础防护能力建设，合理布局沿海港口、滨海城镇和临港工业区，优化海洋工程建设项目海域使用论证和环境影响评价制度。

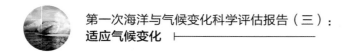

三是提高海洋环境灾害风险防范响应能力。建立海洋环境灾害及重大突发事件风险评估制度，完善海洋生态环境灾害危险源调查技术及标准，开展全国近岸海域海洋污损灾害的危险源普查，开展海洋自然灾害的风险状况调查，划定海洋灾害高风险区。

9.4.4　支撑沿海地区和涉海产业发展

推动海洋产业绿色发展。推动海域资源利用方式向绿色化、生态化、低碳化转变。严格实施海洋功能区划和海洋环境保护规划，加快扶持海洋战略性新兴产业，推进海洋优势产业转型升级。发展海洋循环经济，提高可再生海洋能的开发利用水平。

一是支撑沿海超大城市群的发展战略规划。将气候变化对城市发展的影响、适应对策及防灾减灾作为重要内容，评估沿海超大城市群未来发展中面临的气候变化风险，推动建立低碳城市，将适应气候变化纳入沿海超大城市群和沿海地区的发展战略规划之中，提高沿海地区应对气候变化的能力。

二是完善极端气候灾害应急体制。针对气候变化背景下更加频发的极端气候灾害，健全沿海地区海洋灾害应急预案体系和响应机制，完善海洋领域应对气候变化的服务网络，理顺沿海地区各级应急指挥机构的关系和职能，提高应对海洋灾害对沿海地区影响的能力。

三是开展海洋空间规划，加强海岸带综合管理。有效利用海洋空间规划这一工具，加强海岸带综合管理，开展近海生态系统（红树林、珊瑚礁、海草床等）和生物多样性的保护和修复，提高近海海洋的社会服务功能，更好地支撑沿海经济发展。

9.4.5　加大沿海重大工程的气候变化风险

一是加强基础研究。以气候变化下工程水文观测数据为基础，精确刻画和模拟气候变化下海洋环境变化过程及趋势，形成中国海洋气候变化预测的基础理论和方法体系。

二是建立评估技术体系。建立气候变化对沿海重大工程与区域影响的定量关系和综合评估模型，制定沿海重大工程适应区域气候变化的影响评估国家标准与可操作性评估技术规范及沿海重大工程风险预估技术体系。

三是推进技术研发和应用示范。基于气候变化影响和风险评估结果从而研发沿海重大工程适应气候变化关键技术，推动气候变化条件下极端灾害防御标准修订的及时化和常态化。

四是增强应对气候变化意识。积极宣传气候变化对沿海重大工程影响的相关知识，提高对沿海重大工程应对气候变化的防治规划能力。

五是加快科研基地和人才队伍建设。加快建立针对性的科研基地，加强相关学科和专业的建设力度，完善基础研究平台和气候变化综合观测系统，设立重大研究专项和长期研究支持机制，增强我国沿海重大工程应对气候变化的创新能力。

9.4.6　推广海洋可再生能源的应用

为加快实现我国海洋可再生能源技术产业化进程，从而为减缓气候变化做出更大贡献，建议做好以下几项重点任务。

一是加强海洋可再生能源政策支持力度。将海洋可再生能源发展纳入国家中长期温室气体排放发展战略，稳定行业发展预期，引导国家金融资金和民间资本进入海洋可再生能源开发利用领域，逐步建立多元化的资金投入机制，深入研究电价补贴、税收优惠等激励政策，推动海洋可再生能源纳入国家新能源产业政策体系，促进我国海洋可再生能源产业发展。

二是加快研发符合我国资源特点的关键核心装备。研发 500 kW 级潮流能机组、100 kW 级波浪能发电装置，适时启动万千瓦级潮汐能电站建设，推进 10 MW 级海上风电机组设计制造关键技术研发，启动漂浮式海上风电支撑结构及其一体化研发设计，重点解决影响海洋可再生能源能量转换效率和恶劣环境下生存能力等关键问题。

三是实施海洋能开发专项工程。开展南海等典型海岛可再生能源独立微网示范，全面突破氨透平、冷海水管、换热器等温差能核心设备研发关键技术，开展小型温差能、波浪能电能补充系统进行产品化研发，针对深海网箱养殖、未来海上城市、海洋综合能源系统等深远海特殊需求开展多用途海洋可再生能源综合利用系统研发。

四是建立健全海洋可再生能源技术创新体系。加强海洋可再生能源交叉学科建设，加快专业基础人才培养，推动海洋可再生能源国家级研究中心等平台建设，鼓励企业参与海洋可再生能源技术研究，加强产学研结合，推动产业化及中试能力建设，利用科技兴海网络，构筑科研院所与企业对接平台，推动海洋可再生能源技术成果转化。

9.4.7　加强蓝色碳汇研究

推动海洋蓝色碳汇发展，需要从自然规律出发，抓住环境问题的"瓶颈"环节，整体布局，提出成套应对措施和解决方案。结合我国海洋碳汇技术开发利用的现状和特点，未来该领域的主要研究内容可以从以下几个方面开展：

一是深化蓝碳基础理论和方法研究。加强蓝色碳汇基本理论、定量方法、标准体系的研究，深化红树林、盐沼湿地、海草床、珊瑚礁、陆架边缘海等典型生境的固碳效率、碳库总量和生物地球化学循环过程的认识，建立和完善固碳增汇技术体系以及蓝色碳汇评估体系。加大开展基于微型生物碳泵的海洋碳汇形成过程、对气候变化的响应与反馈、对生态环境的影响与调控机理研究的力度，加强建设我国海岸线从北到南，以及南海岛基海洋碳汇时间序列联合监测站的投入，动态监测边缘海各海域生态系统变化。

二是加强观测、监测平台和数据共享。在现有海洋观测、监测网基础上，建设完善海岸带蓝碳系统的综合观测网络和管理平台，实现实时监测和数据共享，摸清我国蓝碳规模的家底，揭示蓝碳变动规律和主控因素。

三是加强陆源物质排海管理。实现营养盐入海总量控制，减少营养盐输入，保护近海生态环境，激发近海微型生物碳泵与生物碳泵作用的最大效力，恢复和增加近海生态系统的储碳能力。

四是开展典型受损海洋生态系统修复工程。加大南红北柳生态工程实施力度，实现红树林、盐沼湿地、海草床、珊瑚礁等海岸带生态系统蓝碳资源的恢复重建和扩增。在密集海藻

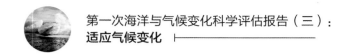

养殖区与河口厌氧区等典型区域，系统规划人工鱼礁建设和投放，探索人工上升流工程等有效的海洋碳汇生态工程。开展海洋碳封存试点工程建设，充分挖掘利用我国海洋碳封存潜力。

9.4.8　拓展国际合作

一是积极参与全球海洋治理。大力推进国际合作，进一步发挥我国在国际双边、多边海洋治理中的主导作用。推进蓝色经济发展和"一带一路"海上合作，加强与各国的合作联动，构建面向未来的蓝色伙伴关系，共建海洋发展利益共同体。积极参与全球海洋环境制度、安全制度与法律制度的设计与重构，提升我国在全球海洋治理中的地位。

二是加强国际化人才培养和提高对国际组织的影响力。通过国际多边和双边合作，加强国际化人才队伍的培养并支持他们在国际组织任职和参与国际合作活动，加强对国际组织的参与和领导能力，增强对联合国各项涉海议程、谈判和公约的影响力，特别是参与 UNFCCC 谈判、IPCC 报告等相关活动。

三是加强气候变化领域的南南合作。为发展中国家，特别是最不发达国家、小岛国提供人员培训、技术转让，提高他们应对气候变化的能力。通过资金、技术援助，帮助其提高对气候变化的适应能力。

四是参与国际大科学计划。加强对国际海洋大科学计划的参与力度，逐步探索我国发起和领导新的国际合作计划，增强我国在全球气候服务框架（GFCS）下的气候服务能力。

9.5　保障措施

9.5.1　强化组织领导

一是强化组织管理机构。为了保证海洋领域应对气候变化战略和未来发展顺利实施，应继续加强组织领导，完善机构改革后海洋领域应对气候变化领导小组，切实加强组织领导和管理。在相关职能部门设立项目办公室，层层落实责任制。

二是建立工作协商机制。海洋领域应对气候变化涉及职责范围较广，跨部门特点突出，在组织实施和项目建设过程中的协作、协调十分重要。为加强统一领导，保证步调一致，建立跨部委、部门工作协商机制，协调解决海洋领域应对气候变化中的有关问题。

9.5.2　打造基地平台

凝聚全国涉海科研平台力量和人才资源，加强海洋领域应对气候变化研究和社会服务工作。打造合作、开放和绿色的海洋气候变化工作平台，与涉海国家实验室、国家重点实验室、部（院、省）重点实验室等充分融合发展，不断推进海洋气候变化科学与技术融合发展，探索部属院校与国家海洋业务部门的产、学、研一体化发展新思路，以共建和联合实验室为载体，推动海洋气候变化基础理论研究、业务化观测预报和交叉学科发展。

9.5.3   加强人才培养

加强海洋领域应对气候变化机构建设和人才队伍培养，结合涉及海洋气候变化重大项目实施以及相关技术平台、重点学科建设，培养和引进关键技术人才，加强创新团队建设，逐步建成一支海洋气候变化优秀人才队伍。联合相关科研院所和高等院校力量，建立海洋气候观测系统设计、观测方法研究、仪器和产品开发团队，形成不同层次、满足不同需求的人才梯队。进一步加大海洋观测的国际合作力度，在统筹考虑科研布局和国际合作战略的基础上，积极参与实施全球和区域观测系统的国际计划，实现海洋气候变化领域的人才队伍高质量提升。

9.5.4   提升公众意识

倡导气候变化共识，首要任务是提升公众认识和愿景，首要主张则是强化技术驱动，最终目标是让全球气候治理更有效率。

一是引导公众参与应对气候变化行动。海洋与气候变化领域的公众意识提升之路任重而道远，抓住气候变化的大方向，通过积极正面的宣传引导越来越多的公众参与到应对气候变化的事业中来，把低碳发展的理念贯彻到社会生活的各方面，特别是涉及海洋经济活动的各个层面。

二是拓展公众参与的机制设计。提升公众对于应对气候变化工作的知情权，及时向社会公布应对气候变化工作的最新进展，拓展公众参与的形式，推动决策过程的信息公开，对于涉及环境和气候变化的立法、政策制定等工作通过征求公众意见，使国家决策充分反映公众设想。充分与海洋意识和海洋教育等意识宣传结合，推进海洋领域应对气候变化的宣传力度。

9.5.5   完善资金机制

进一步加大对海洋气候变化相关能力建设和运行的投入力度。鼓励有关部门、相关行业等对该领域的投入，确保海洋观测、监测网运行维护的资金投入，保障观测系统稳定运行。加大对海洋观测领域的技术创新和人才培养方面的资金支持，提高海洋观测技术和业务人员的综合保障水平。科学合理制订规划，集约利用资源，实现涉海工程预期目标，切实发挥资金效益：一是制定专项资金使用和管理制度，确保资金按规范执行；二是强化科学决策，统筹合理安排资金使用；三是加强资金精益管理，提升资金运行调控能力；四是严格按照资金计划执行，最大限度发挥资金效益。